本书为北京科技大学文法学院"公共安全与应急管理的重大基础问题研究"（FRF-BR-20-05B）项目成果

生态文明的社会发展理论

广义信息、高质能量与人的发展

吕程平 著

人民东方出版传媒
东方出版社

目 录

如果有一天，我们真在科学上实现了织女座定居。但仍是一小部分人扮得优雅而聪明，而相当部分群体仍困于层级或技术的区隔终日劳碌无为，见不到生命的希望。我们也许仍是宇宙中一个比较粗陋的物种。

——本书作者

作者序

　　生态文明，在"文明"意义上，不仅仅是关于绿色、低碳、可持续的环境友好型生产—生活方式，也不仅仅是基于生态资源高度嵌入性的价值化路径。如果将生态系统视为在亿万年演化历程中完善的信息—能量有序运行，则生态文明还可能意味着将"自然之道"借鉴于、运用于人类社会的组织化过程。"信息不是结构，是结构的显示，也是结构的内在"①。地球生命系统在本质上可以视为一套经由偶发创新与环境适应共同作用的被动型信息系统，或者说，本研究认为生态系统在亿万年演化中通过对环境的不断适应、试错、选择与优化，形成并保存着大量优异特性的规则、原理或机制。这些规则、原理或机制有可能为人类社会面临的问题（社会或科技）提供一种具有上亿年优化历史的解决方案。

　　工业文明，特别是资本主义方式运行的工业文明，在一定程度上背离着"自然之道"②——不仅仅是在环境破坏的意义上，更重要的是在社会组织化方式上。那么，人类有没有可能在考察、学习生态系统被动型信息系统的基础上，发展出更具主动性和反思精神的文明形态？本书将在这个方向上做出初步尝试。

　　生命在地球的诞生、演化是一种全然的偶然，抑或具有某种目的性？本研究将普遍的组织化过程，视为源自物质、信息、能量的

---

　　① 见本书第一章。
　　② 更多论述见本书第四章。

广泛的、运动的互为叠加性。① 生态系统与人类系统的演进，并非两个孤立过程，人类社会发展不仅应纳入地球生命系统演进整流中观察，更应将前者视为信息演进的整流中的接续阶段，是以加速学习、自我深化、具有调整能力发展的内外信息逻辑系统②，从而承担地球生命意义探索的接力棒。

根据热力学第二定律，一个孤立系统的无序性不可能自发降低，物理系统将趋于无序。那么有着纷繁复杂生命形态和生物网络的生态系统何以存在？或者如普里戈金所言："生物学的有序性既是结构上的，也是功能上的，而且，在细胞或超细胞的水平上，它是通过一系列不断增长复杂性和层次特点的结构和耦合功能表现出来的，这和孤立系统热力学所描述的演化概念正好相反。"③

生态系统可以视为一种有序性的创造机制，当源自太阳的能量流过生态系统，绿色植物吸收高品质的形式的能量（阳光），然后将其传遍整个植株，并最终以热能（低品质）形式释放。因为热无序将导致其组织变为均匀混合的化学溶液，植物需要利用其中部分能量来抵抗这种退化趋势，当通过植株的能量多于这个最小值时，植物将用其维持组织的运行，并将低能量形式的二氧化碳和水，转化为高能形式（具有更多有序性）的碳水化合物。④

在考察了物理、化学和生物领域的开放系统后，贝塔兰菲指出，不仅是细胞、生物等可当作开放系统考虑，更高的综合体如生物群

① 或者用弗里德里希·克拉默（Friedrich Cramer）的话来说"物质具有自组织的基本属性。……在它内部携带着关于它的自组织，它的自我实现，它的所有蓝图及物理形式的理念"。参见［德］弗里德里希·克拉默：《混沌与秩序——生物系统的复杂性》，柯志阳、吴彤译，上海世纪出版集团 2010 年版，第 220 页。

② 相关概念见第一章。

③ ［比利时］普里戈金：《从存在到演化》，曾庆宏等译，北京大学出版社 2007 年版，第 52 页。

④ ［美］菲利普·纳尔逊：《生物物理学：能量、信息、生命》，黎明、戴陆如等译，上海科学技术出版社 2016 年版，第 11 页。

落也可以……生命的基本特征、新陈代谢、生长、发育、自我调节、对刺激的反应、自发活动等都可以认为是生物式开放系统的结果。因此开放系统理论是一种能把同一概念下的多种异质的现象结合在一起的理论。开放系统理论的某些原理可以成功地在广阔的领域里应用，从生态学（物种之间的竞争与平衡）到人类经济及其他的社会学领域。①

生命如何出现？人类社会为何日趋复杂？因为它们不断地从趋于无序中产生有序，一个解释是它们都突破了封闭系统，有外界高质能量的持续输入。特别地，对于人类而言，其运用能量做功产生的有序结构不限于自身的生命体，更是可以建构外在的文明大厦。然而，更全面的解释是，物质和能量的任意堆砌，不会产生有序性，此时必然有信息结构的介入。生命结构的有序性，是其内在信息系统（遗传基因）与外界能量共同作用的结果；人类文明的"有序性"，则是内外自主型信息系统与社会能量共同作用的结果。本研究认为，任何有序结构都内在地具有相应的信息结构，有序产生于信息结构与能量结构（物质结构）的叠加性。

与此相应，E. P. 奥德姆（Eugene P. Odum）认为群落、能量流动和物质循环是生态系统三个基本成分②，约恩森（Sven Erik Jorgensen）则更强调信息的作用，事实上，他将生态系统的发育归纳为如下三个方面：生物量增加、信息量增加、生态网络及其效率增强。也正是三者的交互使得生态系统显示了整体性系统特征。在他看来，生态系统具有很高的信息量，体现在个体基因组和生态网络两个方面。信息水平越高，生态系统用于进一步远离热力学平衡所需的物质和能量就越高。"生命确实就是信息！"

---

① ［奥］L. 贝塔兰菲：《一般系统论》，秋同、袁嘉新译，社会科学文献出版社1987年版，第125页。

② ［美］E. P. 奥德姆、G. W. 巴雷特：《生态学基础》（第五版），陆健健等译，高等教育出版社2009年版，第17页。

"没有基因，则不可能发生进化。基因能够使生物信息世代相传，进而使得生物在祖先的基础上逐步进化。基因通过 mRNA 的碱基互补配对决定蛋白质以及结构：氨基酸序列，从而决定更加高级的结构及功能"①，此外，在生物群体内部信息通信是生物协作生存的关键，种群的协作要求个体具备通信能力，正是基于通信的协作使得种群能够凝聚成群体。通过分工，不同类别个体各司其职，不同类型的个体及同类个体间分享和交流个体获得的信息，从而提升其整体信息共享水平和智能，达到协同进化的目的。②

"那些宏大叙事中家国的真实进步，总该发端于阡陌间个体精神自觉"，本研究以广义信息论理解"信息"于人类系统演进中的意义。因而，个体及群体智识水平的发展、精神力量的孕育、情感的依托与归属、文化场域乃至人际信任的纽带可以纳入一个统一的分析过程。也正是在这个意义上，那些在黄土高原山坳坳里、在冀中大平原，或在"城中村"打工者聚集区中，基于对自身所处市场、生产和文化处境自觉的社区建设行动，不仅仅是在地化的、秉承着古老的乡土契约的人际信任，还探索着在生态食品、互助金融与文化保护上的新路，更孕育着迈向生态文明时代的智慧与启示。

---

① ［丹］约恩森：《系统生态学导论》，陆健健译，高等教育出版社 2013年版，第 117 页。

② 朱云龙、陈瀚宁、申海：《生物启发计算：个体、群体、群落演化模型与方法》，清华大学出版社 2013 年版，第 132 页。

第一章

信息与信息逻辑系统

现代信息理论起源于通信领域，这点对于其后期发展产生了深刻影响。20世纪20年代奈奎斯特（Nyquist）、哈特利（Hartley）开启了对于通信系统输送信息能力的研究，并以1948年香农（Claude Elwood Shannon）的经典论文为基础确立了所谓"狭义信息论"，主要致力于如何有效可靠地传递信息。维纳（Wiener）等关于噪声理论的研究，则扩展了狭义信息的内涵。① 然而，如彼得·切克兰德（Peter Checkland）所指出的，上述信息理论中采用"信息"来测量的东西与我们日常语言中对该词的理解关系不大——信息理论中的"信息"的定量测量与意义毫无关系，或者说，信息量的度量只与符号出现的频度相关，而与这些符号所代表的东西毫不相关，其原因来源于工程师们，他们所关心的是一条消息——任何消息以信号的方式被传输和被接收过程的效率问题。不考虑信息意义且仅从统计学特征处理信息整体，即使在香农信息论的合作者威佛（Weaver）看来也是"令人失望"又"古怪的"②。

另外，系统生态学领域对"信息"的研究却别开生面。在约恩森看来，信息是有序性的重要度量，包含有效能的信息可测量生态

---

① 曹雪虹、张宗橙：《信息论与编码》（第3版），清华大学出版社2016年版，第3页。

② ［英］彼得·切克兰德：《系统思想，系统实践（含30年回顾）》，闫旭晖译，人民出版社2018年版，第90页。

系统远离热力学平衡状态的距离，即生态系统以生物、复杂生物化学复合物、复杂生态系统等形式构建复杂结构的数量，由于存在信息生态有效能，所以生物可构建赋予其生命特征的复杂生物化学过程，生态系统广泛分布的、高信息水平，被他视为生态系统的重要特征；生态系统的发育过程，伴随着信息量的增加，系统远离热力学平衡所需的物质和能量水平也就越高[①]。生物种群应对外在变化并在环境变化中适应与演进的能力，根本上在于生物体信息储备与信息沟通的存在，而后者还是种群内部复杂协作实现的关键。对于人类社会，信息与社会有序性之间的关系要更加深刻。本研究在借鉴广义信息论的基础上，构建对于生态文明社会理论具有基础地位的广义社会信息理论。事实上，对于社会信息的讨论将贯穿此次研究之旅。

第一节　信息、结构与信息逻辑系统

一、广义信息

哲学家斯托纳认为："信息就像能量一样，是大宇宙的一种基本属性，而且信息的诸属性和能量的诸属性皆可类比。"信息在宇宙中存在的最直接证据是秩序（Order）：秩序是对信息的表征。[②] 如同能量能对事物有所作用，信息同样对事物有所作用。其表现就是信息（通过不同形态的信息处理系统[③]）能够将事物组织起来，即呈现出某种组织性、有序性，那么可以肯定这些事件中携带某种信息。信

① ［丹］约恩森：《系统生态学导论》，陆健健译，高等教育出版社 2013 年版，第 117 页。

② 王世鹏：《信息与心理内容》，科学出版社 2016 年版，第 106 页。参见 Stonier T. *Informationg and the Internal Structure of Universe*. London，New York：Springer-Verlag，1990。

③ 括号内为笔者加。

息有能力组成一个有秩序的、发挥作用的并且有结构的整体①。**但信息不自动等于"有序"，只有持续提升系统生存、发展能力的信息模式，才是"有序性"表征。或者按照约恩森提出的生态学热力学定律（ELT）及奥德姆兄弟提出的最大功率原理（Maximum Power Principle），持续增加系统能量存储能力，并将能量转化为有利于系统内在联系网络的有用功的信息模式，才可以被认为是"有序的"。**

本研究借鉴并扩展了马克·布尔金（Mark Burgin）一般信息定义，给出广义信息概念的两个侧面：1. 信息是内在结构的显示；2. 对于一个系统 R 的信息是引起系统 R 变化的能力。宽泛地说，这个定义给出了信息静态与动态的两个相互交织的侧面。同时，这是一个被寄希望跨越学科领域隔阂的概念，这些领域至少包括自然界、社会、人的精神、虚拟现实，以及人工世界（如人创造的机器和机械装置）。

应当注意的是，如上定义内含了信息的两个性质，即信息的相对性与信息的交互性。两者都与系统的信息处理机制相关。

本研究认为信息是事物特性的反映，即事物结构的显示。结构是什么？已经发现世界上一切事物都有结构，甚至混沌也是如此②。结构反映了物质存在的方式，内在结构的差异是万象差异的根本。可以轻易列举出，化学结构、分子结构、数据结构、空间结构、理论结构、知识结构、心理结构、产业结构、人际结构、社会结构等，结构的差异决定了事物性质的差异。

结构可以认为是构成实体及实体间的相互（运动的）关系。所谓有序性即反映着实践与空间的一种特殊的结构性，中国学者高德、高亮认为，秩序既不是物质也不是运动，而是物质及其运动在

---

① 　王世鹏:《信息与心理内容》，科学出版社 2016 年版，第 107 页。

② 　Burgin, W（1996d）*The Structaral Level of Nature*, Kieu, Znanya. P. 50

时间和空间的排列组合方式。① 根据普里戈金的观察，在贝纳尔对流的情况下，当温度超过一个临界值，某些涨落被放大，并且出现宏观的流动，新的分子有序性出现了，它基本相当于因与外界交换能量而稳定化了的巨型涨落，这个有序性的特点就是"耗散结构"②。要维持和发展不论是生物的还是社会的有序结构，不仅是在普里戈金的意义上需要能量（特别是本研究强调的高质能量）的持续输入，**更是特定信息模式与能量的叠加**，这点在自然界与人类社会都有广泛的适用性。

信息不是结构，是结构的显示，也是结构的内在。外界主体通过结构的信息认识事物的结构，蕴含特定信息结构的能量对特定事物或系统施以有用功，从而改变事物或系统的结构，或者说使事物或系统发生变化。系统本质上是信息与能量的结构化状态。特别地，本研究中，将**社会制度**定义为结构化的信息与能量的结合、配置与运行。因而对系统的改变，即对系统结构的改变。而对系统结构的改变，既是信息与能量共同作用的产物，又是以信息与能量的特定的结构化过程为指向的。

信息具有内在及外在相对性，本研究只涉及其外在相对性。就特定的外在信息是对特定的事物、过程、系统的信息结构而言，只有被特定事物、过程、系统的信息结构"识别"的符号，才能称为信息。譬如一本印满大量数学公式的书，即使其蕴含丰富的信息量，但对于不具备相关知识（信息处理系统）的人来讲，并无任何意义，当然也不会发生内在信息逻辑系统与外在行为状态的改变。同样，外界信息接纳主体所获取的关于事物、过程、系统的结构性信息是否为真实的、完整的、反映各态变化的，在一定维度上，取决于其

---

① 高德、高亮:《秩序论——象数学及中医哲学理论实质》，内蒙古人民出版社 2002 年版，第 9 页。

② ［比利时］普里戈金:《从存在到演化》，曾庆宏等译，北京大学出版社 2007 年版，第 55 页。

探索能力、接受能力和理解能力。

特别地，本研究认为，对于高等生物、经济组织、国家等复杂系统而言，对于外在信息的识别通过信息逻辑系统进行。这里假设了信息逻辑系统在生物界、人类社会与人工创造领域的广泛存在。

二、信息逻辑系统

信息逻辑系统，是维持系统的信息装置。[①] 一般来说，任何复杂系统都有若干信息逻辑系统。一个人的主要信息逻辑系统是思想，他的物质成分是大脑，这个信息逻辑系统控制全部人类活动，人类行为由储存、流动和不断"生产"于个体有机组织里的信息决定，并使得个体适应自然和社会环境[②]。

对于特定的人类组织，其信息逻辑系统，是个体层面上可识别的不同类型信息在组织层面的训练、调适与对象化，并展现出结构化特征。信息逻辑系统在系统的不同情境中，展示为不同的功能形态，其可以是由组织成员享有的知识库、行为模式、价值观或情感，可称为信息逻辑系统的**信息模式**（意义一）。系统信息模式，是系统功能得以发挥的前提，也是系统边界得以确立的内因，其规定着被特定系统接受的内组分、个体的行为方式。有赖于此，多样性利益取向和禀赋的个体得以展现出一定系统性行为或行为方式。或者说，正是由于信息模式与信息通信的存在，所谓社会系统的整体涌现性才可能产生。

系统的信息模式，从本质上讲，是系统对自身的一种确认，是系统对于自身内部如何运行、物质性资源与权威性资源（系统的控

---

① 这里套用了伯格和卢克曼的话。参见［美］彼得·L.伯格、［美］托马斯·卢克曼：《现实的社会建构：知识社会学论纲》，吴肃然译，北京大学出版社 2019 年版，第 131 页。

② ［美］马克·布尔金：《信息论：本质·多样性·统一》，王恒君等译，知识产权出版社 2015 年版，第 69 页。引用时做了扩展。

制性认可）如何分配，各组分及组成个体的从系统层面应遵循行为方式的确认；是关于系统目标、系统功能及实现方式的认知，这些共同构成了系统的核心信息模块。正是因为人类社会系统信息模式的存在，人类历史获得了精神层面的意义。所谓系统制度，是系统信息模式在资源运行通路、人员行为规约、系统功能性流程上的具体体现，也是系统信息模式与系统能量互为叠加、结合的产物。

系统信息模式的存在，使得系统获得了超越具体组分微观结构限制的可能，能发挥出单个组分层面难以想象的功能，完成了系统性的实现，从而高层级上出现低层级上所不具有的自由和功能。也正是由信息模式内构的系统性的存在，个体才有必要组成组分，组分才有必要组成系统。

人类组织系统的信息模式并非集中存储于某个中央存储装置，而是分布化地存贮于组织成员各自的"信息系统"——意识思维器官，对于组织、社会系统信息模式的"存储—调用—实践"的训练，是个体观察、模仿、社会习得的结果。个体社会化、组织化、制度化、系统化，也正是其接纳组织内主导信息模式之过程。当个体接受了社会、社区、组织或家族一套特定的信息模式后，他也就随之成为系统化的、社会化的或制度化的个体。同时，在一定意义上，此个体或组分也就成为系统信息逻辑系统的构成——这也又一次体现了上文所言的信息处理系统的广布性。以人类社会而言，在较显见的层面上，这是指新入个体或组分参与到社会系统作为一种制度的文化维系与再生产。任何组织内的规则得以实施的程度，根本上依赖着组织内信息模式的内化程度。结构与功能趋于复杂的组织，往往要求更复杂的信息逻辑系统与内部信息水平。

另外，信息逻辑系统发挥着信息的识别、处理与指令作用，可称之为**信息控制**（意义二）。信息逻辑系统是系统中的系统，是复杂系统与环境之间得以进行物质、信息、能量交换，并维持系统生存的依据。系统的信息逻辑处理系统并非一定要集中于特定功能模块——事实上，真实世界很可能不存在纯粹意义上的集中式信息处理——即便其仍然具备形式上的意义，在理想的状态下，它可以分布于系统各个组成部分，并相互协同，完成对环境物质、能量、信息的甄别、吸纳与利用。复杂系统的信息逻辑系统是系统有序性的根源，一般来讲，系统内部各个层级都会有相应的层级化信息处理系统来指导层级功能的实现。需要强调的是，信息模式与信息控制是信息逻辑系统在不同情境下的两个侧面，本身并无高下之分。同时，信息逻辑系统两个层面划分具有研究便宜性，在现实情境中，两个层面协同发挥作用，并在所有的细节切片中互为纠缠。

　　生态系统广泛分布于各个层级、物种、生物个体的信息逻辑系统，在亿万年的演化过程中相互适应、发育、调试，涌现出整体上的有序性。在生物层面，生命由 DNA 信息结构内部设计的组织结构，在熵增的宇宙中构建了一个不断扩展的秩序中心[①]。在演化的早期阶段，这样的信息逻辑系统可能相当简单，仅展现出某种隐式内部模型，即对一些期望的未来状态的隐式预测，指明一种当前行为，如细菌游向某种化学物质浓度增大的方向，隐含地预测出食物所在的位置[②]。基于本能的行动，显然是隐式模式的更高层次，而当信息逻辑系统具备了预测—前瞻、反馈—调试、基于知识和逻辑的分析，以及对环境和系统内部的模拟重建后，则进入了高级智能阶段。在此我们能观察到一种在信息演化意义上的连续性，以及从内部被动型信息结构向外在主动型信息结构转化的阶段性。根据弗里德里希·克拉默提供的数字，作为人类内在信息系统的双螺旋结构的遗传物质携带了 4×10^9 比特的信息，它们以基因和遗传因子形式进行组织。而人类每年产生约 10^8 比特新的非遗传信息。也就是说，按 30

---

　　① ［澳］查尔斯·伯奇、［美］约翰·柯布：《生命的解放》，邹诗鹏等译，中国科学技术出版社 2015 年版，第 46 页。

　　② 张发、于振华编著：《大规模复杂系统认知分析与构建》，国防工业出版社 2019 年版，第 96 页。

年一代算，人类每年产生并遗传给下一代的信息比遗传物质携带的多 10 亿倍。[①]

从这个意义上讲，生物演进既是种群网络多样化、自由能利用高效化的过程，也是信息系统复杂化过程；是由外界环境扰动主导的被动信息系统演进、到环境与主体性共同引导演进，再到以主体性引导为主的演进。后者以人类外在、主动型信息逻辑系统为代表。同时，人类通过人造职能系统极大地扩展了自身的信息存储和处理能力。也即是说，如果将人类社会发展纳入地球生态系统演进整流中，则可发现一种更具主动性、反思性和自我深化的外在信息逻辑系统（以人类制度形态为代表）对于地球生命意义探索的接力棒。这也正孕育了人类文明对于生态系统自在智慧超越的可能性。

信息结构是任何事物、过程、系统具有的，是事物内在性的显示。而信息逻辑系统只有复杂系统才具备。信息的两个层面定义与信息逻辑系统两个层面定义相互对应。复杂系统的信息结构，展现为一定的信息模式，其发挥着浓缩存储、整合、延续的功能；而信息的系统改变能力，则与信息控制相对应，后者发挥着甄别、重构、指导的功能。

就人类来讲，虽然自视具备如此高级智能的信息处理能力，社会系统所面临的危机却也史无前例地严峻。人类社会系统不同领域、不同阶层、不同人群信息积累、替换、演进的不同速率乃至不同方向，成为撕拽人类社会、极化阶层裂痕、凸显系统性风险的重要原因。好在人类展现出了强烈的自我学习能力。正是人类对自然介入的深化与复杂化，迫使人类从需要更加整全层面上看待自身行为的后果，从更具系统性层面看待地球生态的脆弱平衡或更精细地认识自身躯体及精神的耐受边界。也正是对工业革命以来人间冲突惨烈

---

① ［德］弗里德里希·克拉默：《混沌与秩序——生物系统的复杂性》，柯志阳、吴彤译，上海世纪出版集团 2010 年版，第 288 页。

性、自我毁灭性的认识,人类也才认识到,在某种共同遵约的规则或其默契下行事的重要性。20世纪前叶两次大战的深刻惨痛记忆、对国际关系与人性的深刻反思以及对科学伟力之"黑暗面"的深切认知,成为至少战后几代人的公共性知识。战后基本国际秩序也正是建立在此种公共性知识基础之上。一些以过亿人类生命和不计其数财富湮灭为代价凝练的信息,作为人类基本知识库,通过各国文化传递机制将之转化为与自然科学知识同等重要的"常识",加以代际流传。有赖于此,20世纪后半叶,虽然铁幕两边也经历过剑拔弩张的时刻,还好终究"冷战"而已。

需要指出的是,"公共信息库"不仅是展现涉及全人类的宏大主题,它实在是任何人的组织化行为的共有的现象。而这里所说的信息,也绝不仅仅指智识型信息,组织内部共同精神型信息的生产、储蓄和传承更是组织(乃至个体)发展、联结并形成不同程度集体行动的必需。更为重要的是,正是对智识型信息与精神型信息的恰当运用,赋予了人类超越所处能量层级境地的可能。就智识型信息而言,历次科技革命带动了资本主义生产方式、组织过程、市场形态乃至系统可能性边界的"脱胎换骨";而那些能够激活组织成员多重信息处理系统的精神型信息,是一种具有能动扩大效应的信息,或者说是一种具有能量态的信息。这似乎是人类独有的"天赋",正是对作为智识型信息与愿望型信息合体的"精神型信息"的处理能力,使人类有可能突破物质环境和既有条件的限制,获得行动的持久动力,更自觉和主动地改变现实处境。

"人是要有一点精神的",对组织化行为又何尝不是如此?毛泽东在评价整整70年前决定20世纪后半叶东北亚大国格局的朝鲜战争时说,英勇的志愿军是"钢少气多"。在小高岭战役中,为阻击后撤美军,20军第58师第172团3连3排打退美军9次进攻,战士大部分牺牲、弹尽粮绝,连长杨根思抱起5公斤炸药包,冲向敌人、拉断导火索,与敌人同归于尽。至今英雄所在连队,仍把"不相信有完成不了的任务；不相信有克服不了的困难；不相信有战胜不了的敌人"作为其"精神基因"代代相传。[①] 组织"公共信息库"的形成，本身就是信息与能量整合作用的产物，既是特定时点上智识型信息、价值型信息与高质能量的"创造性突破"，也是一定范围内有赖于后继能量定向汇入的信息模式的长期的延续与传承。

三、信息逻辑处理系统与既有概念的联结：一个概览

信息模式——信息逻辑处理系统的概念，可以和社会科学界诸多既有概念发生联结——虽然我们不能轻易断言此概念能取代彼概念。也许最容易发生联系的就是"文化"。但"文化"实在是个过于庞杂、流动、过分赋意，以至难以准确把握的词语。我们认定有这样一种现象，即内在共享的信息模式通过持续的社会行为外显。"文化"概念的具体应用中，有时候是针对此"共享的信息"而言，有时候是意指此"外显的社会行为"，有时候又是指向"内在信息模式外显的过程"或"外在信息模式的内化过程"。

作为由特定范围的社会成员共享的、由象征性符号构成的信息模式的文化，对于人类社会从无序走向有序，从简单走向复杂发挥了至关重要的作用。格尔茨（Clifford Geertz）认为，人类极度依赖于超出遗传的、在其皮肤之外的控制机制和文化程序控制自己的思想，"人是如此需要这一类符号源（Symbolic Sources）去发现自己在世界上的位置……较低级的动物的行为模式，至少在较大的程度上，是由它们物质结构赋予的，遗传信息资源使它们的行动在一个变化的更为狭窄的范围内有序进行，越是低级的动物，这个范围越狭窄越彻底。(而由于文化模式的存在)，人天生就有，即普遍的反应能力，使人更可塑，更具复合性，并在广泛的场合更有效率。不受人的文化模式——有组

---

① 中央电视台纪录片《国家记忆》，《抗美援朝保家卫国——冰湖血战》，2020 年 10 月 19 日。

织、有意义的符号象征体系——指引的人的行为最终会不可驾驭，成为一个纯粹的无意义的行动和突发感情的混合物。文化，这类模式的集大成者，是人存在的基本条件"[①]。显然，在这里格尔茨尝试用信息的概念，贯通解释不同等级生物形态的行为特征。可以尝试用信息逻辑系统的语言来"转译"：人类复杂的信息逻辑系统，赋予其自我学习、自我发展的能力，能够甄别外界信息并予以反馈。而由特定人群共享的信息模式，则具有指导、规范其行为的作用，指引个体由自然人向社会人转变。正是人类发达的内外信息逻辑系统扩展着人类作为地球信息演化翘楚的智识、精神与文明边界。

将文化与信息更明确地联系在一起的，是社会基因模型。根据社会基因模型，共享的文化和信仰将各种任务吸引在一起，其具有独立于特定个体的持续性，并在代际承继，其定义着人际交往中的角色与关系，如同 DNA 螺旋结构中的"核苷酸与氢键"。正如此概念的借喻所示，从根本上讲，如同 DNA，社会基因模型是一套社会群体共享的信息模式，其包括关于权威与社会角色的定义，也包括戴瑞克·希金斯（Derek K. Hitchins）指出的"公理知识文库"，在不同的情形中，或其不同的侧面，它还可以被称为信念系统，即关于世界运行、文化价值、陈规旧习、政治观点等方面信念的集合，经由文化、信仰、经验和培训而强化。[②]

被称为复杂性科学先驱之一的约翰·H.霍兰（John H. Holland）在其《隐秩序：适应性造就复杂性》一书中，对"信息逻辑系统的意义"进行了强调，他将复杂适应系统（CAS）定义为由主体组成的，主体之间相互作用、相互影响、互相协同，共同实现系统演化的系统。作为复杂适应系统七个基本概念之一，霍兰提出

---

① ［美］克利福德·格尔茨：《文化的解释》，韩莉译，译林出版社 2014年版，第 57—58 页。

② ［英］戴瑞克·希金斯：《系统工程：21 世纪的系统方法论》，朱一凡等译，电子工业出版社 2017 年版，第 36 页。

了内部模型概念，"主体必须在它所收到的大量涌入的输入中挑选模式，然后，将这些模式转化为内部结构的变化。最终，结构的变化，即模型必须使主体能够预知，即认识到当该模式（或类似模式）再次遇到时，随之发生的后果将是什么"。霍兰认为，由于内部模型（又可分为隐式模型和显式模型）承担的预知任务，增强了生物体的生存机会，而模型的变异又是在与外界环境的交互中完成的。① 之所以信息模式或者说内部模型，成为漫长进化历史中的被选择的功能，是因为它与一种高效的信息处理机制相关，也就是说，当系统环境或系统内部一种现象重复性出现时，个体或组织可以迅速地做出回应。当然，如此模式化的认知方式在系统环境变化日趋迅速的时代，很容易产生某种信息的误判。

对此思想进行详尽描述，并将之应用于经济史分析的是制度经济学者、诺贝尔经济学奖得主道格拉斯·C. 诺思（Douglass C. North）。在《理解经济变迁过程》的开篇，诺思就强调了人类演化中感知与信念的重要性："人类是由参与者的感知所支配的，选择—决策是根据这些感知做出的，这些感知能在追求政治、经济和社会组织的目标过程中降低组织的不确定性。经济变迁很大程度上是一个由参与者对自身行动结果的感知所塑造的深思熟虑的过程。感知来自参与者的信念——关于自身行动结果的推测社会的学习。"在诺思看来，人类通过心智结构（Mental Constructs）来理解自身环境，人类学习不仅是个体一生的经验累积，而且也是过去数代人的经验累积。社会的学习累积体现在语言、人类记忆和符号存储系统。文化不仅决定着某一时期的社会绩效，而且通过支持性框架约束参与者，从而影响长期变迁过程。② 诺思想表达的是，由人群共享的信息模式（心智结构），同

---

① ［美］约翰·H. 霍兰：《隐秩序：适应性造就复杂性》，周晓牧等译，上海科技教育出版社2019年版。

② ［美］道格拉斯·诺思：《理解经济变迁过程》，钟正生、邢华译，中国人民大学出版社2013年版，第2页。

时在系统层面和个体层面上发挥作用。于前者，其规约着个体的行为方式；于后者，其定义着社会的运行方式。事实上，诺思不过是对一件有着悠久学术历史的现象以更现代的方式进行讨论①，正如托克维尔（Tocqueville）所说，"民情（Moeurs）即人们拥有的各种见解和社会上流行的不同观点，以及人们生活所遵循的全部思想……一个民族的整个道德和精神面貌"②，对于维护政治制度有着重大影响。更为重要的是，托克维尔注意到不同系统的信息逻辑系统对于系统稳定的协同作用："法律虽然允许美国人自行决定一切，但宗教却阻止他们想入非非，并禁止他们恣意妄为。在美国，宗教从来不直接参与社会管理，但却被视为政治设施中的最主要设施。"③

诺思认为，"如果将信念结构认为是人类行为的内在表现，制度则是这种内在表现的外在显示，其反映了那些有能力实现他们目标的人的信念（即使这样的信念最终被证明是错位的）"④。事实上，如果一套制度是"活的"，是实际运行并发挥作用的，我们总能找到或淬炼出其信息模式及其信息处理逻辑。从这个意义上讲，制度的变迁在本质上可以认为是社会系统信息处理系统或信息模式的变迁。而在诺思看来，究竟哪种信息模式或"反映共同信念体系的心智模型"会被采纳，并继而接受一套社会秩序和社会控制方式取决于"其是否符合自己的利益"。"如果遵守统治者规定的成本或不成文规则符合他们的利益时，独裁政治秩序的存在最为有力；如果遵守要求相互尊重的成本或不成文规则符合他们的利益时，一致同意的政

---

① 本研究又何尝不是如此。

② ［法］托克维尔：《论美国的民主》（上卷），董果良译，商务印书馆2009年版，第332页。

③ ［法］托克维尔：《论美国的民主》（上卷），董果良译，商务印书馆2009年版，第339页。

④ ［美］道格拉斯·诺思：《理解经济变迁过程》，钟正生、邢华译，中国人民大学出版社2013年版，第47页。

治秩序最为理想"①。需要注意的是，诺思在这里没有进一步讨论一种可以称之为信息模式叠层的现象，简而言之，在上述关于"合利性"信息模式之下，还有更深层次的关于"何为利益"的定义或共识——一种更为本源的信息模式。而这无疑又进入了人类文化学的视角。

在这里，我们已经触碰到本研究另一个重要的主题——能量。虽然更多的讨论将在下文进行，但在这里仍有必要就本研究对"能量"的理解做出简要的说明。**本研究将能量定义为维持系统或个体生存发展的结构化资源**。如无特殊说明，本研究只研究具有"耗散结构"特征的系统，这就意味着，系统需要能量维持运行，或者说，系统内部的有序结构需要持续的能量输入。按照约恩森给出的热力学第四定律："如果系统可接收到有效能的输入，在维持远离已包含可使系统更远离热力学平衡态的有效能之后，它将进一步利用有效能提升内部结构水平。假如提供的远离平衡态路径不止一种，在通常情况下，系统会趋向于选择那些能够产生最大斜率和最大有效能存储的路径，以得到最远离平衡态的、最有序的结构"②。这就意味着，在资源有限的条件下，最充分地将资源转化为生存、发展所需能量的系统或生物个体将被选择，这也同时意味着"在生态网络复杂性和信息增加的基础上，更有效利用资源"③。**而如我将在下文讨论的，将环境资源识别，转化成能量，并充分利用，同时意味着两个层面的复杂性或者说信息水平增强**。可见信息的概念与能量的概念，紧密联系、互为叠加、共同构型与作用，甚至可以认为"能量是特殊形态的信息"。

---

① [美] 道格拉斯·诺思：《理解经济变迁过程》，钟正生、邢华译，中国人民大学出版社 2013 年版，第 94 页。

② [丹] 约恩森：《系统生态学导论》，陆健健译，高等教育出版社 2013 年版，第 120 页。

③ [丹] 约恩森：《系统生态学导论》，陆健健译，高等教育出版社 2013 年版，第 121 页。

在此基础上，来"转译"上文对诺思最后的引文，系统内不同信息模式的选择，服从于最充分利用外界资源维持、构建系统内在有序性的需求。而所谓"破坏性创新"的意义也正在于，以更加复杂化的全局性系统信息模式、更复杂的网络关系及个体交互方式重新构建能量利用方式。正如基因突变，提供了生物的多样化能量利用可能空间。**这也是万年来人类文明史经济——社会变迁的本质。五百年来资本主义文明以一种内在极化与区隔方式践行了这一原则，同时也持续积累着系统不稳性。**①

本节概览跨越了人类学、管理学、复杂科学以及经济史学，希望以上节引入的"信息—信息模式"等概念在社会科学跨界间建立联结。最后，以对一段知识社会学引言的讨论结束本节，如彼得·L.伯格、托马斯·卢克曼所述，"在人类的总体经验中，只有一小部分会存留在意识里。这些被存留的经验沉淀下来，凝结为记忆中可识别与可记忆的实体，在若干个体共享某种生活的时候，还会发生主体间的沉积，共同生活中的经验会融合并进入一个共同的知识库。只有当主体间的沉积能够在某种符号系统中被客体化时，**即共享经验有可能被重复客体化的时候**，我们才能将其说成是社会的。"②

延伸阅读

1

农村垃圾与现代化镜像

19世纪的欧洲，人们为工业文明的巨大成绩欢呼鼓舞、为神秘自然秘密的发现、为自然伟力之驯服而骄傲。

---

① 本书第四章与第六章对此有更多讨论。

② ［美］彼得·L.伯格、［美］托马斯·卢克曼：《现实的社会建构：知识社会学论纲》，吴肃然译，北京大学出版社2019年版，第87页。

工业化社会的人类文明可以利用先进科技大量生产各种产品，即使是最贫乏者也可以轻易得到前人无法想象的满足，地球生态系统最偏远、苦寒的角落，也发现了工业排放物的痕迹。正如奥德姆所指出的，气体、液体、固体废弃物污染增加，这些污染物比自然生态系统的任何物质都更多、更有毒性。他同时指出，这点在发展中国家农村地区更加明显。

就在笔者撰写这篇文字的所在地——中国中部省份一个普通农村，工业消费品及其廉价仿造品伴着大众媒介推介的城市想象和遍布的物流体系涌进有了余钱的农家，以农村社区流布的共识为表现的信息模式迅速更替。曾经被理想化、标签化传颂的"节俭、勤恳"农家生活模式逐渐被弃置。如果说"节俭、勤恳"的生活模式，是在艰难生存抗争中形成的集体信息模式的生活显现的话，不论是基于对自然变化的畏惧、世代相传的家训、农耕技艺，抑或是起源难辨的某种古老信条，其至少维持了与生态系统基本相安无事的状态。① 随着农村成为廉价工业消费品的倾销地和化学农业发生地，农村环境急剧恶化。据本村人讲，颍河畔的这个村子，30 年前尚河塘环绕，水质清而有鱼，20 世纪 90 年代在一次"彻底"的电鱼活动后，鱼虾绝迹，河塘也逐渐干涸（"90 后"的一代人已经没有河塘的记忆）。生活垃圾、废旧塑料制品、农药瓶子随意弃置在田间地头、房前屋后、沟沟汊汊，污水粪水直流入塘。再后来，由于垃圾太多，又没有清运设施，村民开始像烧麦秸一样焚烧沟渠里的垃圾，于是每隔一段时间，浓烈、呛人的气味就会在村庄飘荡。接受访谈的村民，大多并没有意识到直接焚

---

① 这只是便宜的论述，根据陈平记述，农业社会的中国一直存在持续、深入的毁坏森林情况。

烧垃圾气体的危害，即使意识到，也觉得"大家都如此，没办法"。在这样一个村落中，钱财被盗、邻里口角、当众羞辱等对于个体的侵害是时常发生的，此类行为的意图或背景也相当明确，村民在既往的生活阅历中，知晓如何做出适当、有力的回应。

在任何一件"好物"的工业化商品背后，都有体现复杂的技术信息的生产过程，而当大量生产的商品进入社会系统时，其可能产生的对人类社会和环境的整体性影响，却并未被充分评估。或者说，与复杂技术和商品生产体系内在技术型信息的相对确定性相对应的是关于其系统性影响的认知信息的高度不确定。换言之，在我们快速地、狂欢着涌入富饶的现代化镜像，但对镜像背后系统性影响的认知信息，却仍然知之甚少。

在城市里，因为具有规模效益的垃圾清运网络的存在，这个问题被掩盖在城市清洁的表面之下——即便如此，由于对大众消费浪潮评估不足，关于城市周边巨型垃圾填埋厂"爆满"的新闻，或由垃圾焚烧厂选址引发的群体性事件、邻避事件依然层出不穷。而在农村，此类问题却在相当长的一段时间内毫无遮掩地暴露出来。宏观层面，人类对于崭新技术的社会影响、大众消费、社会趋势的系统思考、认知、预判不足；中观层面，基于现实政绩序列考量的政策因应愿望有限；在微观（村社）层面，如乌尔里希·贝克（Ulrich Beck）所言，对工业社会风险与其后果的认知，在被裹挟入工业化进程的农村地区远未建立起来。①

---

① ［德］乌尔里希·贝克：《风险社会：新的现代性之路》，张文杰等译，译林出版社2018年版。

第二节　三类信息及创新行为涌现

大脑被认为存在三类信息处理逻辑系统，即理性职能系统（SRI），情绪、情感状态系统（SAS），愿望和本能系统（SWI），并相应对应三类信息：智识型信息、直接情感信息和直接效能信息。[①]其中，直接情感信息是作用于情绪的信息，本研究不专门讨论。既有研究指出，三类信息对应的信息处理系统，并非有决然的界限，而是分散于大脑几个位置、互为嵌套，有着密切的联系、互相影响，并交换信息，如情绪和情感会引起个体觉醒程度的改变，以及选择性注意的变化，对脑内信息加工起调节和控制作用，影响认知的内容和效率[②]。"所有信息类型共存在一个主动相互作用的状态里"。而人类的智能是散布在心灵里的复杂特性，通过人类神经系统不同模式集体作用产生。也正是在这个意义上，人类不仅并非全然的"理性"存在，而且即使"理性"，自身也深深地、差别化地纳入情感、信仰与文化惯性之中。类似于约翰·布里格斯和戴维·皮特所言，"大脑的吸引子要求一个常态的高水平的神经元混沌背景，在此基础上，思维和知觉的突然自组织由此产生。"[③]而这两位作者提及的有助于不同文化背景甚至不同立场的人相互协作与创新的交流中，对各方"表述内在复杂性"的理解，也与日常交流中多种信息类型的叠加有关。

在本研究中，信息逻辑系统在意义一的层面上，可以分为三种互为渗透和作用的信息模式，即智识模式、愿望模式与情感模式。

---

① ［美］马克·布尔金：《信息论：本质·多样性·统一》，王恒君等译，知识产权出版社 2015 年版，第 134—142 页。

② 唐孝威：《智能论：心智能力和行为能力的集成》，浙江大学出版社 2010 年版，第 25 页。

③ ［美］约翰·布里格斯、［英］F. 戴维·皮特：《混沌七鉴：来自易学的永恒智慧》，陈忠等译，上海世纪出版集团 2008 年版，第 63 页。

一、智识型信息

（一）智识型信息

智识型信息是对事物性质、运行方式、流程、结构的常规性认知。如以社会组织来看，对组织功能、定位、层级关系、行为规范的认知属于此类信息，大部分思想、理论、知识也属于此类信息。智识型信息主要通过大脑理性职能系统（SRI）进行处理，人类借助智识型信息开展逻辑推理与运算，理解和运用复杂规则和外界运行规律，对事物发展趋势进行预测，对事物既往过程进行评估。智识型信息的易编码性，使其可以方便地通过各种介质传播，因而是"人类知识库"最主要承载信息，人类的创造、思想、知识中的大部分都是由智识型信息记录、传承的。

（二）组织内的智识型信息

以人类组织来看，智识型信息是构成组织信息模式的重要信息类型。其多以组织知识库的形式存在。组织知识库是系统或组织对自身认知的信息存储，包括组织目标信息、组织功能性信息、组织模式信息、组织记忆信息等。其中组织目标信息是关于系统或自主基本任务和生存目的的认知、组织与系统内其他主体关系，以及在系统环境中定位的信息。目标型信息是组织价值型信息（详见下文）的重要构成。

组织功能性信息：本质是关于组织在环境中实现交互性的一种体现，其核心在于完成外界能量识别、吸纳、重构与利用，从而维持组织生存与运行，是组织目的性信息的技术功能体现。组织外在构型差异服从外界甄别、输入、转化、利用能量方式的差异，是组织内在目的性、功能实现与外界环境持续互动的结果。在人类组织中，组织功能性信息的一个具体体现为组织技能。

在生产空间，基于生产空间群组活动，通过直接生产者共享信息基础上的开创性讨论和实践指向的生产改进建议生成过程，其实质形成以生产团队为主体的生产信息增密。虽然这样的群组活动一般被理解为提高生产品质及生产效率的手段，但其中蕴含着对于生产过程信息水平两级分化趋势的反向作用，蕴含着抵抗单纯技术性分化的因素，从而构建了重新将生产工艺独特的知识、诀窍和判断依据等信息在工作现场人员身上聚集的可能性。应当指出的是，由于这样的重新聚集过程，是在集体讨论、共享信息和共同提案中确立的，而且其所形成的工艺知识、新方法等很多本身就依赖于职工间的互相援助和协作，也可以将这样的聚集视为一种"集体技能"的形成。这样的集体技能，由于其依托的群组的组织性和结构性，以及部分只能在集体层面上实现的实践性、操作性方案，因而使其具有了超越个体技能层面劳动水平变化的可能。在本书第五章讨论了当代综合性社区合作组织生态农业实践，与工业化农业相比，生态农业更多体现了以组织共有信息库为基础的集体技能的发展。

组织模式信息：关于特定人群组织形成方式、内部结构方式、广义社会资源在组织内部流动和分配方式、组织与外部交互方式的信息。组织模式信息是对组织有序性的浓缩式表达，是对组织关键性序参量的定义，或者说是组织规范的内在信息基础。组织模式信息一方面反映着价值型信息对特定组织结构、广义社会资源分配的诉求；另一方面，组织模式信息本身又有一定的独立性，遵循着结构合理性、资源流动的有效性原则。

组织模式信息因其达到了一种结构性浓缩，从而具有可学习性、可交互性、复制性、传承性，这使得组织信息模式具备了自我延续和扩展的可能。此时，组织信息仿佛具有了生命，需要不断地"捕获"承载、记录的载体，获得信息生命的延续；它将一种新的信息结构融入载体既有信息模式中，并在载体思考或行为中展现出来。由此来看，人类不论是在生物学的意义上，还是在文化的意义上，都可以视为一种本质上的信息的延续。或稍作戏谑地引用一下电影《欧罗巴报告》中的台词:"与尚未涉猎的知识海洋相比,性命何足挂齿?"

同时,也正是由于组织模式信息的分布式存储,个体将自身信息逻辑系统的特点结合到组织模式的理解、运用中。从积极的方面来说,相对抽象化的组织信息模式,可以与更具地方性的知识相结合,这使得组织信息模式具有多情境的适应性,从而出现了承载相同组织模式信息的主体,组织形态与运行方式的多样性。当然,在另一个层面上,抽象化的原则与个人广泛差异的信息模式与利益结构结合,往往意味着千差万别的曲解、误读与耗散。在后文对于社区综合性合作组织的分析和关于工业企业技能形成的分析中,我们都可以发现外界抽象的、形式上去在地化、非人际化的信息在实际运用过程中,都需要与在地化的系统信息机制相结合,组织的共同记忆、文化与工匠既有的技能信息积累、多样性存储水平,制约着新的信息库的建立路径,也参与创造着新的信息模式。从这里再进一步,就涉及上文提及的信息的交互性。

事实上,可以认为,对于具体的复杂系统内部实际流通的信息及其信息模式而言,都是某种交互作用的产物。这种交互作用可以发生在系统内部各个组分之间,但其更有意义的方式是系统与外界环境之间的交互作用。以艾什比的看法,对于简单系统,"目的性"实质是一种基于反馈机制的系统内在平衡的实现。他没有涉足人类社会系统等具有的"高级目的性",而将其研究局限于或可称之为"本能目的性"的起源,如生物体的内稳态、飞蛾趋光、蚂蚁回巢等比较简单的目的性行为,以及基于生物体与环境交互作用的生物适应性行为及其自我调节机制[①]。本研究认为,对于高级系统而言,系统目的性的确立仍与系统内外交互作用有着密切的联系,而在此系

---

① 　金观涛:《系统的哲学》,新星出版社 2005 年版,第 181—182 页。

统目的性确立过程中，信息发挥着更重要的作用。特别地，对于第四章考察的综合性社区合作组织而言，其真实的、实际运行着的组织目的的确定，并非对外界抽象化、教条化"合作社原则与宗旨"的照搬，如果这样的外来信息模式——无论是所谓"专家支招"还是自我习得，如果无法与在地化经验、组织既有集体技能积累、社区或组织内部共享的行为规范甚至精神状态相结合，则必然无法形成一种持续的、被组织成员接受的"目的性规定"，或者说，无法形成一种系统的"内稳态"。

前文已经指出，组织功能性本身就是系统与外部环境交互的产物，内外信息与资源分布、结构的差异性塑造了组织功能性信息、实践的功能路径、组织形态的多样性。而不论是目的性信息还是功能性信息的多样性，其本源在于信息及能量的交互性。根据信息的定义，对于特定系统的信息，实质在于信息对于系统改变的能力。假设系统 N 外部信号 a，其对于复杂系统的改变过程，必然经由系统的信息系统甄别、重构与吸纳，也就是说，系统 N 的信息机制会首先作用于信号 a，改变其形态或属性或同时改变两者。这样的作用，可能是对信号 a 的传输介质做适当转换，以使其适应系统 N 的内部传输；可能是对信号 a 的形态做一定"剪裁"，使其适应信息机制的筛检通路；也可能是以信息机制"可理解"的方式对信号 a 的内容做出重构与转译。经此过程，在系统信息机制内运行的信号已经或多或少不是之前的外部信号 a，而是经由系统 N 信息机制改造的信息 a^n。在这个意义上，可以认为，在系统 N 内运行的信息及信息模式，实际上是系统与环境交互的产物，是经过了系统适应性改造的新物。

在人类社会系统中，新信息模式的引入又往往与系统既有信息系统相互交织。事实上，一套引入的信息模式只有广泛地与相互联系的组分已有信息模式建立通路和协同机制，才可能真实地在系统内运行。明治维新期间的日本，**在高信息密度的新设备引进的同时，是制式化生产信息系统的引入，其在此之前很早就已经有西方（以**

荷兰为代表称之为"兰学")理工书籍的译介和传播。在西方技术引入的初期，由于熟识这套知识系统的人才极度短缺，依赖外国技师成为仅有的选择。这个过程中有个很有趣的现象，就是新作业知识体系与传统知识体系的交会，在日本最初始的高岛反射炉的准备过程中，就有"通过兰学者的知识、算术家的计算和铸工及刀工的技术相互配合"的记载。从那时开始，在这个国家之后历次新技术引进的节点上，旧的知识体系并非被戛然而止地取代，而是有一个或明显或隐约的过渡期。这个时期新旧知识体系是并行交会的。此时，新的知识—技术体系或是由于初始期自身的种种不完备，或是因为新技术结构与原有技术结构与组织技能之间分明的差异，而需要旧有知识体系的配合。此后，旧有工艺流程信息模式及生产现场技能多样性存储会迁移，模糊地融入到新进信息模式，从而形成"在地化"的作业气象。

从现实案例来看，作为本研究对象之一的社区综合性合作组织，发端于 21 世纪初兴起的当代中国乡村建设运动，有别于传统中国农村地区诸如宗社、钱庄等组织形态，社区综合性合作组织内涵的核心信息模式并非由村社自然生长，是在外在信息输入、组织与环境互动、核心带头人个性的综合作用下完成。社区合作组织内部特定行为方式（文化），有赖于组织成员对一套价值、信念（信息体系）的学习，并将其外化为个体行为。在后文具体的分析中，可以发现将一组价值、信念体系，发展为社区综合性合作组织共享的价值和行为方式的过程，同样可以分解为信息的输入与行为模仿两个层级。[①] 本研究将对乡村建设实践案例进行概述，借此将可以看到一套村社原本并不熟悉的信息模式，如何逐渐成为社区部分人群内部形成广布性的价值、信念和文化，这样内部信息建设与功能构建相结

---

① ［美］阿尔伯特·班杜拉：《社会学习理论》，陈欣银、李伯黍译，中国人民大学出版社 2015 年版，第 51 页。

合，并生发出具备特定形态，完成特定功能的组织形态。其中，核心信息模式在组织内部制度建设和功能形成中自我实现，外化为一定路径的内部资源配置方式，广义社会资源形成新的生产、输送、配置渠道，对个体行为方式产生影响，进而逐渐影响到农村社区生产方式、生活方式。

社区组织化，从本质上来说，是对人员、资源动员、培育，使其能呈现出个体层面或游离状态下不具备的结构、层次与功能；任何真正意义上人的组织形成过程，同时也是组织知识库、组织能力和组织文化的形成过程，一个不具备如上因素的"组织"，是不可能期待其在"组织"意义上行使相应功能的。因此，任何组织的形成，实质是信息—能量经特定渠道的"构型"过程。这样的"构型"，同时发生在可见和不可见的层次上。

在可见层次上，我们常观察到，具有不同结构和功能实现的各个环节单元出现在组织内部；在不可见层面上，是成员基于人际联结的对于组织的一定程度的认同感和归属感。也就是说，组织成员愿意遵从组织内部的行为规范，并将其技能、智识按特定方式纳入组织功能实现过程。其前提是组织成员认识到，自身福利水平、精神状况是可以通过组织化过程得以提升，自身面对外界环境的不确定性，可以通过组织化的过程减少。而这样一种认知持久化的过程，会形成成员的组织化行为惯性与组织归属感强化。

在现实情境中，人们常常在显性层面上，关注组织层级化或单元化建设，而忽视了组织规则的内化与成员的归属感。"无用之用方为大用"①，事实上，组织化过程中不可见的部分，是决定组织功能的关键所在。归属感并非凭空产生，只有当个体认识到个体环境耐受性及可获得资源水平的提升与组织的发展有密切联系，能意识到自己是组织的必要组成，且在组织运行中体现自身意志，即参与组

---

① 《庄子·人间世》。

织管理，这样的"归属感"才有真实的依据。①

（三）技术型信息与多样性存储

陈平将资本主义发展历程从技术革命视角分为三个阶段，分别为第一次技术革命——工作机革命、第二次技术革命——传输机革命、第三次技术革命——控制机革命。② 本研究将主导型技术定义为，具有系统穿越性，协同改变着系统内外物质、能量、信息组成方式的变化速率，决定着各种系统参数的最大可能取值的技术。三次工业革命的主导型技术本质上是以革新的信息模式改造人类系统社会能量的识别、利用和运行方式。每次技术革命都带来了从产业结构到社会结构、从生产空间管理方式到社会空间管理方式的演进。

任何生产技术都包含特定构造的信息模式，是为实现一定功能的信息的组织化和结构化。从生产过程来讲，一种技术体现为特定的生产信息回流，这种回流发生在劳动者、劳动对象和作业工具（作业机械）之间③。依据这样的认识，人类不同生产力阶段的生产技术体现为不同路径的信息自组织回流，并体现着特定的思维与技巧、分工与配合、脑力与体力的结合。如木工根据对象物，受控物的信息回馈，予以信息加工。

日本在进入资本主义生产体系之前，传统工业的生产—信息回流中，有经验（高多样性存储）的工匠起着至关重要的作用。先从日本明治早期传统的制铁工艺来看工匠与作业对象之间信息的流动。

---

① 吕程平等：《深度贫困地区农村改革探索：大宁实践》，社会科学文献出版社 2020 年版，第 132 页。

② 陈平：《代谢增长论：技术小波和文明兴衰》，北京大学出版社 2019 年版，第 103 页。

③ 吕程平：《日本制造的背后：直接生产群体生态埃三级水平变化及制度设计》，《山东科技大学学报（社会科学版）》2017 年第 4 期。

"待炉之构造完全造成后，在炉中放火，两人相对，踏囊鼓风，待火势炽燃，装入铁砂，添加木炭，炽烧五六小时，待到炉中铁砂熔解；**夫役时从炉孔抽出生铁**。并计算时间，投入适量的砂铁，加入木炭。这样过程数次。且不停歇地踏鼓风囊，一直到第四晚为止"①。这种脚踏大风箱炉（たたら）中很值得一提的是村下（むらげ）这个工职。他负责连日连夜，从风炉侧壁下部的空穴观察炉内状况，并指示砂铁和木炭的装入，以及踏板的速度，也就是要掌握整个炉子的状况。在整个过程中，工匠要时时观察铁砂的状态信息，并以此作为调节炉温、鼓风力度、填砂量的依据。很明显，工匠根据对象物状态信息做出准确反馈并达到适当目的，其基础是工匠组织化的信息储存。以这样的信息储存，工匠对加工物所反映的信号进行有效解读，并对将要采取的行动予以判断，对行动所涉各种参数予以计算。存储、计算与行动都是由工匠自身承担。此外，作为生产的组织者，工匠还要熟悉每个流程的用料量及其价值，并以此安排生产计划。这种传统构造的铁炉，其相当一部分功能，如鼓风是对劳动者肢体机能的延伸，而非相反。

多样性技艺信息的存储，意味着柔性生产的可能，或者说是赋予物的生产智能性的信息基础。在本研究中，利用此概念来表征直接生产群体特别是熟练劳动力（农民或操作工人）通过长时期的生产实践大脑记忆系统中积累的对于工艺环节和作业变化的智识型信息存储。这样的信息存储，使得一线劳动者可以应对在特定生产——信息环流中的信息空白，并对生产过程中的不确定性做出判断。这就使得这个群体，在传统工业时代起着重要作用。

---

① 明治工业史编纂委员会编：《明治工业史·火兵、铁钢篇》，明治工业史发行所 1929 年版。

延伸阅读

2

机器信息密度与资本主义发展

任何生产技术本身包含特定的信息模式。信息密度本意是衡量特定结构中的信息量。**机器信息密度**，在本研究中用来表征各种生产机械构造的信息水平或机械结构复杂性程度。在自动化时代之后，机器的信息密度粗略地用机器运算—存储系统中元器件数目来表示。

人类技能学习系统是由每立方厘米 2 万个脑细胞组成的复杂信息处理系统，是通过神经元、神经突触、神经通路组成的信号刺激、神经兴奋增强并通过海马体分散保存在大脑皮层，是记忆系统的存储与释放。直接生产过程所主要依赖的技能的构成，在较低级的层面上由视听信号输入系统、运动皮层反馈系统、肌肉张弛控制系统组成；较高级的，则需要运用大脑楔叶进行分析，并根据之前的记忆存储，唤起顶叶和颞叶的模式运算，再传到基地核从而做出行动决定[1]。

而机器信息密度增强的历史，在一定程度上，是对人脑功能的模仿与拓展。机器信息密度的增强，事实上是对直接生产群体技能形成过程的替代。前工业时代的早期冶铁装置需要工匠持续运用技艺存储和判断系统，根据铁砂状况，操控风叶、调节炉温。工业时代初期的机械装置，由精度较低的铣床、钻床构成，加工精度的把握要靠熟练工长期积蓄的程序性记

---

[1]　陈敏:《天才的大脑:创造力、直觉、记忆及计算能力的机制究竟是什么》,《科学世界》2014 年第 7 期。

忆[①]。自动化意味着机器信息密度增量一个质的转变，以元器件（ELEMENT）的数目来看，真空管或三极管中只有一个，而IC（微型电子管件）中则有30—50个。LSI（大规模集成电路）中则有1000—10 000个，而超LSI中则有数百万个。以10立方厘米的立方体中能装入的数目换算来看，中空管为4—5个，三极管最多为150个；而IC最多为500万个；LSI为1亿个；而超LSI为数十亿到数百亿个。随着潜在规模的无限扩大，其体积则在无限缩小。从其功能来看，以存储能力换算的话，真空管及三极管为1比特以下，IC为10比特，LSI为4000比特，而超LSI为数百万比特。

如何实现多样性存储

在人类物的生产史的大部分时间，生产工具不具备智能性，很大程度上仅为人体功能性的延伸。物的生产的类型变化、构造设计、物料分配的计算等，都需要基于熟练工匠的生产工艺多样性存储。自亚当·斯密时代开始，技术的进步就与基于对生产设备、材料、流程等信息的存储的判断、规划、自主性等权力的所谓生产中"思维活动"分配相关。亚当·斯密本人已经在很认真地考虑，将生产中的智能性活动，由熟练工人分配给工程师。而这样一种分配的变化，实质上是对生产过程权力的转变。20世纪初以来，诸多车间内部角力，从本研究侧重的信息论角度看，本质上是对多样性信息存储权的争夺。（1804年，第一台排除了操作工的自动织花机，被里昂纺织工人烧掉。）

---

① 对于早期机器信息密度，本研究只根据史料做模糊衡量。根据三菱公司社史记载，日本第一台电动机的说明书仅有20页，考虑到20世纪初日语文献中汉字比重较大，则约为3万字节。

第二次世界大战结束初期，在以美国麻省理工为代表的自动化研究中心，大量研究用于探讨自动控制的"存储介质"问题。在自动化的早期阶段，这样存储介质的转变还是粗糙的，早期构想之一的"记录—回放"工艺还要依靠对工人动作的模仿，但已经与稍后发展的数值控制一样，将多样性信息存储转移到外在的磁带、打孔纸袋乃至三极管、集成电路中。

谁根据信息发出指令

本研究将生产技术视为信息的循环，如前所述，这样的循环在不同技术信息水平有着不同的实现方式。但不论是控制指令的发出主体是工匠、熟练工人，还是计算机中央控制系统，都基本具有以下几个构成：感应器、中央控制装置（总控器）、控制通路与反馈通路。控制器发出控制指令、通过控制通路达到被控对象；被控对象信息通过感应器感知，转换为反馈信息，回馈到控制器，并与目标值进行比较、调节。发出指令的实质是对生产信息中"信息空白"予以确认的过程。高德、高亮认为，控制实质上是通过信息（流通的序）消除被控对象运动状态序的不确定性[①]。以传统工业作业来看，熟练工人通过观察（视觉系统）接收生产—信息回流中的信息，并将之传送到大脑（重要控制装置），大脑通过调用多样性存储，而对各种情况做出判断和计算，并规划作业步骤，之后将这样的信息传导给肢体行动。在这个过程中，直接生产劳动者在生产—信息回流的特定环节上扮演下达作业命令的角色。

技术与技能：从熵角度的考察

技能在本研究中指广义上组织化的信息量，指在人（生命

---

① 高德、高亮：《秩序论——象数学及中医哲学理论实质》，内蒙古人民出版社 2002 年版，第 41 页。

智能体）内部的存储（积蓄），形成多样性行动模式、形成根据外在信号进行运算，并发出指令、采取行动的熟练程度。根据对生产技术的定义，将机器技术视为对智能生命体功能的复制和拓展。则机器技术与人的技能形成一种对照关系。从技术史可以清晰看出，前者从低层次到高层次对人的技能的替代，从肢体技能到对信息的存储能力、对信号的回馈与指令能力、生产计划的测定能力，再到已经可以展望的自我学习、自我设计、自我发展能力。[1]

从耗散结构角度来讲，这个时间上不可逆的过程，是机器内部信息增密、信息组织性增强。在热力学第二定律所定义的熵增趋势下，这就意味着如果将本研究所考察的资本主义视为一个封闭空间，在资本主义体系内部的机器信息增密过程要不断地从外界抽取能量从而达到内部信息的组织复杂化。在第六章讨论的技术社会属性中，特别指出了技术信息的不均衡分布导致的社会分层特性。在对处于全球分工链条的中国沿海制造产业考察中，可以注意到这样的现象：一方面是机械体系内部的信息结构日益复杂化、自动运行化、对生产信息循环的介入和控制，更加集中于产业结构的顶端，曾在前工业化时期及工业化前期附之于直接生产劳动者的技能（运用多样性模式存储），在自动化的推进过程中，呈跌宕性分解[2]。

---

[1]　Machine learing define, Arthur（1959）Field of study that gives computer the ability to learn without being explicitly promgrammed.

[2]　更多细节参见吕程平：《区隔、分化与集中：日本自动化技术导入的技术社会学考察与启示》，《哈尔滨工业大学学报》（社会科学版）2020年第2期。

二、愿望型信息

愿望型信息（直接调节信息或效能信息）：提供行为动机、内部指令、控制或调节人类行动的信息，作用于愿望和本能系统[①]。较低层次的愿望型信息直接与大脑中最古老的部分连接，来自生物体本能的需求。而随着大脑在人类文明进程中的发育，人类的行为动机深深嵌入到社会结构与文化背景中，来自社会规则、人际期待或道德准则的信息模式影响着人类行为动机，从而使人类行为呈现出复杂的交互性。不同信息处理系统之间相互渗透、联结通路复杂化，智识型信息、情感型信息都可能通过愿望和本能系统，促发或影响人类行动，反之亦然。人类行为动机很多时候是以一种被文化包裹得严实的本能行事，而在另一些时候，人类又可以出于对某种超然思想（一种智识型信息）的认同，形成持久的应然行动的看法（价值观），做出从生物本能角度无法理解的行为。或者，按照托克维尔的说法，是由"一些抽象的原则和普遍的理论引导"。正是智识型信息系统、情感型信息系统与愿望型信息系统以某种整体化的方式发挥作用，使得一些更加具备多重结构特征的信息本身能够成为一种能量。

同时，人类的信息模式系统又依赖人的存在和行为本身，持续与外界互动，并促成内外变化。美国社会心理学家班杜拉认为，个体拥有的信念作用于自身行为和思想。信念能使个体对自身的思想感受和行动进行控制，"人们的所思所想影响着他们的行为方式"。他认为，人类的自我系统在人类的适应和行为改变过程中发挥着核心作用。人类的行为是自我系统和外界环境相互作用的产物，而人类的行为又分别影响了外界环境和自我信念。社会认知论的核心是

[①]　[美] 马克·布尔金：《信息论：本质·多样性·统一》，王恒君等译，知识产权出版社 2015 年版，第 138—139 页。

主体能动观。按照这个观点，人是自我组织的、主动的、自我反省和自我调节的，而不是仅由外界环境所塑造或由潜在内驱力所推动的反应有机体①。

从微观角度看，个体在持续社会化中形成的信息模式与其行为方式之间，保持着不断的交互。外界环境刺激及环境信号，只有转化为个体多重信息系统能够处理的形式，才可能在不同层面上被理解。而这些进入并启动愿望型信息系统的信息，一般来说，是与个体既有价值型信息（见下文）或者信念结构相一致的信息，从而引发人类倾向性的行动——而不论这些信息包含何种深刻的智慧。

人类的行为往往需要达成一种不同层面的调和，在基本生存或现实需求的满足与社会规范或人际期待的遵循之间，在日复一日的劳苦与对理想的憧憬之间，在琐碎繁杂的工作与生活意义的不懈探寻之间。人类似乎总需要在自身与现世之间创造一种解释，一种自己相信的解释，来启动、维持或加剧自身的行为，这是人类区别于其他动物的天性使然。正如韦伯所指出的，人类的行为只有在信息之网上才可以得到理解，否则不仅传奇性的人类创造性发明，废寝忘食、愈挫愈奋的工作热情，"以身许国、隐姓埋名"的科研活动，利他主义倾向的行为乃至前仆后继投入革命的青年学生的做法等无从解释，就连平日的一切劳作都将变得枯燥单调、难以忍受。约恩森曾感叹"生命确实就是信息"②，他更多是从遗传基因角度做此感慨，但当人类更主要地通过复杂的信息库来协调、指导、平衡、制约自身行为与社会建构的时候，我们似乎也可以说"这种社会性的生命确实就是信息"。而这也蕴藏着人类有可能超越生态文明范式的

---

① ［美］A. 班杜拉：《思想和行动的社会基础——社会认知论》，林颖等译，华东师范大学出版社 2001 年版，译者序第 8 页。
② ［丹］约恩森：《系统生态学导论》，陆健健译，高等教育出版社 2013 年版，第 227 页。

可能。愿望型信息直接启动行动，最原始的行动可以是一系列应激反应，只需要简单的信息反馈链条。复杂的行动，则往往是基于既往倾向性认知与现实情境的综合性判断。

近期在一项关于不同性格倾向的人，其社会决策如何做出的研究中，研究者用带有倾向偏差的证据累积模型来描述合作行为背后的认知机制及合作行为。[1] 也就是说，不同的个体在做出行动之前，已经形成了关于特点事件的倾向性认知基础，而当面对一件需要做出行动决策的情形时，信息逻辑处理系统面临的是对不同行动可能性的计算——收集相关信息或证据。显然，在"证据的天平"上，符合既有倾向性认知（愿望型信息模式）的一端，证据积累更容易快速达到阈值，因为其在初始阶段就有大量支持自己行动选项的"证据"。在时间压力下，这样不平衡起点的行动证据积累效果就更加明显。与其说人是依赖某种明确的理性判断行事，不如说人的行为本身就是多重信息结构的结果。

愿望型信息系统在更深层次上与人的本能联结，需要进一步探讨的是关于"人的本能"与社会期待、规范的关系。或者更直接的提问是："本能"是什么？构成人类愿望型信息模式的因素可能有哪些？这里也许不应对"本能"做狭隘的理解，在生物界，我们同样能看到协作、互助、互惠甚至为种群自我牺牲的现象。在《超级合作者》中，马丁·诺瓦克和罗杰·海菲尔德为我们提供了更加宽泛的关于生物界基于"本能"合作的描述。早在 20 世纪 60 年代，生物学家汉密尔顿在对社会性昆虫的研究中，就提出了亲缘选择（Kin-selection）理论，一些物种为了提升自身基因的生存概率，会通过自我牺牲的方式，让和自身有相似基因的同伴获得生存。理论生物学家和演化博弈论指出，更具利他行为倾向的个体、群体可以

---

[1] Chen Fadong, Krajbich Lan, Biased sequential sampling underlies the effects of time pressure and delay in social decision making, Nature Communication, 2018

获得更多、更持久的声誉、社会支持网络，以及社会资源，这些都可能帮助其在竞争中获得优势。①

那么，也许在古老的"本能"信息库里，"互助与互惠"与其他的生存欲望与生存技巧一样，是重要构成。同时，这样的内在本能又深深隐藏在世代传承的文化符号中，以至对具体的行为来讲，明确地区分与还原行为动机近于不可能，或者说，这样的企图本身就进入了一种悖论。就本研究第四章较多关注的合作行为来看，"互惠信息"也许早就存在于人类的文化基因中。在文明史中，一些在长久社会演化中，无论是显示出稳定竞争力的策略或是最终被证明有损于种群整体生存前景的做法，常会通过宗教信仰、社会通用信条或习俗禁忌的形式——公共知识库，浓缩化、编码化、故事化抑或神秘化地保存下来，以至数代之后的人们只能在宗教、道德规范或传说的层面接受这些信息，甚至会忘记其在策略选择上的意义，也许"互惠主义教条"就是其中之一。

在群聚以御外患的早期实践中，"乘众人之智者，即无不任也；用众人之力者，即无不胜也"的道理与逐渐仪式化、格式化的社会性也深深烙进人类的文化基因。后期，这样的逻辑链条逐渐延展、扩展，并完成相对独立化，从而社会外在信息库逐渐成形。

（一）系统的意志模式

系统层面的愿望型信息，则可称之为系统的意志模式，并非愿望型信息的复数态，而是系统核心信息系统的愿望型信息模式。其形成，从纯粹的理论概括型来讲，有外置和自发生成两种方式。所谓外置，指由外界主体将一套意志模式置于系统信息处理子系统的核心。而这样的外界主体，一般为系统赖以生存的资源控制者，或

---

① ［美］马丁·诺瓦克、［美］罗杰·海菲尔德：《超级合作者》，龙志勇、魏薇译，浙江人民出版社 2013 年版。

者是子系统所属系统整体或层级的代表者；外置方式，有着明显的上向目的性，是以上向主体的意志复刻下向意志，并以此为依据制定系统内部资源流向、制度架构和组分及个体的行为方式。在极端的情况下，组成系统的个体或组分的意志，没有输送并在系统意志中体现的可能。由此带来的直接后果是，个体意志在高度不发育与高度去系统倾向两个极端之间剧烈摆动，从而导致了系统内在的不稳定倾向。

意志模式的自发形成方式指组成系统的组分或个体意志，经过输送、聚合、相互作用，从而形成一种整体的序，或者说出现了一种散布信息的自组织现象。当这样一种意志模式，尚可还原为，或部分还原为具体的个体意志，则其仍是一种半成品的系统意志，或者说是伪系统意志；当这样一种自发形成的系统意志模式，不可能具象为具体个体的意志，则形成了不可还原的抽象性。正是这种不可还原的抽象性赋予意志以独特的自由，它不同于任何层级的意志。从某个侧面观察，它具有下向性、全局性、系统性，但它不同于任何侧面。这就使得处于中层系统的意志模式，在特定情况下，具有突破系统环境制约和底层规则制约的可能。自组织的系统意志的形成，与底层或个体层面的信息模式水平相关，如果底层的信息模式都是高度封闭和自我指向的，则很难形成高度抽象化的系统意志模式，甚至连孕育系统意志模式的公共论坛都难以实现。然而一个残酷的现实是，大多数所谓的集体意志是伪意志。在人类历史上，一些以伪意志模式出现的系统制度（及其人格化代表）实际上具有根本的系统毁灭性。本研究第三章"有序性原则的推论"部分还将回到关于具有广布性、多结构的信息系统的讨论。

三、价值型信息

价值型信息可以认为是智识型信息和愿望型信息的某种合体，

或者说其本身就是一种跨越大脑功能区的"涌现"。大脑皮层主要作为具有一定学习程序的复杂联想记忆存储来进行建模，是人类进行复杂逻辑思维，开展学习、记忆和思考，创造所有人类文明的高度精准设备，也是人脑进化中最年轻的部分，智识型信息主要在这个层面进行处理。愿望型信息所依赖的脑结构则非常古老，这样的结构同样可以在鸟类、爬行动物、两栖动物和鱼类中找到。价值型信息模式可以认为是两类脑结构相互作用的产物，是遥远的时代形成的倾向性的先天本能动机与后天获得的关于事物、过程应然状态的智识型信息协同作用的产物。由于各种类型的所谓本能性信息在人群间的不均衡分布，即使在相近理想化输入情形下，人们对同样价值型信息的接纳也有着明显差异。

价值型信息：也可称之为"精神型信息"，是社会成员对事物性质、过程，以及广义社会资源控制、生产、转移（分配）之应然性、正当性程度的认知和判断，并据此形成特定倾向行为，其表现为某种信念、价值观。价值型信息是智识型信息和愿望型信息的合体，与基于生物本能的、情绪波动的或完全随机的人类行为不同，价值型信息一般包括相应的知识库与行动逻辑，又直接与行动动机相联系，指导、规范或启动不同类型的行动。由于**时间和空间及维度内不同价值观的存在**，人类行为表现出丰富的多样性。

从社会组织来讲，价值型信息意味着在一个共同体内部对"应为"与"应是"的基本认识，是在对系统或组织基本目的认识的基础上，对组织、同伴及自身应采取何种行动的认识。在人类某种社会生活共同体内部，价值型信息包括成员对分配广义资源的制度形成自身的关于其正当性程度的看法。在更加广泛的人类交往网络中，价值型信息则包括对集体行动应然形态的看法。如阿夫纳·格雷夫（Avner Greif）所指出的，在热那亚商人和马德里商人身上所体现的来自不同文化和宗教的烙印，形成了关于人际交往的不同信念结构，并最终影响了各自贸易制度的适应性①。

在更加宏观的层面，民众对于公权力运行价值性认知，即正当性和有效性判断，作为政治文化有机构成，是民众与国家间一般信任和行为预期的基础，不仅比"源自天然"的身份归属、情感依赖具有更复杂的信息结构，并且更加自觉地融入了关于基本价值（如正义程度）的判断，从而对政权稳定、持续运行有重要作用。

需要指出的是，对于人类而言，本研究认为，上述信息模式都具有其单数态与复数态，即：是仅就个体而言的信息模式，还是群体内部不同程度上共享的信息模式。后者是一种超越**微观个体的信息模式**。对于智识型信息而言，其复数态在本研究中被称为集体技能。而复数形态的价值型信息，以本研究涉及较多的社会组织或系统功能性组分而言，其意味着组分内部成员间共享的，并愿意为此行动的关于组分整体感的观念、价值观或信仰，或者说是在组分内部形成的一种上向认同；通过精神模式，个体获得了**自我认同**的系统身份性；成员之间形成了共享的互动信息模式，此种信息模式，可以外显为具体的群体行为模式；正是上向认同的存在，所谓共同体才有可能在不同程度存在；而基于上向的共同价值观及行为模式的认同，以及共同体内个体身份的互认，个体间的信任和系统功能指向协同才可能开展。

以人类愿望型模式为根基的多重信息处理系统，整体上展现为人类的精神生命。精神生命，是智识信息模式、情感信息模式与愿望信息模式等相互作用状态的外在整体。它关乎经过不同程度社会价值处理的、精神上的愉悦、满足与自我实现，以及基于主体间关系的被赞许、被尊重、被需要、被认可。人类自我发展历程，是精神生命从生物生命中生长出来，并接替、取代前者的过程。两者的

---

① ［美］阿夫纳·格雷夫：《大裂变：中世纪贸易制度比较和西方的兴起》，郑江淮等译，中信出版社2008年版。

差异，本质上是启动行为的信息逻辑系统的差异。精神生命的可能是造化的独爱与馈赠，即使在维持基本生理需求的生产资料尚不能充分满足的原始时代，对美的感知与创作，情感的交流与表达，就已经跃然亚洲、非洲和欧洲的洞壁和骨器①。对于未知的恐惧、亲族逝去的悲痛、自然风物的愉悦感知，怦然心动的爱慕孕发着人类精神世界的种子。纯粹意义上的生物生命支配的动机在现代人类身上也许已经难觅踪迹，即使是最极端的物欲和对权力的追求，也总要与社会价值指向一致所形成的满足感、安全感相搭配、相纠缠。然而，生物生命所依赖的内在信息库却依然日久弥新。

在数百万年的进化中，力不及熊罴、疾不及麋鹿的人类，"对稀缺资源的攫夺""唯有群队合力才能求生存"等一些简单逻辑成为内嵌于生物生命的原始知觉，并扩展为泛社会化的行动本能，与精神生命相连接。精神生命因而是本能内在信息系统与自主外在信息系统（见第三章推论五）的叠加，本研究所指本能内在信息系统既包括人类遗传信息，也包括源自大脑系统中最古老的部分称为爬虫类脑或 R-复合体的器官化存在，它依据遗传的学习和记忆指导本能行动；自主外在信息系统，则是人类智识大厦的自我建构，向外而言，其是在混沌初开的荒蛮时代以来，寻求生存的集体努力中，共享于成员间的规则与信仰。**向内而言，是对生命意义的上下求索**。两套信息系统都有各自的形成与遗传路径。回顾人类社会过往历史，人类是在内在信息库与外在信息库的纠缠中成长的，却也可以自觉地进行对精神生命的探索，从因循踯躅中获得解放。

理解精神生命对于理解"人"及人类社会文明水平与生产力水平的发展是重要的，因为人同时是生物的存在与精神的存在。当摄入的高质能量大于维系生物生命充分发育的水平时，对于人类而言，并不会自动实现生命状态向更高层级的发展（并非仅仅远离热力学

---

① 陈兆复、邢琏：《原始艺术》，上海人民出版社 1998 年版。

平衡状态）。**如果没有精神生命更高层级的成长，其整体生命状态甚至会出现塌缩。**正是因着造化的馈赠，人类才不只停留于维持基本生物生命的生产力水平和社会制度水平。被尊重感、创造和发现带来的快乐，以及社会权力的掌握感与自我实现感，乃至对于真理的追寻，更主要的是让精神生命获得满足。而源自原始生物生命的、对威胁与失去的恐惧，伴随着精神生命的满足与获得，竟与日俱增。生物生命与精神生命的相互纠缠、互为融入既是人性使然，也与制度及生产力的进化相辅相成，人脑在漫长演化中，与生物生命本能相联系的信息区块，伴随技能与社会规则习得发展的信息区块，在脑结构中相互连接交错。

　　如果人类——就整体而言，只是为获取生物生命满足、"饮食男女"，许多推进历史革新的伟大发明就不会出现；如果人类在满足生理饱足后浅尝辄止、浑浑噩噩，所谓人类文明根本无从谈起。我们能在人类近亲的灵长类动物及其他哺乳动物中发现等级结构，以及与此联系的生存机会配置的层级化差异，日本雪猴按照等级次序享受温泉，地位低下的猴子只能在凛冽的寒风中等候；体格健硕则决定着更多种群的交配权等。然而，只有人类面对广泛存在的相对剥夺，产生了关于公平、正义，何为更值得期待世界乃至社会变革的深邃思考。400年来，正是这些被点燃的精神之火，被放进了北美独立战士的背包，写进了农民运动讲习所的讲义。正是这些精神之火，成为启蒙运动以来，东西方社会制度的价值根基。

第二章
能量、高质能量与社会资本

生命如何出现？人类社会为何日趋复杂？这些现象看似与热力学第二定律相反，因为它们不断地从趋于无序中产生有序，一个解释是它们都突破了封闭系统，有外界高度能量的持续输入。作为地球的生命系统，虽然输入地球的高品质太阳能（有更高的组织结构），被降低等级并以热的形式辐射回宇宙，但仍有部分高品质的太阳能被植物吸收，从而将低能分子转换为高能分子，并形成相应的有序结构。而对于动物来讲，食物中的高品质能量部分用来做机械功产生有序结构。特别地，对于人类而言，其运用能量做功产生的有序结构不限于自身的生命体，更是可以建构外在的文明大厦。然而，更全面的解释是，物质和能量的任意堆砌，不会产生有序性，此时必然有信息结构的介入。生命结构的有序性，是其本能内在信息系统（遗传基因）与外界能量共同作用的结果；人类文明的"有序性"，则是内外主动型信息系统（见第三章推论五）与社会能量共同作用的结果。**本研究认为，任何有序结构都内在地具有相应的信息结构，有序产生于信息结构与能量结构（物质结构）的叠加性。**

对于人类来讲，正是终极来自太阳的能量，转变为机械能产生肌肉运动，转变为电能产生神经冲动，从而使得个体能够感受、思考和运动。正如菲利普·纳尔逊（Philip Nelson）指出的，能量流过系统可以使系统有序性增加①。德国科学家弗里德里希·克拉默则指出："生命主要是一个能量问题，这样的问题涉及生命系统如何能够在能量方面保持自身的稳定，生命如何为它们的秩序保存和传递必要的信息。"②

正如迈克尔·贝根（Michael Begon）等指出的，所有生物有机体都需要物质以组成其结构，需要能量以维持其活动，不仅对于单个个体，对于自然界中的种群和群落亦是如此。"生态系统"一词用来表示生物群落及其所处非生物环境，能量流和物质流的重要性意味着群落过程与非生物环境异常强烈地联系在一起③。

是能量，使得生命产生远离平衡状态的结构，这就是在普里戈金意义上的耗散结构（Dissipative）。斯托纳将这样的过程视为能量与信息之间的转换，正如能量与物质的相互转换通过公式 $E = mc^2$ 界定，信息和能量的相互转换通过 $E = IT$ 界定，E 的单位是焦耳，I 的单位是信息单元（约 10^{23} 比特），T 的单位是开（Kelvins）。消耗的能量可以转换为信息④。

第一节　高质能量与广义社会资源

能量具有系统维持和发展的功能，使系统远离热力学平衡状态。在本研究中，社会能量定义为可以带来社会系统、组织和个体维持

① ［美］菲利普·纳尔逊：《生物物理学：能量、信息、生命》，黎明、戴陆如等译，上海科学技术出版社 2016 年版，第 11 页。

② ［德］弗里德里希·克拉默：《混沌与秩序——生物系统的复杂结构》，柯志阳、吴彤译，上海世纪出版集团 2010 年版，第 20 页。

③ ［英］迈克尔·贝根等：《生态学——从个体到生态系统》（第四版），李博等主译，高等教育出版社 2016 年版，第 475 页。

④ 王世鹏：《信息与心理内容》，科学出版社 2016 年版，第 107 页。参见 Stonier T. *Information and the Internal Structure of Universe*. London, New York: Springer-Verlag, 1990。

和发展的能力。这与物理学对于能量的定义，即"做功的能力，或执行某项任务的能力"是一致的。社会能量是诸多维持人类社会运行的财富、资金、资源、人际关系、精神在系统能力方向的内在质，因而社会能量之所以成为"能量"，是其具有系统的相对性。那些能被社会系统的信息逻辑子系统识别、重构、利用的并具有维持、发展和扩张的系统能力的资源，才可能是能量。系统对于低质环境资源进行系统化重构，使之能量化的过程，即对其进行信息加密，使之呈现出新结构的过程，本质上是使其"能力化"的过程。

也可以说，套用一下波兰尼（Karl Polany）的言语，只有那些能够转变为阶层或人群的持续发展机会、身份、等级、地位和安全的资源，才可称为高质能量①，而正是这样的高质能量关乎着此人群或阶层的进化或退化、精进或颓废、体面地生存或尊严扫地而转变为"半家养的动物"。社会能量定义也正是在这个意义上不同于一般用语层面包括财富、资金、利益、人际关系等广义社会资源。

在具体的情形中，这种社会能量的潜在形式分布于或体现于处于特定社会结构中的物质、资源、资金、人际网络、权利关系、权威关系等，从而形成了广义社会资源的多种形态，而广义社会资源并不直接具有维持和发展系统结构与功能（高度组织的低熵状态）的能力，只有经由特定信息处理系统，对潜在能量（或称为低质能量）加以转化、重构和信息加密，才能完成能量高质化过程，使其成为具有系统可直接利用的自由能。因此本研究所提出的广义社会资源与社会能量的区分，有时候是模糊的，有时候则至关重要。对社会能量占有和索取的不均衡状态构成了不同社

---

①　波兰尼的原话是："认为阶级利益的本质是经济性的——这样一种教条也完全是错误的……一个阶级的利益最直接地是指身份（standing）和等级（rank）、地位和安全，也就是说，它们首先是社会性的而不是经济性的。"［英］见卡尔·波兰尼：《大转型：我们时代的政治与经济起源》，冯钢、刘阳译，浙江人民出版社2007年版，第161页。

会主体生存和发展能力的差异，通过制定交易规则或制度化的暴力手段维持这种不均衡的占有和索取能力，形成了高质能量的垄断性集团，现代国家和大型工商业集团是两种常见的情形，两种情形都成为大规模社会权力的具象存在。正是各种形态社会能量的不均衡占有赋予了社会权力的真实基础，从这个意义上说，能量就是权力（Energy is power）。

布尔金将能量视为一种"特殊的信息……是直接作用于物质体的信息"，信息与能量之间确实具有某种同构性甚至同质性，然而，为了论述的方便，需要对两者进行（外延上的）界分。在人类社会体系内部，就"改变"的对象而言，信息针对信息逻辑系统、信息模式而言；而能量则是面向社会系统、组织实体及生物体。对于人类实践，能量对于社会系统的改变，依赖于信息逻辑系统进行，这里所说的信息系统，笼统地看包括内在与外在两种。内在信息系统指人类个体的信息系统，既包括以遗传信息为代表的内在本能型信息系统，也包括以智识模式、精神模式等为主的内在主动型信息系统。外在信息系统，既包括难以规程化的特定人群间共享的文化或精神状态，也包括具有一定规程形态的组织内部形成的集体化能力，还包括严密规程的关于社会能量运行的法律与治理架构的内在信息结构。当然，从广义来讲，对于事物、过程及状态的改变本身，同样可以视为对其结构的改变，并外示为结构信息的改变。

组织形态作为一种耗散结构，需要持续从外界获取或转化高质能量。在既往研究中，笔者在不同场合用"广义社会资源（或简称资源）"指代共同体内成员所期望的、有关生存和发展的物质资源、信息，及关系到资源生产、分配和占有的，共同体内部的权威关系、权利、荣誉、声望等物。从而又可以分为三种类型，即物质性资源、信息性资源及关系性资源。其中，关系性资源是更高层级的社会资源，是关于资源控制的资源。

社会资源是社会科学广泛研究的对象，而能量研究则常见于热力学、生态学。W. 理查德·斯科特（W. Richard Scott）在总结社会理论学家吉登斯和威廉·H. 塞维尔（Willam H. Sewell）的研究时指出，社会结构概念必须包括物质资源——物与人，才能思考权力的非对称性……那些拥有表现为额外资源形式的权力的人，都试图寻求使用这种资源的权威与合法性。同时，吉登斯与塞维尔都强调了社会结构的"二重性"（duality），即包括了社会生活的唯心与唯物特征，精神与物质层面之间的相互依赖。"文化信念或塞维尔理论中的图式要可行，就必须与资源相联系，并常常体现在资源中：得不到各种资源的支持而再生的图式，最终会被放弃和忘记，正如资源的使用得不到文化图式的指引，最终会消散和衰败一样"[①]。这与本研究所指出的社会系统的信息模式与高质能量的关系是一致的，而所谓"图式……常常体现在资源中"，其本质在于下文指出的信息与能量的叠加性。

一方面，广义社会资源与高质能量有明确的区别。后者更加强调一种维持、发展系统（从最"微观"的生理系统到宏观的社会系统）的能力的视角，具有高等级的系统性和结构性。因为系统本身具有信息、物质、结构的多元整合取向，因而高质能量又不同于一般化用语的经济利益、财产、资金等，或言之，只有在系统运行中促进而非削弱系统内相关组分或个体结构化生存—发展能力、促进而非削弱系统内部多样化激活的协同网络、促进而非削弱系统抗干扰能力的收益、财富、物质资料才具有高质能量属性，而这本质上有赖于系统内在结构。因而，高质能量一是具有系统与时间的相对性与抽象性；二是相对于一般化收益、财富和物质资料，系统天然地具有更高层次的系统化和结构化的属性[②]。在现实情境中，系统能

[①]　［美］W. 理查德·斯科特：《制度与组织——思想观念与物质利益》（第3版），姚伟、王黎芳译，中国人民大学出版社2010年版，第58页。

[②]　作为社会创造物的收益、财富甚至资本当然亦都具有不同程度的制度化、系统化属性。

量自身规定性的实现，既是高度地与系统边界一致的制度设置相关①，同时又具有系统有序性增强方向性的属性。

由此推出的一个重要的线索是，通常意义上的物质利益的改进在很多情况下并不必然带来（对于特定主体的）高质能量的增进，或者说并不必然带来主体生存与发展状况的改进。对于后者，本研究将持一种更为系统性、长期性维度看待。

在很多情况下（此种"情况"的普遍性甚至超过一般的想象，本研究所涉及的在全球分工产业链低端的去技能化工人群体只可以算是一种较为显露化的"个案"，更多的情况则被某种生活上的安逸感及文化反思性抽离所掩盖），表面上单向维度的物质利益增进，从更趋结构化视角观察时，事实上主体被困于特定的权利的或技术的区隔中，使生命②的过程（可将之视为精神、智识的发展或潜能的发挥等），实际上处于萎缩的、异化的、浑浑噩噩的状态。这也就是后文强调的，社会交换网络中，"互为增利"与"互为增能"的区别。从这个意义上讲，托马斯·皮凯蒂（Thomas Piketty）定义的资本是不完善的。在《21世纪资本论》中，资本被定义为个人或群体拥有的能够在市场永久交易的所有形式的财富③，这里所强调的是资本基于广延制度设计的交易通用性，但却没有指出，何等规模的"财富"才能进入交易，也没有说明在特定的制度倾向性结构内，交易的无限进展与累积对于交易相关方可行能力及系统稳定性的影响。

另一方面，广义社会资源与本研究所指能量的差异是相对的，可以将一般环境散布资源视为某种低质能量。从最宽泛的意义上讲，

①　本研究将制度定义为结构化的保持社会信息与社会能量的结合、配置与运行的装置。

②　生命体本身就是一个系统。

③　[法]托马斯·皮凯蒂：《21世纪资本论》，巴曙松译，中信出版社2014年版，第47页。

本质上任何一种广义社会资源都可以最终约化为某种能量的形态。然而，具体的情况却复杂得多，特别是对于广义社会资源定义后半部包含的人类社会制度性和文化性设施。可以说，广义社会资源是社会系统能量的具象的、原生化基础，任何特定的社会系统、组分得以生存的关键在于对于广布于内外环境的无组织化、分散的、低质和杂糅状态的广义社会资源进行识别、聚合、组织化、功能化，使之服务于系统的生存与发展。社会系统能量的微观构成差异，可以成为将社会系统能量区分为不同类型的一种方式。由此，可以得到物质能、信息能、关系势能。其中，关系势能是社会系统特有部分。本研究认为，诸如"权威""权利""声望"等在社会科学中广泛应用的（也因此常常是似是而非的）术语，本质上是基于正式与非正式制度的控制性现象，形成并复制着特殊的人际关系。而这样人际关系的形成——事实上是任何关系的形成，依赖于社会能量与信息的分布结构。

"权利关系"可以视为至少在一定范围内接受的、特定主体在由社会能量扭曲的空间内的行动边界，任何权利都可以视为对"自由"的限制状态。绝对自由的状态是被假定的不存在任何社会能量，从而空间未发生任何扭曲，则出现一种纯粹信息意义上的自由。接近自由的状态，是能量与信息近似完全均衡的分布，类似于马克思所说"自由自觉的行动"状态。然而，更通常的状态是，社会能量的垄断造成的社会空间扭曲，从而为扭曲空间内的不同主体配置了符合垄断社会能量主体内在模式与相应主体社会能量层级的行为空间。可以将垄断社会能量造成的扭曲的空间想象为一个大个头的铅球在海绵床垫上压成的坑状凹陷（或可以称之为"权力场"）。社会主体则为诸多个头较小的铅球，在社会能量极端不均衡的情况下，社会呈现单向性运动，全部社会资源向凹陷中心流动，各个社会主体丧失"主体性"，依随于垄断性主体的意志，在这种情况下，社会信息模式（如果尚存在的话），也显示出极端化的模式，体现为单一的垄断主体的意志、兴趣或偏好。虽然，这种状态的近似状态不难在人类历史中发现，然而绝对的权力垄断并不真实存在。更多的情形是相对的社会能量垄断，如不同程度的"王与马共天下"[1]。此时，一些较小但仍然不可忽视的社会能量拥有者虽然不足以抵抗整体的能量凹陷，却仍可以在坑状凹陷的边坡上形成大小不等的次级凹陷。因此，权利关系，可以视为在社会能量凹陷坑（权力场）中的相对自由空间，根本上，是社会不同"量级"的能量拥有主体长期相互博弈的结果。

不容忽视的另一个维度是信息模式，毕竟人类个体不是一个个铅球，社会能量的垄断主体，定要发展出符合其意志的信息模式，具体来讲是一套对于"能量的垄断与垄断的持久化"进行阐释、维护的理论、符号及相应的仪式（使之合法化），并运用社会机器推广，使其在社会内部（凹陷坑里）自我生产，这也就是葛兰西（Granmsci）所谓"知识和道德"的领导权。高宣扬则指出，"权力本身紧密地同社会文化的各种因素连接在一起，使权力的任何运作都离不开社会文化因素的参与，……文化对于社会各个领域包括权力场域的渗透，使整个社会及权力场域的结构性质及其运作逻辑，都因文化的介入而变得更加象征化和中介化"。[2] 这对"权利关系"的影响是，作为权利背景的权力因素——指向"坑底"的力，更加退居幕后，隐于日常的交际与符号互动的底层。另外，不论前现代社会或现代社会，"权利"的实现都需要**关于行为空间**的信息库的存在，如文化惯例或法律体系。

"权威关系"的形成同样依赖两个条件，其一是社会能量被不均衡地占有；其二是关系各方存在一套关于人格化或非人格化的控制性认同的信息机制。正如巴纳德（Chester I. Barnard）所指出，并由

---

① 关于民主，如果拨开意识形态的偏见及过度的理论解释，一个简单的事实是，当社会能量格局更趋散布时，类似多元共治的现象就会产生。

② 高宣扬：《流行文化社会学》，中国人民大学出版社 2015 年版，第 238 页。

威廉姆森（Olivr E. Willamson）所强调的，"与其说权威是自上而下的，还不如说，权威取决于下属的接受或同意。如果权威意味着服从，那较低层次的共识是必需的"①。

具体而言，主体 A 对主体 B 具有权威关系，意味着首先，A 拥有 B 需求的社会能量；其次，双方具有一套关于可预期的行为方式的信息库或者说共识，即主体 A 在一定范围内可以要求主体 B 特定水平的行动，主体 B 具有对主体 A 要求做出相应水平行动的意愿。其中，后者是这对关系的关键方面。也就是说，权威关系本质上是一种行为预期与行为意愿的叠加。当然，这样的信息库也可包含从属性的、关于主体 A 回报行为的约定。而且只有在包含此种约定的情况下，权威关系可以看作一种特殊的互惠关系。本研究中，将如上行为预期与行为意愿的加总视为社会势能。个体间权威关系的加总或互惠关系的加总，都可以形成不同性质的社会势能。在纯粹的权威关系中，行为预期只能是由 A 向 B，行为意愿只能是由 B 向 A，而不能出现相反的路径。而对于互惠关系，行为预期与行为意向都是双向的。在本研究看来，由互惠性社会关系资源构成的社会势能是所谓"社会资本"概念的重要内涵。

假定物质性资源、信息资源，或如权威关系、互惠关系、权利关系等关系性社会资源广布于新生组分或系统的外部环境，新系统或组分需要以新的信息模式对关系性资源进行功能化，使之可以为新系统所应用。对于本研究涉及的综合性社区合作组织，其重要的功能在于对社区内潜在状态的资源加以激活，这些资源（资金、信息或社会网络）网络呈现碎片化分布。也正如何慧丽（综合性合作组织的发起者）指出的，"在原来社会结构中扮演一定角色，必然会附着一定的资源，他们到村庄去，各自发挥主体在社会网络中的优势

---

① ［美］切斯特·I. 巴纳德：《经理人员的职能》，王永贵译，机械工业出版社 2007 年版，第 122 页。

地位，带来一些人、财、物、制度、理念、培训机会等资源，这些资源与村庄固有的有利于合作的因子进行充分的结合和互动，解决了农民合作的内源性机制发育的成本问题，促成了农民的合作。"① 严格来讲，这些资源并非"沉睡的"，它们在社区内部长久存在，并且在日常生活中每时每刻产生、应用和变化。如互惠性或权威性社会关系势能，本身就是社会系统运行的必需。然而，"原生态"的社会势能常常是松散的、不精确的和难以操纵的，是较低等级的能量，因而一般只能在特定层级内部利用，不具备层级超越性。

第二节　社会资本理论回顾与本质探索

一、社会资本理论回顾

社会资本被认为是科尔曼（James S. Coleman）在 20 世纪 80 年代引入社会科学，并在经济学、社会学、管理学广泛应用。在科尔曼等人的见解中，社会资本本质上被认为是资本的一种形态，是新资本理论在人力资本概念之后的一种推进。自此概念引进之后，对于其究竟为何的认识就存在诸多见解，这些见解之间存在着微妙的差别。斯蒂格利茨（Josehp E. Stiglitz）认为，社会资本至少包含四方面的内容：一种产生凝聚力、认知力和共同意志的共识；一种关系网的集合；声誉的聚集；有关管理的组织资本②。事实上，这四个维度可以视为从四个不同的应用维度观察。作为信息模式的社会资本，本质上是人群之间的共享的信息库，或者说共识，包含声誉与评价的累计，包含与具有相似共识并被赋予

---

① 何慧丽：《新乡村建设在兰考》，《开放时代》2005 年第 6 期。

② ［美］约瑟夫·E. 斯蒂格利茨：《正规的与非正规的制度》，载［美］帕萨·达斯古普特、［美］伊斯梅尔·撒拉格尔丁编：《社会资本——一个多角度的观点》，张慧东等译，中国人民大学出版社 2005 年版，第 75 页。

成员身份的个体间的互动规范，而在经济或社会运行中，基于这样人际间信息模式的应用，产生经济或社会价值，从而可以被称为一种"资本"。

当然，其中重要的价值是人际建立信任成本的降低。科尔曼的研究特别注意社会资本的社会关系属性，认为"社会资本存在于两个或多个参与者的结构中"[①]。这样一种存在于关系之中的"资本"，具有相应的经济功能，如提高市场效率、提升特定群体内部的信用水平，使得交易得以实现等功能。或者说，社会资本提升了结构内部的相互责任与行为预期。当然，在科尔曼所列举的事例中，他并不排除社会资本的社会功能，如通过"守望相助"提升群体内部的安全水平。科尔曼还探讨了规则在群体内化与社会资本的关系，在一个崇尚为集体利益摒弃自身利益的行为准则的群体中，有一种通常使人们为**公共利益而工作的社会资本**，并往往通过一小群具有奉献精神、内心高尚和相互受益的**成员来推进新生社会运动的发展**。事实上，科尔曼将这种规则的内化形式作为社会资本的一种形态。然而，他指出也正是由于社会资本具有的公共利益属性，产生社会资本的参加者通常只获得少数利益，这实际上导致人们向社会资本投资不足。很大程度上，在科尔曼最初的研究中，社会组织与社会资本的关系是一种单向关系，组织（志愿者组织、俱乐部、学习圈）产生着、推进着社会资本。

一些学者更愿意强调社会资本作为一种行为模式的存在。罗伯特·M. 索洛（Robert M. Solow）认为："社会资本是注入信用、合作与协调的意愿、能力以及即使无人监督仍致力于公共努力的习惯——所有这些行为模式和其他行为模式，根据综合生产能力获得

---

① ［美］詹姆斯·S. 科尔曼：《人力资本创造中的社会资本》，载［美］帕萨·达斯古普特、［美］伊斯梅尔·撒拉格尔丁编：《社会资本——一个多角度的观点》，张慧东等译，中国人民大学出版社 2005 年版，第 20 页。原载于《美国社会学杂志 94（增刊）》［*American Journal of Sociology* 94（*Supplement*）］。

一种报偿。"① 显然，这样的行为模式之所以得以实现正是因为其内嵌于一定的具有约束或激励属性的社会关系之中。

应当指出的是，现代性组织给出了人类互动各种更可识别的标签化组织分割，但实际上，组织实际界限是由人群中的信息模式界定的。或者说，如果我们将人群行为的实际遵循的模式而非某种形式化条文视为组织规范的话，那么就不可能将组织规范与组织信息模式分割。也就是说，群体共享的信息模式与群体互动规则之间并非双向关系，而是一体两面。信息模式作为静态的共享信息库与动态的行动规范，都是其表现形式。组织之所以为"组织"、系统之所以为"系统"，至少要具备最低水平的信息模式。

从以上学者的探讨中，可以分辨"社会资本"的两个基本属性，即关系性与信息性。就关系性而言，社会资本被视为人际联系网络与相互合作关系。作为利用志愿者组织中的社会资本解释区域经济绩效的经典，帕特南把社会资本看作对社区生产能力有影响力的人们之间所构成的一系列"横向联系"。这些联系包括**"公民约束网"和社会准则**。这样的关系网和社会准则相互影响，并对经济发挥重大影响，因而社会资本的主要特征是促进了协会成员相互利益的协调和合作②。

就信息性而言，即斯蒂格利茨指出的社会资本的第二个属性，社会资本被认为以观念、理念、共识等形式存在，从而推动社会再生产的进行，因此可以称之为信息性要素。弗朗西斯·福山（Francis Fukuyama）认为，"特定的价值观与社会准则……是任何

---

① ［美］罗伯特·M.索洛：《关于社会资本与经济绩效的评注》，载帕萨·达斯古普特、伊斯梅尔·撒拉格尔丁编：《社会资本——一个多角度的观点》，张慧东等译，中国人民大学出版社 2005 年版，第 9 页。

② ［美］伊斯梅尔·撒拉格尔丁：《社会资本：一个综合的观点》，载《社会资本——一个多角度的观点》，张慧东等译，中国人民大学出版社 2004 年版，第 57 页。

类型合作事业赖以存在的先决条件。"他更愿意从社会积累的共享观念角度定义社会资本。他指出，一个真正的社群是借由共享的价值观、规范和经历而团结起来的。由此，福山将社会资本定义为，一套为某一群体成员共享并能使其形成合作的非正式的价值和规范。[①]

层级系统中的信息模式，有三种指向，即下向性、本向性和上向性。这三种指向在不同信息模式中都有所体现，而侧重点不同。精神模式为组分个体提供了身份认同（下向），为成员之间互动提供了共享的规范（本向），并形成成员对于整体的认同，或者说想象。意志模式与精神模式不同，前者虽然源自个体意志的汇聚，但在本质上它已经是一种完全不同于个体意志的存在，它超越了任何个体化的差异化的倾向，而成为一个更高层次的可动性。仅就这个意思来讲，精神模式仍指向个体间的应在性和应然性。

事实上，社会资本的两种属性并非截然分立，人们为何会形成一定的利他主义行为，从而推动具有公益性组织建立；行为准则如何完成内部化并成为特定行为模式，组织内部的行为模式又是如何复制、继承、延续的，随着对这些问题的探讨，对于社会资本另一个侧面的定义同样被强调。

二、本书对社会资本的看法

如前所述，帕特南将社会资本定义为社会组织的特征，如信任、规范和网络，它们可以通过促进合作提高社会效率，也就是说社会资本最主要的内容是社会信任、互惠规范及民众参与的网络。这个将几种发挥重要作用的元素进行了鸡尾酒式的混合概念虽然在对区域经济和制度绩效的分析上取得巨大成功，但仍没有明确对"社会

---

① ［美］弗朗西斯·福山：《大断裂：人类本性与社会秩序的重建》，广西师范大学出版社 2015 年版，第 18—19 页。

资本"本质做出更明确的阐述。本书将社会资本理解为社会势能，是由人际相互作用，或者说"人际力"产生的能量与人际共享的信息模式的叠加。前者通过交往与合作持续加强。后者则是对人际力的方向性做出规约。因此，社会资本的本质可视为一种关系型能量。同时，应该看到，斯蒂格利茨与福山对于社会资本价值性或者说信息性因素的强调，本质上在于本研究将反复涉及的信息与能量的叠加。

在既有针对社区金融研究中[①]，笔者对"社会势能"的构成做了如下分析：在长期群居的社区内部，个体之间会形成强度不同的社会关系网络。这样社会关系网络值得重视的组成部分是个体之间交互的、基于信息掌控的行为模式预期及行动意愿。其中，行为模式预期是对象化的，而行动意愿则是本体的。在此我们可以将其称为社会关系势能 μ。假设一个包含两个个体的简单社区，个体 a、b 之间的社会关系势能可以用如下公式表述：

$$\mu_{a \to b} = \varepsilon_{a \to b} + \nu_{a \to b}$$
$$\mu_{b \to a} = \varepsilon_{b \to a} + \nu_{b \to a}$$

即 A 对 B 的社会关系势能 $\mu_{a \to b}$ 为：A 对 B 的行为模式预期 $\varepsilon_{a \to b}$（ε_{ab}）与 A 对 B 的行动意愿 $\nu_{a \to b}$（ν_{ab}）之和。ε_{ab} 指 a 对 b 的信任水平，或者说 a 对 b 行为预期水平。ν_{ab} 指在 b 有特定需求的情况下，a 为 b 提供行动的水平。

社区在本质上可以认为是一个社会势能 μ 的动态网络。在有 n 个个体的社区内部个体 a 的社区成员社会势能总和记作：

$$E_a = \sum_{i=0}^{i=n} (\varepsilon_{ia} + \upsilon_{ia})$$

---

① 吕程平等：《深度贫困地区农村改革探索：大宁实践》，社会科学文献出版社 2020 年版，第 212 页。

E_a 是个体 a 在社区中可动用的社会资源总和，可以作为其在社区内部信用变量的表征。事实上，这个指标由信任水平变量和行动水平变量构成，也可以说是由"信"和"用"两个部分构成，两个部分都包含正向的和逆向的取值。也就是说，在特定情形下，a 对 b 的行为预期以及 a 对 b 特定需求的行动意愿可能都是正向的或负向的。

社会势能指标是基于人际关系的、相对性的指标，而非绝对性指标，其表征的是处于相关关系中的个体相互之间的信任评价和行为意愿，也就是说其总和形成了一个互为评价和互惠性行为空间。特定社区内部个体社会势能的总和表征着社区内部整体信任水平和互惠性行为的发生水平。对于社区合作金融机构而言，先期考量结果是是否进入特定社区开展业务的重要衡量标准。显而易见，一个互信水平低并极少发生互惠性行为的区域，已经很难满足社区合作金融得以生存的基本条件。从另一个角度讲，社区合作金融机构之所以存续，即是将社区内部游离态的关系性势能及社区成员间的关于个体信任水平的信息加以可操作化改造，使之成为社区组织得以应用并发挥经济效益的高质能量。

社会资本的"关系性"因素不能与信息因素分离而独立发挥作用，正如"人际力"不可能脱离力的方向而确定，对于集群性行为就更是如此。事实上，正是人际交往与信息模式间的互动和互为强化，使得集体行动在某些情况下成为可能。一方面，当群体内部出现了初步共享的信息模式后，原本散布于人际网络中的人际力会由于互动加强、共同活动或组织化建设而得以强化，并可能实现特定指向的社会势能的集聚，产生高质能量；另一方面，随着社群内部人际互动加强以及组织与外界环境之间的互动频繁，又会充实、修正或扩展原有群体信息模式。

三、人、组织与组织化现象

如果将人类个体看作一种高层级的耗散结构，其高层级性根本体现是内在信息模式的多结构复杂性。如一般生物体是在遗传生命信息结构（可将之称为内在被动型信息结构）的作用下，完成外界资源（光能、水、二氧化碳、矿物质或其他有机质）吸收，并转化为自身可以利用的高质能量，维持生命体内在结构的延续和发展。在漫长演化和文明历程中形成的人类个体的内在主动型信息结构则与"原生"的、自然生命体差异化共有的遗传信息结构相伴随，共同影响人的行为。仅就本研究所涉及层面而言，主动型信息结构包括智识信息、愿望信息、情绪信息等类型。虽然这些特别的人类信息类型都可以追溯其原始的、未分化的、更近于生物本能的信息形态，而且即使在当下它们仍与后者保持着深层次的内在联系——这种联系在特定条件下可激活和显在化，但类别化的信息都已经发展出相对独立的内涵和动力机制。这也就意味着，人类在交错却又独立、联结却又多元的信息结构的作用下，有着复杂的、多样化的行为动机。前句中"作用"的意思，更明确地说，是满足多元信息结构自我维持的需求。人类，作为一个整体而言，既有如蚂蚁、禽兽一般的生理和生存需求，也有丰富的情感和精神需求，这些背书着多元信息结构的人类需求交杂、互构，并在特定外在环境下涌现出人的行为。由此，当将人类视为一种耗散结构，由于个体因遗传特征和社会化过程内构的差异化信息结构，这样的耗散结构（内在结构及其行为取向）必然呈现复杂样态。

引领明治维新风气的日本教育家福泽谕吉认识到人类信息结构，特别是其对生命体本身意义定义的愿望型信息，是可以存在与一般生物相异的可能性的："以身心的活动来解决衣、食、住问题，使自己能过安乐的生活，这可以说是属于个人本身的劳动……但是我以为就是做到这点，人的任务还是没有完成，古人的说法只是让人不逊于禽兽罢了。试看禽、兽、鱼、虫，哪个不会自己寻找食物，而且不但能求一时的满足，像蚂蚁那样，为了未来还在地下掘洞作窝，储蓄过冬的食物。世上也有人像蚂蚁那样只求自己满足……这种人只能说是蚂蚁的流亚，其生平事业和蚂蚁并无二致。他们为着衣食和盖房子而劳力操心，虽无愧于古人之训，但是身为万物之灵，其目的任务，又岂能局限于个人的生活呢？……自古以来，以身心之劳在社会上做成事业的有志之士，本来很多。就以现在的眼光来看，也不能说这些人是只满足于自己丰衣足食的人。我认为这都是些重视为人处世的义务而志向高远的人。"在此基础上，他认为改变信息结构，特别是社会之整体愿望型信息，即前文言及的精神性信息，社会方有焕然一新而前进的可能："一切事物必须有引导的力量才能推动。首倡学问之道，把天下人心导向高尚领域，目前尤为大好机会，所以逢此机会的人，即现在的学者应该为着社会的福利而努力。"① 应当指出的是，正是对人心导向可塑性及精神信息向高质能量转化的相信，仅万年有余的人类文明也正孕育着超越亿万年演化的生态系统智慧的可能。

本研究对"人的生存"的定义，不限于生物新陈代谢和相关物质能量（对于当代人类社会，简单地说，货币衡量的利益）需求的满足——这当然是最"基础"和显见，以及最容易进行学理化操作的层面。学者鲁醒认为，人的生存运动可以表述为消耗体能获取生存资料、再消费生存资料获取体能的运动循环。由于人的体能生成运动通过生存资料消费运动，生存资料获取运动通过人的体能的消费运动实现，因而人的生存运动是生存行为系统的运行与功能系统的运行相互生成的运动循环②。诚然，人体内部能量的新陈代谢过程是在生物自身信息系统的作用下进行。对于当代走向后基因组时代的生物信息学，已经由经典的分子生物学数据，即基因组技术的产物——DNA 序列研究迈向从系统角度研究生命过程的各个层次，探索生命过程的每

---

① ［日］福泽谕吉：《劝学篇》，群力译，商务印书馆 1984 年版。
② 鲁醒：《社会系统的结构及其运行方式》，华龄出版社 2014 年版，第76 页。

个环节，尝试贯穿"序列—结构—功能—应用"①。

同时，由于前述人类信息结构的交错多元属性，"人类的生存"同时包括了情感和精神需求，情感信息涉及归属、亲近、好恶等心理感受，精神需求则涉及对意义的追求。虽然程度因人而异，但物质性需求、情感需求和精神需求，共同构成了"人的生存需求"模型。在具体或极端的情形下，人类可以因任何一类单一信息模式而放弃其他信息模式。由于人类不同信息结构之间存在着复杂的交互关系，这也为通过单一信息模式（或经过适当扩展的）解释人类行为的尝试提供了某种可能。然而，因精神的、情感的信息模式而放弃物质身体生存的情形，在单一信息模式范畴内很难获得充分的解释。来自耶鲁大学的研究发现，人类似乎存在天然的道德感和公平意识，即使只有数个月大的婴儿也可以展现出给予对方帮助、合作的倾向性②。制度经济学学者柯武刚、史漫飞则认为，人类可以处于多元动机展开更具利他主义的互惠行为③。而当这样的多元动机被忽视、压抑，而非鼓励，事实上会减损组织内部的互惠网络，从而在整体上降低组织或社会系统效率。个体、普遍的精神生命的发展，是社会系统有序性实现的重要前提。

在这里，可以稍稍做一些有些"离经叛道"的想象，信息一旦形成特定形态和结构，是否可以认为具备了内在生命？固然生物体要不断地补充能量维持其生命特征，从这个角度讲，生命及由生命活动构成的生态界是物质和能量的，而从另一维度思考，上述过程乃至扩展到人类社会的情形，是由广义信息模式指引（不论是生命

① 陈铭编：《生物信息学》（第三版），科学出版社 2018 年版，第 5 页。

② ［美］保罗·布卢姆：《善恶之源》，青涂泽，浙江人民出版社 2015 年版。

③ 在他们看来人的利他主义的行为动机包括：单纯出于爱、团结，或他们受到胁迫；或按照自由意志行事，出于明智自利的动机，因为他们预期能获得充分的回报。［德］柯武刚、史漫飞：《制度经济学：经济秩序与公共政策》，商务印书馆 2000 年版，第 73 页。

体内在的遗传信息、人类个体的多元信息系统，还是人类社会复杂的信息生产和调控机制），这套信息模式在自然演化与社会文明史中发展着、复杂化着、成长着。不知周之梦为胡蝶与，胡蝶之梦为周与？[①] 又或者如黑格尔所言，历史的演进具有某种意义，呈现为一种理性的发展？[②]

四、组织与组织化现象

从上述对人作为内在丰富信息结构的耗散结构及其多样性的理解，及前文高质能量的定义出发，给出本研究对于人类组织的理解，即由人组成的集成式的耗散结构，其本质是基于特定信息模式进行社会高质能量的生成、转化和利用，从而维持和发展组织内部结构。以物质型能量组织，即主要发挥经济功能组织来看，在当代社会系统中，组织的高质能量的生成、转化和利用，要由其他社会组织参与完成。或者说特定社会组织要通过参加整体社会能量大循环，完成体现为一定的社会功能，获取相应社会能量，维持本组织及组织成员的生产和发展。组织是"耗散结构"的耗散结构，即为了满足作为多样信息耗散结构的人类自我生存和发展需求的耗散结构。

从人类组织发展的历史来看，原始人类结成群组的原因是在荒蛮的自然中维持多个个体生命体的生命活动，或更根本来讲，是通过多个个体合作形成的组织合力维持生命体的需求。更高水平地识别、开发和转化自然和社会环境内能量，从而为其社会成员（至少是一部分成员）提供更多的生存的可能性，成为人类社会组织发展的驱动力，并由此推动了信息密度更高的生产工具、更复杂的组织分工体系。个体对生存资料的获取，以当代而言，则是在后天习得信息模式（智识信息、情感信息、精神信息都有参与）作用下，以

---

① 语出自《庄子·齐物论》。

② ［澳大利亚］彼得·辛格：《黑格尔》，张卜天译，译林出版社 2015 年版，第 52 页。

专业技能、合作能力、领导能力等形式，通过功能性社会组织，参与社会化的各部类经济过程，进入社会能量大循环。

人类精神信息和情感信息的相对分野，以及由此产生的相应需求，促使专门性满足此类需求组织的产生。本研究不计划单独研究此类组织，但一个有趣且有深刻意义的现象是，任何以物质能量转换为任务的社会组织内部，都可以发现其建立并维持着相应的精神信息和情感信息模式。巴纳德则从另一个角度对此进行了探讨，任何一个正式组织的内部都存在非正式组织。非正式组织发挥着沟通功能、调控人们做出贡献的意愿、维持客观权力的稳定性以及维持个体人格、自尊心和独立选择能力。① 他认为虽然很多正式组织的管理者常常否定或无视正式组织内部存在非正式组织的事实，但"了解（正式）组织的诀窍"就是了解其中非正式社团的任务、事情和缘由。对于巴纳德指出的正式组织与非正式组织的相互依存、发展关系，我们可以如此理解，正式组织内部对于情感信息模式的建立和维持，保证了组织成员对于组织的归属感和组织的向心力；而对于愿望型信息的维持，则是组织内部权力运行和行为趋向的心理基础。巴纳德的观点与本研究其实是从两个不同方向来讨论同一个本质，前者从组织现象切入，本研究则从组织的构成——人的特殊性来解释组织形态。

从村庄自发性合作组织的产生到一国范围有序治理状态都可以观察到一种组织化现象，从形态上讲，无论是雪花晶体、蝇眼的蜂窝状结构、遥远的旋涡星云②，抑或美妙的乐曲、国家政权组织、惯常的民族心理与行为，组织化行为呈现为可预期性、周期性和规律性；从功能上讲，组织化行为要持续保持系统远离热力学平衡状态。

---

① ［美］切斯特·I.巴纳德：《经理人员的职能》，王永贵译，机械工业出版社 2007 年版，第 90 页。

② ［德］赫尔曼·哈肯：《协同学：大自然构成的奥秘》，凌复华译，上海译文出版社 2005 年版，第 2 页。

概略地看，组织化现象，是开放系统持续吸收、创造信息与能量，并在两者作用下构型的结果，组织化现象本质是有序性的构建。这里所说的信息，在现实情境中展现为多样态，包括共同体文化心理、社会共享的公序良俗规范、人群的精神气概与情感归属；亦包括浓缩的技能与工艺、制度设计、技术蓝图与生产规程等。这里所说的能量，表现为诸多维持系统化运行的能力，可以表现为历代储积的财富、衡量社会价值的货币，或蕴藏在人际交往秩序中的关系势能。以国家为一个开放系统来看，系统信息系统及其外显表现的社会结构、行为范式与制度通路，需要能量摄入与循环才得以维持。也就是说，一方面，各种社会装置的存在和形成，是以社会能量的不均衡分布为前提。对物质性、信息性和权威性资源有更强的控制能力并将之转化为高质能量的组分，构成了系统中社会能量优势的组分，并事实上形成了系统内部空间的扭曲，决定了制度通路的流向、流量与分支结构。另一方面，各种社会装置的维持本身就需要一定的广义社会资源投入。因此，制度通路建构的最低限度是，广义社会资源的丰厚性差异至少要大于制度通路的常规耗散。反之，当各种能量形态持续外流，系统内部信息的构型的诸多表现，如制度范式、文化样态、礼仪秩序自然也要随之崩塌，这也是近 200 年来，在中国大地上发生的历史。

笔者近期游历曾是华夏文明核心区域的豫晋一带乡野文化和历史遗迹，诸多历史遗存、旧时精神信仰设施，遗留风俗节庆、特色手工艺、地方小吃乃至地方记忆都处于一种残破的并日趋破落、消泯的过程中。广布于乡野的手工技艺、难得一见的地方习俗、瑰丽深厚的黄河信仰文化则基本处于放任自流、自生自灭的状态，无数精致的古典建筑遗存任自风雨荒芜。这与日本乡间深幽齐整的神庙设施、生机勃勃的文化传承、静雅别致的基层风貌形成鲜明对比。无论是断壁残垣的宗庙祠堂还是后继乏人的手工艺技术，还是支离破碎的民间记忆，乃至涣散的民众精神，其实都是几百年社会能量外流、社会装置及信息结构崩塌之历史进程的一个当代切片。另外，"一衣带水"的日本近代化历程，特别是其甲午战争后工业化与现代制度建构都进入"快车道"，则很大程度上反映了在经历先期社会结构变革、新式思想涌入，社会能量识别、转化网络重构，表现为新式企业、各个层级教育训练机构普遍建立及新型工业和行政人才群体的形成。而以上种种现象实质反映的是，社会结构层面的与外部世界能量及信息循环相适应的信息密度，以及人群层面的多样化信息存储的增进。在此基础上，随着战后赔款（广义社会资源）涌入后，既有的新式社会网络进一步将其转化为提升内在结构复杂程度的高质能量，社会各项设施信息密度呈现急剧增加的趋势。

根据文献记载，1895 年 4 月，中日《马关条约》在日签订，按条约规定清政府需从 1895 年 10 月至 1898 年 5 月，分四期全部清偿战争偿款库平银 2 亿两和威海驻军费 3 年共 150 万两，其数额超过了鸦片战争以来历次对外赔款的总和。巨额赔款提供了资本主义发展所需资金，或者说提供了系统有序性建设需要的高质能量。1895 年底，日本政府第九届议会通过了伊藤博文提出的战后十年计划（包括军备、公共事业、行政、教育等项发展计划），其主要来源就是"清国的赔款"。

《马关条约》赔款的大部分是用于军事工业，提升国民经济重工业化水平。甲午战争后日本工业整体信息密度（工业机械结构复杂程度）得到了飞速进步，1892 年日本全国有工厂 2767 家，其中使用动力的工厂有 987 家，共有 31916 马力；到了 1896 年，工厂数便增到 7640 家。其中使用动力的工厂发展到 3037 家，共有 64429 马力，增长一倍多。日本政府还从中国的赔款中拿出近 58 万日元发展钢铁工业，并建立八幡钢铁厂，对日本钢铁工业的迅速发展具有重大意义。巨额赔款推动日本建立了金本位制度，明治初年，日本货币制度不稳，金币外流、金融秩序混乱，日本政府利用甲午战费赔款折成英镑支付，购买黄金和英国证券，充实黄金准备和外汇储备，确立金本位制，使其纳入国际金融体系，密切国际市场联系，极大地促进了外资引入①。

《马关条约》赔款中1000万日元用作普通教育补助费，发展各层级教育机构。日本在一定程度上将甲午战争胜利视为维新以来重视国民教育的实绩。在战争赔款的助力下，基础教育、中等教育、职业教育和高等教育得到迅速发展。1900年，日本停止征收农村小学学生学费，实现免费义务教育。1907年学龄儿童入学率达到97.38%这一惊人比例，并很快在全国范围内"消灭"了文盲，同时教育质量和规范化程度也跻身发达水平②。甲午赔款是日本迈进重工业化和国家发达化的关键阶梯，从而也显示出了高质能量的"穿越层级"的功能。

一边是体现在国民智识水平、工业机械整体信息密度中的信息水平的突飞猛进，以及制度结构现代化嬗变；另一边则是因巨量高质能量外流加剧的破败局面。面对巨额赔款，清政府大举外债甚至将海关财税控制权交予洋人，并无所不用其极地搜刮民脂民膏，实质是逆系统有序化趋势地、高交易成本地从系统内部汲取高质能量输出系统，也可以说是将"有序性"输出系统，其结果是一种"组织化的崩塌"，自然如同曾经雕梁画栋、周身气派的古宅，连同其间的讲究、文化、气质、信心和秩序，都随巨大的帝国巨厦风雨飘摇将倾覆。从以上历史过程，也可以更加理解高质能量与广义社会资源的区别。高质能量具有历史的、系统的相对性，随着主导型技术及主导的社会能量转化网络的演进，对于社会能量的定义则将随之变化。即使相同的广义社会资源，对于已经完成社会能量转化网络（包括功能性组分、制度通路、社会信息模式及相应的人才技能储备

---

① 潘家德：《试论中日〈马关条约〉赔款的影响》，《四川师范学院学报》（哲学社会科学版）1992年第5期。

② 任凯强：《近代以来日本农村学校教育发展研究》，西北师范大学（硕士学位论文）2012年，第12页。

等）革新的社会系统，则可进一步用之增进体系的复杂性，从而可以视之为系统内部组织化程度的提升。而对于未历史性地完成此类更新的社会系统，则其只是维持旧有、虽已残破和固化系统的运行，并在外界环境系统高质能量循环机制信息密度急剧抬升的背景中，承受一浪高过一浪的外界扰动。

组织化现象可以因高质能量的流出、信息与制度结构的坍塌而消散。而智识与精神信息培育、发展型网络的建设、外界高质能量的摄入及内部高质能量的创造，又可以促生或恢复组织化现象。当组织化现象出现，即使是在同样的环境条件下，即使是同样的人群与地理，那曾经的怯懦却可成刚毅、曾经的散乱却可成团结、曾经的懵懂却可以焕发才智、曾经的贫乏禀赋却可以"遍地流奶与蜂蜜"①。

平民教育家晏阳初先生在第一次世界大战期间在欧洲为中国劳工撰写书信、开办识字课程，自此认识到这些"苦力"身上的潜藏之力。他在 20 世纪 20 年代创办平教会，开设平民教育课程，以"除文盲、做新民"为口号动员知识分子为城市底层民众开展平民教育。然而，其最著名的工作当属将讲台和"社会实验室"置于中国农村，在河北定县等地开展得轰轰烈烈的农民普及教育和组织化工作。"我们初到乡间，看见农民失学，慨叹中国教育不普及，后来在乡间久住，才知道幸而今日中国的教育不普及，否则真非亡国不可"。在冀中平原，晏阳初和他的知识分子团队，以学校、社会、家庭三位一体连环教育，以文艺教育治愚，以生计教育治穷，以卫生教育治弱，以公民教育治私，推广合作组织，以提高农民的智识力、生产力、强健力和团结力②。1937 年，战火向华北平原蔓延，民族危亡之际，平教会在定县 10 年平民教育基础上，加紧农民精神和组织动员。日寇铁骑横扫华北，在定县却遭遇了坚决、持久的抵抗，

---

① "遍地流奶与蜂蜜"出自《圣经》对迦南美地的描述。

② 温铁军、潘家恩主编：《中国乡村建设百年图录》，西南师范大学出版社 2018 年版。

据史料记载，定县有四万多游击队，专门给鬼子捣乱，时常在定县打进打出，有一次打进城里把鬼子驻扎的总司令部也烧了①。这显示了曾被认为是落后、呆滞的中国农民，一旦经过知识掌握、精神觉悟和适当的组织化，将迸发出的伟力②。

对综合性社区合作组织的考察发现，从个体间相对孤立的、缺乏精神、文化和共同协作的状态，逐渐发展为个体间共享并循序一定行为模式和信任关系，并持续在内部和外部完成特定功能的组织形态过程中，信息（具体表现为一定的价值观、认知和技艺模式）及能量（广义社会资源的功能化）的输入起着至关重要的作用。在组织成立的早期，新范式的信息输入过程往往集中于特定个体，该个体也往往要承担组织化过程先期运行成本，并表现为不同程度的个人化和非标化特点。随着创新性范式引领下的，环境资源聚合、改造和效能化进行，及与之适应的更加正式化的制度建构，组织内部与社会能量多形态相适应的功能模块逐渐成形，表现为分殊化于专业化的进展。然而，与上文提及的人的多结构信息模式相关，应当注意的是，组分及其功能模块的建制化、专殊化过程，在表层上体现着特定的组织模式信息（智识信息的一种）；而在其内里则是关于权威关系、认同感和身份感（自我价值实现）等更加多元的信息结构。后者由于其隐蔽性、难以按照一般标准衡量而在从微观至宏观的组织化现象中被不同程度有意或无意忽视③。因而，观察一个组织应当认识到其内置的多层级的信息体。

---

① 宋恩荣主编：《晏阳初全集》（第二卷），湖南教育出版社1992年版，第180—350页。

② 值得一提的是，土地革命时期的红军队伍，由于出色的文化和政治启蒙工作，成为当时最具智识、精神与人格觉醒的武装力量。见公众号"温乎"，《温伯陵：90年前，红军是最有文化的军队》，2020年8月2日。

③ 世界范围处于同一阶层或相似处境的人群之所以难以"联合"，并不只在于其理论（智识信息）上的合理性，以及所参与生产循环的封闭性；也在于"工人阶级有其自己的祖国"。

第三节 高质能量的特征与制度通路

一、高质能量的特征

如前所述，广义社会资源本质上为一种低质能量，与此相对，这里给出社会系统的高质能量特质的三个特征：

（一）具有更高的信息水平，反映为能量的内部结构更为复杂

高质能量也可称为高度结构化能量，即原本游离态、碎片态、内部结构简单（信息含量低）的资源（或低质能量），通过个体或组织化实践，建立联系与协同通道，展现为更为内在有序的能量形态。通过相应的系统内部能量处理和应用功能模块，高质能量形态能发挥出游离态资源所未有的效能，提升系统或组分的生存及发展水平。**这里所说的"实践"，可以视为信息系统与能量结构的互构。也就是说能量转化过程，是个体、组织以特定信息模式对资源进行整合与重构，同时修改、发展个体组织的信息系统**。得到整合与重构的高质能量，内在地体现一种新的、提升系统生存力的信息模式。因而能量高质化过程，也可以视为能量与信息结合的过程，能量信息水平在此过程中提升。从这个意义出发，可以认识到，作为普里戈金耗散结构形成四个条件之一的开放系统条件，即与外界进行物质、能量及信息的交换只是对于初级系统的概略性描述，事实上对于人类社会的复杂系统而言，信息过程与能量过程、内部作用与外部作用常常是互为耦合的。以能量过程来看，对于低质能量（广义社会资源）的加工与构造，需要系统内部信息系统的参与与结构化信息的注入；而一种能够处理新型高质能量的信息系统的建构与维持，又往往要借助外来信息模式的输入，并依赖能量的运用。正是在这样信息与能量、内部作用与外部作用的互为耦合中，自我学习、自我发展、自我适应的系统组分才可能出现。事实上，粗线条地看，

信息与能量的交互作用勾勒了我们所处社会系统的本质。在人类生活的星球上，我们所认识的生命及能源的来源，根本上可以追溯于太阳核聚变的辐射。人类社会创造的物质财富，源于人类对于自然界的创造性劳动。创造的来源，是人类精神图式、智式模式、集体经验积累（多样性技能存储）等高质信息共同发挥作用的产物。这些高质信息的来源，在于高质能量直接或间接的、独立或协同的转化。

值得注意的是，根据 W. R. 艾什比对控制论的发展，只要两个变量存在交互作用，或者说耦合，那么这个耦合就决定了其可能存在的平衡点，进一步讲可以引发出一个更具哲学性的讨论，"目的性"起源于交互作用[①]。事实上，我们可以将高质能量形成过程，视为系统外部信息、资源（低质能量）与系统内部信息、能量交互作用的产物，是将环境中"无目的"的低质能量，改造为系统可利用的、具有更高效能和信息水平的高质量能量，也可以称之为一种"有目的能量"。本研究系统有序性三原则之一，即最大化地系统存储、转化、利用高质能量，而随着高质能量信息水平的相应增进，也必然要求系统组分信息系统复杂化，形成相互协同的网态构造。

（二）高质能量具有更高的能量的聚集度

不同形态的能量，显示出差异的做功潜能。能量更加聚集的形态，如石油，比起非聚集形态，如阳光，具有更高的能量质量。在自然界食物链中，能量的数量逐级减少，以耗散的太阳能千卡的数字来说，能量聚集度提高了[②]。就社会系统来看，低质能量的一种形态是"细碎化"分布的广义社会资源，包括在地性信息、碎片化权利、无法得到充分功能化的社会关系网络、未能整合入发展型网络、发挥高层次效能的资金等。低质能量的一种形态是呈"细碎化"的

---

① 金观涛：《系统的哲学》，新星出版社 2005 年版，第 184 页。
② ［美］E. P. 奥德姆：《生态学——科学与社会之间的桥梁》，何文珊译，高等教育出版社 2017 年版，第 69 页。

土地经营权分布，分田到户改革，事实上恢复了以细分田亩为基础的小农户生产结构，在确保农户生产直接性收益激励的同时，也固化了细碎的农产品交易与细碎的农户市场能力。将农业和林业服务的内在连绵性，分割为细碎的、交错的生产单元，也就妨碍了整体性的功能实现，以及以规模性、整体性功能实现为基础的高层级市场的进入机遇。与农户细碎化的市场势力相关，是其不利的谈判地位，这使其基本无缘由农业或农地深度开发引致的超额收益①。

温铁军等提出生态资源价值化（三级市场）理论②，是尝试将低质资源聚合化、结构化，使之成为具有更强"增能"效果③的高质能量。事实上，资源的分割、业态分立、缺乏价值发现机制等，都可能造成低质能量困境或资源内在价值难以显化，同时，正如该理论所指出的，更为深入的问题却是"高质能量聚合"的方向性问题。或言之，是对于"谁的"高质能量化。就乡村社会而言，这里不乏能人与巧妙的运营手段，通过规模化、资产化、业态组合或集成创新，获取丰厚的资源价值。但是，从大多数来看，转移到主要依靠城市务工谋生，且大部分时间远离土地的大多数普通农户（包括第一代农民工与新生代农民工），基本上构成了城市底层收入群体的大部分。他们很难真正融入城市化进程，又不再可能返回农业，处于一种实际上的"双重脱离"状态，构成了社会系统面对经济波动和外部冲击的脆弱性根源。因此，与主张有序退出农地产权观点不同④，笔者认为应当通过具有整体性乡村资源运营机制设计，如县域集体经济运营平台或区域综合性合作组织⑤（体现"发展型网络"

---

① 吕程平等：《深度贫困地区农村改革探索：大宁实践》，社会科学文献出版社 2020 年版，第 152 页。

② 温铁军、罗士轩、董筱丹、刘亚慧：《乡村振兴背景下生态资源价值实现形式的创新》，《中国软科学》2018 年第 12 期。

③ 参见下章关于"互为增能"的阐述。

④ 张晓山：《乡村振兴战略》，广东经济出版社 2020 年版，第 69 页。

⑤ 这样的机制同时也将提升吸引各类工商资本的可信承诺水平。

性质)，保证离土农户的长期村社资源收益分配权，或可称之为"可续农权"，从而——用时下较流行的术语而言，提供系统的韧性基底。

能量更高的聚集度，同样表征着内在结构的复杂化，与其加载并显示的信息水平的丰厚化。生态学认为，如果一个生态系统获取的能量大于远离热力学平衡所需，则剩余的能量将被系统用来进一步远离热力学平衡状态，从而表现为更复杂的网络、更丰富的秩序和信息。对于人类社会，这样的过程不会由于低质能量输入增加而自然发生，如果没能伴随着系统或组分内部信息水平的提升，从而在制度上和技术上对大量涌入的低质能量进行结构化改造，那么很可能出现的是一种所谓"资源的诅咒"。16 世纪的西班牙并没有依靠来自新大陆的白银在竞争中取得优势，反而是发展出更完善的法律和所有权制度，以及有效率资本市场的国家逐渐获得优势。"荷兰的资本市场的效率在于它作为西欧的货币市场从一开始便是集中的，对外贸易集中在那里，这一事实使欧洲的资本市场得以创建和扩展。搜寻费用减少了，而基本和辅助的制度的创立则降低了交易费用。"[①] **高质能量的转化、控制与运用，并不必然带来系统自身的有序性的增加，如果没有更具广布性、包埋性的制度结构，将高质能量输送到多样化激活，促进组分间、个体间协同创新性网络，那么其对系统有序性的影响很可能是加速负向反馈的，并可能最终导致系统在各个层面上的崩溃。** 纵观世界，对石油、矿石等自然资源高度依赖的地区，往往会出现"资源陷阱"，一边是极少部分群体通过渗透到公共机构的黑色利益链条和保护伞，攫取高额利益，侵占、破坏全民自然资源；另一边是赤贫群体广泛存在，教育(首先提及"教育"，是因为其与个体信息水平及可行能力发展有关)、卫生等公共服务严重缺失，社

---

① ［美］道格拉斯·诺斯、罗伯斯·托马斯：《西方世界的兴起》，厉以平、蔡磊译，华夏出版社 2017 年版，第 178—179 页。

会矛盾对立严重，造成一地经济—社会—环境多重崩塌。

（三）高质能量提供了穿越层级的能力

如生态系统可以分为分子水平、细胞水平、器官水平、物种水平等，社会系统具有明显的层级性。系统的层级性制约着特定层级的可行能力水平或者说个体的发展水平，同时也为系统提供一种稳定性机制。一般来讲，系统不同层级对于能量的聚合程度和信息水平有着不同的要求，随着层级水平的提升，需要更复杂信息水平和更高聚合程度的能量维持本层级的运行。能量作为一种抽象的概念，其本质可以视为一种涌现，是微观存在与运动的宏观表征。当一种能量被较低层级的功能模块识别、转化、重组为高质能量，并加以控制和运用后，组分会具备穿越本层级的生存、发展能力，这也是后文所谈及的发展型组织的重要功能。事实上，经过改造、重组的，内在结构更趋复杂并具有更高信息水平的高质能量，可能发挥出在资源层次或低质能量层次不曾拥有的效能，并借助协同网络内部持续循环呈现出一种倍数效应。

从这里也能看出，相比于一般化用语的财富、收益、资源等，社会能量概念具有更强的结构性（因而有更高的信息水平），或者说更强的社会系统性。从而也暗示了一种现象，即参加交易者获得通常意义上的收益，但其高质能量水平或者说系统化的可行能力却并未增加，甚至随着交易结构的重复，而实际出现减损的情况。本研究将所谓**"人的发展"看作生命体智识—精神等信息模式水平的增进，并表现更充盈的生命状态和潜能发挥**。在这个维度上，系统可视为由无数细分层级叠加而成，那么非"互为增能"式交易的情况下，交易中的至少一方其系统层级水平并未随着交易的完成而发生上向改变。

还可以从另一角度理解高质能量给系统结构带来的影响，将其视为系统对内部空间扭曲和不均衡性的一种调整过程。高质能量所代表的系统局部能量与信息的不均衡集聚，必然带来系统内空间的扭曲，改变了系统内部既有关系网络和"力场"。如前所述，系统层级结构的一个重要功能即是面向扰动的一种稳定性机制，是系统恢复力的重要机制性来源。这里恢复力是指在系统面临内外状态变化时，识别变化、吸收干扰，维持其原有结构、功能与形态的能力[①]。显然，在社会领域，一般可以分辨出两种系统应对低层级组分具备高质能量生产和运用能量的办法，其一是受到结构变迁影响的组分采取措施阻止整合高质能量的新组分壮大。在本书的写作阶段，"如火如荼"进展中的、以国家的名义对后发国家高新技术企业的打压、限制和封锁，实在是此第一种情形的典型事例。其二是承认新组分的地位，使其可以在更高层级获得发展空间，并与既有组分发生被认可的、具有合法性的联系与协作，简单地说，是允许进入"分利俱乐部"。当然，现实情境两种过程往往是连续的，即第二种方式的出现是以前种办法的失败为前提。在本研究后面讨论的综合性社区合作组织成长历程，以及发展中国家技术能力突破等部分，都可以看到如上两种方式的实例。

然而与热学意义上的耗散结构不同，人类组织化过程中需要的"能量"不仅来自外部，还来自组织成员自身的资源、精神力量的激活，并运用于组织成形的各个阶段，包括组织的发起、内部文化（共享的集合信息形态）确立、制度确立（浓缩信息的序参量），以及功能性模块与外界交互通道成形等。不同的组织形态，发展出了差异化的广义社会资源分配、利用和占有的方式，而关于广义社会资源在组织化过程中如何被调动，在组织运行中如何被分配、利用和占有的信息模式，体现着组织内核的、共享的文化和规则体系，学者高德、高亮称之为"性能信息"[②]。

---

① ［丹］S. E. 约恩森：《生态系统生态学》，曹建军等译，科学出版社2017年版，第103页。

② 高德、高亮：《秩序论——象数学及中医哲学理论实质》，内蒙古人民出版社2002年版，第19页。

本研究考察的综合性社区合作组织，可以视为其补齐"中层结构缺失"的一种方式。所谓"中层结构缺位"是指，一方面从上到下讲，国家发展进入"工业反哺农业、城市反哺农村"阶段后，随着取消"三提五统"，国家以粮食补贴、良种补贴、农业综合补贴、建设社会主义新农村、美丽宜居乡村等政策措施，大量财政投入涌入乡村，但将这样的部门化、分散化、条块化、项目化的投入集成合力，发挥统合效益，承担乡村振兴宏观目标的中层主体缺失。另一方面，自下而上来讲，我国农业生产基本上仍以小农户直接面对市场这种极度原始化的经营方式为主，从根本上讲，由于农户经营规模过于弱小，实质上处于农业收益分配体系的极为不利境地。综合性社区合作组织一个重要的功能就是对村社内外广义社会资源的整合、可操作化转化，使之形成组织发展的高质能量，形成了具有结构意义的路径突破。这里所指的广义社会资源包括社区内分散的资金、承包地块、参与者的多样化社会资源乃至日常性的、非正式的社会关系势能。

正是不同类别广义社会资源的转化与利用过程，形塑了组织的不同功能。组织内部网络结构也逐渐显示出模块化特征。在此过程中，摄入资源的内在结构趋于复杂化和信息密度高度化。而从社会能量角度看，社区综合性合作组织之所以有可能发挥补齐"中层结构缺失"的作用，一定程度上是因为广义社会资源经结构化改造后效能增强，具有了突破原有层级的功能。

延伸阅读

3

系统层级性、人的发展与精神能量

系统的层级性，表现为对能量和信息质量的不同要求，从而也就决定了层级主体的发展空间与发展水平。不同层级之间相对区隔，每个层级的差异代表着参与主体收益量级的差异。

从这个意义上讲，工业革命以来，市场虽然逐渐脱离了某种具有父爱主义的社会共同体，但却仍是内嵌于财富、资本、权利的不均衡分布之中。不同层级市场之间有事实上的准入要求。这个准入性要求在本质上规定了参与交易者的高质能量水平。分散的、较低数量级低质能量拥有者不可能成为高层级市场的真正游戏者。单个农民拿着细碎化的林地农地，不可能进入林地规模化运营的收益市场，更不可能进入林地资源资本化收益的市场层次。只有少量积蓄的普通农户，不可能进入本地自然资源开发市场，获得高回报率。去技能化的、高度可替代的流水线劳动者，终日劳作却只能获得所谓高新技术的消费电子产品增加值中微乎其微的部分，并不可能（如早期技能工人）通过日常劳动修习技能的多样性存储，获得技术体系内的区隔突破[①]。这也就使其在资本和技术层面都不可能进入具有高质能量性质的垄断收益空间。

而在我国，市场层级化分布往往和产业的层级化分布重合，这就意味着，不同产业及产业内不同层次的层级化甚至极化的收益分配格局。细碎的、分散化的资源拥有者，包括缺乏组织和市场势力的劳动者，一般只能困于低层级市场，如在土地城市化开发中，农民获取的一般为基于农业生产收益评估的补偿金。而处于全球分工体系低层的去技能化的劳动者，其自我发展水平被困于由技术和资本塑造的能量区隔中，在短期内（具体地说，一般是其生命周期最可能具有活力的时期）其报酬可维持劳动力再生产，而从整个生涯观察，其劳动岗位去技能化状态、其实际生活境遇共同构成了一种生命形态上向的闭锁。

[①] 当下，已然不用去工业区中考察这样的技术区隔了，最近关于"困于系统中的外卖员"的讨论提供了最新的例证。

其原因就在于，单个农户与去技能化流水线劳动者不具备进入高层级市场的交易资格。农地的高层级开发，如以农产品深加工为代表的第二产化开发、以旅游康养为代表的第三产化开发，乃至进入资本市场和房地产市场，都需要基于资本水平（高质能量的一种形式）和市场规模性（在此指农地规模）的开发能力，这就构成了上文所述每个市场层级的"准入资格"。在特定层级内的收益水平具有上限的天花板值，以农业来看，这样的天花板值基本等于某一单位均质农产品因供需波动引致的收益高峰值。如果不能找到进入更高层级市场的门路，特定农户通过超过同层级其他农户均值投入的方式改善农产品质量，如采用更加费工的有机农业方式，必然得不偿失。如此一来，粗放型的、环境不友好的、竞劣方式投入才是合理的选择。从另一个角度看，市场区隔的实质是一种"权利困境"。

生态系统中存在着物质循环、能量循环和信息循环，三者之间在特定条件下可以实现相互转化。生态系统的发育和互相作用涉及能量、物质和信息，能量的传递离不开物质和信息，物质的传递也不可能脱离能量和信息。对于人类社会而言，如果特定层级的个体不能处于"互为增能"的交易结构中，则其将困于特定层级的发展水平。如果特定层级的个体不拥有将广义社会资源转化为高质能量的信息模式或属于相应的功能性模块，则其仍然无法完成对特定能量层级的吸收和创造。

在人类社会，自然资源、物产、资金等转变为有助于"人的发展"的高质能量，同样需要信息的介入。在第一层面上的信息，是人类的智识信息模式，于人类个体，为人类在劳作、社会学习、实践中形成的认知模式、技能等；于人类群体，是关于组分和个体如何行动，扩展生存和发展可能性的知识性储备，及特定技术条件下的集体知识库；第二层面的信息，则是精神信息模式。事实上，人类的精神力量，作为一种特殊的信息形态，本身就可以看作高质能量的一种形态，这种精神能量可以是个体拥有的，也可以是组织或社会范围内共享的。个体精神力量的觉醒，是对自身生命状态的重新思考，是改变自身处境的愿望与意志的激活。人类群体的精神力量的整合，是从缺乏信心的、疑窦丛生的、妄自菲薄的、"等、靠、要"的、低度尊严水平的精神状态，到团结的、奋发的、互助的、依靠自身力量改变生存处境的精神状态，这样被焕发的精神力所蕴含的能量，是人类社会实践中难以忽视的伟力，并可焕发出巨大的甚至是改天换地的力量。《淮南子·兵略训》说："千人同心，则得千人力；万人异心，则无一人之用。"影响个体行为、组织运作乃至社会运行的人类精神信息模式可称为精神能量。之所以称之为"能量"，是由于它具有一种"能动"力量，即能够通过作用个体或组织的多结构信息逻辑系统，改变个体行为或组织行为。当然，智识层面信息与精神层面信息并非分立的，精神能量的基础是群体内部成员间共享的，关于群体整体感的观念、价值观或信仰及为此行动的意愿，以及个体、组织、社会系统对于自身的一种确认。

　　不同能量表现形式之间，存在一定的互补性。适当激发和引导的精神能量，有可能弥补物质性资源的匮乏。精神—智识信息结构的发育，形成的人类精神力量，蕴含着巨大而复杂的能量。其中的某些部分，可以进入群体知识库，成为后世社会的精神遗产或技能遗产，特别是前者往往构成了某种人类共同体的心理基础。

晋豫交界的林州地区，自古严重缺水，灾害频仍。20 世纪 60 年代在物质力量、技术力量极度匮乏的情况下，河南林县的"红旗渠"工程历时近十年，削平 1250 个山头，7 万名群众参与，80 余名干部群众牺牲，改变了当地水资源缺乏的境况。

值得一提的是，红旗渠工程还练就了林州人修水利搞建设的看家本领，他们在改革开放后走出太行山，各处承包工程，人力与技术双输出。亚运村、鸟巢、水立方、国家大剧院等举世瞩目的建筑工程都有林州建筑工人参与①。

二、制度通路、信息系统与能量

制度通路即对广义社会资源在不同人群、社会组分、功能性组织之间配置、生产与运用的规制性通路系统。社会系统具有不同的信息逻辑系统，其内置于系统内各种制度通路，成为社会制度最核心的部件，是可以称之为制度通路"源代码"的规制性表达，即对于制度通路如何配置资源、如何实现规制性、如何维持通路本身做出表述。这里所说的表述，并非等同于被特意书写、宣扬的叙述。事实上，大多是制度的源代码或信息逻辑系统，是不可见的，甚至没有被明确言说的，但确能被制度通路所归属于的社会组分、社会系统的成员认识到，并以其特定的行为模式展现制度通路的现实存在。制度的可被认知性，不仅是其实践性的基础，也使得制度的核心源代码可以通过对制度实践的考察，而发现并昭示、复制和再生。制度通路具有规制性。在一个包揽多样性制度实践的谱系中，这样的规制性可以通过趋于柔性的文化（道德规范）与趋于强迫性的暴

① 中央电视台纪录片《在影像里重逢2》。

力（强制手段）出现。一般来讲，规制性的出现形态，与制度通路配置的广义社会资源类型与制度所处的社会体系性质相关①。

从宏观社会角度看，后发国家的现代化路径，往往发端于系统信息逻辑系统的改变，然而新引入的信息逻辑系统，如何与原有的信息模式衔接并通过制度建设内化为具有全局意义的行为模式的转变。这需要系统保持最低限度的开放性，并在持续交互中形成了新的对于"什么是能量""如何利用能量"的结构化的智识信息、愿望信息和情绪信息，即发生了信息逻辑系统的改变，形成对新的信息模式的甄别、吸收和转化能力，对新的社会能量的运用或对社会能量的新运用，及相应的制度通路建设才可能开始。在生态系统的不同层级，开放性与自由能输入相互协调，形成该水平上的动态，包含在各个层次中的信息符合该组织层次上的功能，如细胞利用遗产信息形成的酶来指导生命过程②。

日本在明治维新后30年的时间里，通过大量资源投入，最终建立起6年制教育制度，在1907年男孩的入学率达到99%，女孩为96%，中等教育及职业教育也越发普及。这样成果的实现，首先是社会系统信息逻辑系统的改变，其中包括对于"西方列强强加于中国身上的可怕境遇"③的恐惧，以及对西方现代思想的接纳。内置于社会系统内部诸多制度通路的信息逻辑模块，是制度通路发挥其甄别功能（即判断输送对象是否符合各制度通路核心源代码对制度目的的设定）的重要前提，并具有对系统的能量运用进行设计、指导的功能。从整体来看，社会系统的演进，意味着内部诸多制度通路及其内在信息模块的改进，而衡量系统变化是否成功的关键，是

① 吕程平：《制度通路理论及其在基层治理中的应用》，《开封大学学报》2017年第3期。
② ［丹］S. E. 约恩森：《系统生态学导论》，陆健健译，高等教育出版社2013年版，第232页。
③ ［日］小田切宏元、后藤晃：《日本的技术与产业发展：以学习、创新和公共政策提升能力》，周超等译，广东人民出版社2019年版。

看其是否通过系统能量获取和应用方式的改进，更加有利于系统有效利用环境中的资源，将其转化为系统生存、发展所需的能量，并最终使系统远离热力学平衡状态。

在斯托纳看来，信息与组织密不可分，所有的组织结构都包含信息（Information and organization are intimately interrelated. All organized structures contain information）[①]。信息改变能力—物质结构的本质源于其提及的信息的可添加特性，"信息可以被添加到物质、能量甚至在其他信息之上。添加到物质上的信息使物质呈现出组织性。正如热能持续添加到物质上会导致达到某种临界值出现相变，信息持续添加到物质上同样会导致相变。在相变中，系统会以新的形式得到组织"[②]。对于生物体来讲，DNA 记录着机体组织结构的构建信息，指导生物从环境获取营养物质和能量维持内在组织性。组织化过程本质上是一种信息、能量、物质结构化。通过所谓的"信息的添加"达到组织结构化形态过程不会自动实现，即物质—能量的结构化调整或重构不会自动实现。信息的"跨介质添加"意味着过程能量耗散。对于社会系统，这里所说的过程能量耗散，包含但应不限于科斯等学者提出的"交易成本"。

所谓高质能量，本身就意味着更具内部结构复杂性，或者说有着高水平信息样式的广义社会资源，对于人类社会来讲，在外界特定信息模式指导下，对社会资源的整合、重构和集约化过程，能量聚集度或能量质量得以提升。在本研究所涉及的基层社会革新现象中，分散自然资源、农地、闲散资金乃至多样化个体能力禀赋等，以创新性方案整合、管理和运用，事实上是在分散资源间建立联系与协同，使之结构化与功能化，发挥在散布形式下无法企及的系统性效能。

---

① Stonier T, *Information and the Internal Structure of Universe*, London, New York：Springer-Verlag, 1990, p. 7.

② 王世鹏：《信息与心理内容》，科学出版社 2016 年版，第 107 页。

前文已经指出，社会实践的本质的一个侧面在于信息模式（以人类为主体的）对于特定外界能量—物质结构的改变（另一个侧面是人类信息模式在此过程中的重构），而"成功的社会实践"无外乎是在此过程中，外界能量—物质结构有序性增加。信息并非自动带来"有序"。对于人类社会来讲，持续提升系统生存、发展能力，或者说，最大化系统存储、转化、利用高质能量的信息模式可以被认为是增进系统有序性的重要衡量，其他衡量标准还包括系统内在系统网络的稳定性与系统抗干扰能力（恢复力）。蕴含不同的信息模式的能量转化与运用机制，显示为不同的系统内制度通路。制度通路与系统组分一起构成了系统内结构。

人类生产活动作为人类创造性实践最集中的体现，可以类型化地区分出不同的信息分布和运用模式。工业革命以来，生产空间一个重要的趋势是，直接生产信息的控制权历史性地从工匠、技能工向工程师、经理阶层转移[1]。本研究所附研究报告将展示，此一趋势随着全球分工在不同发展水平的国家、地区和企业展开，事实上形成了大量去技能化（低度信息水平）的劳动阶层，并对个体、地区和国家的持续发展能力形成深远的影响。另外，无论是社区合作组织、发展型网络还是企业内部的直接生产群体质量管理小组，抑或上文提及的生态资源价值化理论，其本质都在于发展特定信息模式，形成某种能量转换机制，即将游离态社会资源转化为聚能态高质能量。对于社会系统而言，将分散的资金、游离态的信息、细碎化的林地农地承包权、条块化部门化的财政资金等通过恰当机制设计，整合化、结构化、功能化，使之可以参与更高层级的市场配置，获得有助于基层普惠性发展的高质能量，增强贫困地区的可持续发展能力和水平，为基层"绿水青山转变为金山银山"的路径分析提供

---

① 吕程平：《区隔、分化与集中：日本自动化技术导入的技术社会学考察与启示》，《哈尔滨工业大学学报》（社会科学版）2020 年第 2 期。

有益的理论指导，是当前农村改革研究中亟须重视的课题。

信息系统（信息模式或信息控制），是结构化的、一般具有较复杂内部关系的信息集聚。从生物体到人类社会，不同层级的系统都具有作为其核心子系统的信息逻辑结构，信息逻辑系统抽象着系统外在表象物质与能量运行。对于人类系统而言，信息逻辑系统分布于系统内各个层级、各个侧面的制度通路中，并通过文化"装置"、显在或潜在的惯例或规范等显现出来。事实上不可能脱离信息逻辑结构谈论社会系统。社会系统的信息逻辑系统最为关键的部分是关于权力关系的部分，或者按照道格拉斯·诺思的说法"谁的感知重要以及如何使之转化为对环境的改造"[①]。**顺便说一下，如果对制度通路的不同形态进行分层，文化是最基层的制度现象，是离信息模式最近的制度现象，因而具有最明显的信息制度兼具性，并直接作用人的内部信息逻辑系统。事实上，作为最基层的，也最难以显性描述的制度现象，任何其上层的、更具显性的制度通路（容易想见的，各种所谓规章制度、法律条文等），如果不与特定的社会文化心理相结合，则很难真实地、持久地发挥作用。**伯格和卢克曼区分了制度背后的理论与制度共识，"如果只有运用社会成员所具有的相关知识才能理解秩序的整合，那么对于这种知识的分析就是我们分析制度秩序时的关键。我们不是要把制度秩序的正当化背后那套复杂点的理论系统当作唯一的或主要的关注点。……理论知识的一小部分，且绝不是一个社会中最重要的那部分知识。对于制度秩序来说，最重要的知识是在前理论层次上出现的。它是一个社会中'尽人皆知'的事情的总和。"[②]

系统内制度通路，反映着系统内部社会能量占有与控制的不均

---

① ［美］道格拉斯·诺思：《理解经济变迁过程》，钟正生、邢华译，中国人民大学出版社 2016 年版，第 6 页。

② ［美］彼得·L. 伯格、［美］托马斯·卢克曼：《现实的社会建构：知识社会学论纲》，吴肃然译，北京大学出版社 2019 年版，第 85 页。

衡状态，作为制度过程的结果，是系统内部社会能量的配置、运用与再生产流程。更具体地说，就是谁得到资源，谁运用资源，谁在资源运行中获益。对如上问题的不同回答，规定着不同的制度结构与社会运行状态。系统内部对社会能量控制的分步实现，通过一系列特定的制度通路完成，后者具象着特定的信息逻辑系统，并最终形成了社会运行系统状态的差异。因此，制度通路、社会系统、信息逻辑系统的概念区别，在一定程度上取决于分析的便宜程度和观察的视角。

在此基础上，根据本研究中所指社会能量的定义——对一特定经济社会系统改变的能力，具有基础的相对性，也就是说，能被（变化的）系统信息逻辑子系统识别的，进而进入体现特定控制关系的制度通路运行，并维持系统运行的能力，才是能量。而系统内主导性的社会能量定义、识别与运用方式又内嵌于既有的社会能量占有与控制的系统结构内，体现着系统空间扭曲状态。因而，一种宽泛意义上的资源能否被系统加以改造和利用，转化为增强系统发展水平的能量，首先取决于系统的信息逻辑系统（确切地说，是其前端知识库）能否加以识别。受到不同系统内社会能量格局影响的信息逻辑系统，还规定着社会能量的识别、转化、运用和配置过程中，系统各个组分发挥作用的路径，及其系统性发展能力的变化。

信息处理系统显示出某种智能属性，其智能水平取决于信息模式的复杂性[①]。随着人类历史进程的、广泛发生的信息模式的复杂化，一些原本未被识别的内外环境资源、关系网络、组分或个体的特质可能被重新发现。不同的人工系统的信息逻辑系统，标识着何种内外环境资源将被识别及功能实现的路径，以及此过程中不同系统组分生存发展能力如何变化。诺思将政策过程概括为"可感知的现实—信念—制度—政策—改变"，其实质在于系统主导型制度通路

---

① 　王世鹏：《信息与心理内容》，科学出版社 2016 年版，第 106 页。

的内置信息逻辑系统的变化，将可能带来不同于以往的资源认知，从而引致人工系统功能的改变。

随着信息模式的复杂化，对系统环境资源利用方式的认识及不同方式利用后果的认知也将更加深入。然而，这样的过程往往伴随着系统局部或整体的阵痛。随着工业革命而来的技术突飞猛进的一个直接后果是，地球在几十亿年漫长进化过程中形成的物质、能量以不可想见的方式、快速地裹挟人类社会系统旋转着，而在此过程中时刻产生着海量信息的组合、杂糅、湮灭与突变。人类在亿万年间形成的智识判断系统，是通过持续观察自身和周边的变化，来确定行为的后果。这样的依靠局部信息自我观察评估的智识模式，面对远快于人类认知进化速度的系统内外不确定性，显得措手不及。一些曾经被誉为带来巨大社会进步的技术、对自然资源粗放的利用方式，以及对其他物种生存的巨大干扰，已经促生了面向人类自身及生态系统的频繁危害，并越发显现为人类世界系统的全局性危局。

同样——如果不是更加，令人忧心的，是与主导型技术信息密度①提升伴随的人类社会系统内部加剧的生存与发展能力的不均衡分布，主导型技术的采用与运行，深深嵌入人类社会权力结构中，并加剧着结构内在的极化趋势。戴维·F. 诺布尔（David F. Noble）认为，"如果一种技术（如机床自动化）沿着某种方向发展，并最终以某种普遍采用的形式存在（如数值控制），很可能是这样一种情况，即与其说它反映了技术上或经济上的优越性，毋宁说选择者权力的影响极其巨大，并且支持该权力的文化占据了支配地位……（主导技术的选择与应用）揭示出决定技术发展的社会权力、文化价值观以及主流思想的各种模式。"② 而人类工业革命以来的，内嵌于权力结构中的主导型技术革新历史，又进一步加剧了社会权力与技

---

① 见本书第 29 页"技术型信息与多样性存储"一节。

② ［美］戴维·F. 诺布尔：《生产力：工业自动化的社会史》，李风华译，中国人民大学出版社 2007 年版，第 180—181 页。

术在人群间的区隔①。

在亿万年进化历程中，形成的生态"技术"系统，是怎样的呢？E. P. 奥德姆指出，虽然太阳能量中只有1%—5%转化为高质量有机物，但这个系统自我维持、自我永存。保罗·霍肯则认为，"我们人类至今还没有创造出任何一件东西，与一立方英尺沃土中微生物的交互作用一样复杂、一样设计完美，没有任何一个生态学家能够声称对整个生态系统运作充分了解，但他们都赞美它内部的精致细密，设计得美轮美奂的交互作用和多样性，这就是每一立方英尺土壤的特性，这土壤造就了无数的生命体，却没有产生任何废物。"②那么，维系生态系统运行的一些"原则"，是否能为人类社会系统带来一些启示呢？

---

① 吕程平：《区隔、分化与集中：日本自动化技术导入的技术社会学考察与启示》，《哈尔滨工业大学学报》（社会科学版）2020年第2期。

② ［美］保罗·霍肯：《商业生态学：可持续发展的宣言》，夏善晨等译，上海译文出版社2007年版，第96页。

第三章
系统有序原则及其推论

根据生态热力学定律，一个有序生态系统的维持，有赖于尽量利用高质能量远离热力学平衡。生态系统从初级向成熟发展的过程中，一个显著而关键的变化是，生态系统内以遗传信息为主要表征的信息量的持续增加[①]。高度复杂化的信息系统伴随了物质和能量更高层次的利用，并导致生态系统在更高水平上远离热力学平衡状态。或者说，在生态系统与环境的持续交互中，发展出能够在更高水平转化、利用能量，维持系统内在结构的方案。

第一节　系统有序性原则

E. P. 奥德姆提出的最大功率原理（Maximum Power Principle），为了生产和繁荣，自然生态系统和人工生态系统都需要有高质能量的连续输入、贮存和耗散熵的途径。在这个竞争的世界上最有可能生存的系统是那些能将最多的能量有效地转换为有利于它们自己以及与其彼此互利联系着的周围系统的有用功系统[②]。从系统论视角观察，如何将环境中广泛分布的游离态、分散态、非结构化资源，转

---

① ［丹］约恩森：《生态系统学导论》，陆健健译，高等教育出版社 2013 年版，第 25 页。

② ［美］E. P. 奥德姆：《生态学——科学与社会之间的桥梁》，何文珊译，高等教育出版社 2017 年版，第 65 页。

化为系统可以利用、增强有序性的高质能量，是系统维持发展自身结构的基础。在最大功率原理中已经包含或可以推论出对于系统整体性发展、内部协同网络发展以及抗外界干扰能力的含义。对于人类社会来讲，本研究提出三个互为关联的原则，作为系统有序性的衡量标准：

原则一：系统有序性意味着最大化地系统存储、转化、利用高质能量；

原则二：系统有序性意味着最大化地发展系统内部多样化激活的协同网络；

原则三：系统有序性意味着最大化系统抗干扰能力。

三原则交错地、互为条件并互为制约地构成了抽象化概念系统的可能性空间。或言之，任何一原则提供了其他原则的实现条件，制约着其他原则的实现程度。进言之，这里所谓"最大"不是任由单一指向意义的，而是依存于由三原则意志共同构成的空间内的"最大"，任一原则的实现都是以其他原则的实现为条件，并也唯有在此意义上，才有自身在系统意义上而非单极意义上实现的可能。三原则又同时依托于、适应于、受制于外部变化的环境条件。这里假定外界环境是变化的、多样性的、对系统施以不确定性干扰的。变化性干扰意味着系统为了维持内部稳态结构需要具备足够的灵活性，并在有序与混沌边缘发展创新性适应机制。多样性外部资源状态意味着系统需要充分发展自身的自由度，意味着一种更趋广布化的信息共享机制、协同化和更具"包埋性"的能量吸纳与处理机制。

同时，系统更高水平自由度之所以被强调，是由于既往人类历史中呈现层级区隔的自由度水平，造成了一种历史性加剧的层级间信息和能量不平衡乃至极化趋势。这样的极化趋势，事实上遏制了个体、组分乃至阶层基于自身差异化先天禀赋和资源条件的可行能力的激活。套用约翰·罗尔斯的话，可以表述为，系统内部的各个主体的生存和发展能力（本质上基于信息模式的高质能量的运用能

力）呈现为因其在自然资质分配中的偶然地位或社会中的初始地位
得益或受损。由此造成的，系统部分主体信息水平（主要考虑其智
识型信息层面）、社会能量获取与转化能力的极度丰厚与部分主体信
息水平（精神层面、智识层面等）、社会能量获取与转化能力极端匮
乏并存。

　　基于信息水平和高质能量运用的生产与发展能力在系统内部极
度不均衡的分布在有序性原则二和原则三的层面上造成了严峻的不
可行性。正如罗尔斯所言，每个人的福利都依靠着一个社会合作体
系，没有它，任何人都不可能有一个满意的生活；我们只可能都在
这一体系的条件是合理的情况下要求每一个人的自愿合作①。而原则
二对于最大化地发展系统内部多样化激活的协同网络，也正内含着
对于面向多样化资源禀赋分布的个体及组分的发育机制和合作机制。
从而为各种禀赋和资源水平的个体提供了"在某种可行安排的条件
下合作的可能"。

　　系统有序性原则的提出，也与对资本主义全球体系的反思相关。
如果将生态文明视为人类更高文明形态，在思考生态系统内在运行
规律基础上提出的系统有序性三原则，是否能够超越资本主义系统
内在不稳定性和极化倾向？如前所述，资本主义体制孕育着一种内
生的自我崩溃趋向。这种趋向是由多种系统性趋向在特定条件下合
力贡献的，或者也可以说，资本主义体系减损着其赖以生存的自然
与社会基础，从而在原则一的意义上，使得部分群体、组分、个体
的信息水平受到结构性遏制，抑制了利用多元合作网络存储、转化、
利用高质能量的水平；并由于在经济过程中持续生产并加剧着系统
内部的不均衡，从而在原则三的意义上侵蚀着系统的维持稳态的抗
扰动能力。

---

　　①　[美] 约翰·罗尔斯:《正义论》，何怀宏等译，中国社会科学出版社
2009 年版，第 103 页。

从社会基础来看，资本主义体系系统性缺陷之一在于制约了"人的发展"的可能性，并由此形成了一种内生的系统不稳定性，以及孕育着自我崩塌的可能。受限的"人的发展"，也可以说是个体自由度的限制。如果说人类个体对于物质层面的需求与利用终究存在生理层面的极致，则上述自由度的限制更根本地在于信息水平的高度不均衡分布。处于技术区隔底层的个体、社会阶层乃至国家，事实上处于一种智识水平和精神水平的低度发展状态，他们处于生产技术体系的末端，日日从事重复性的、毫无精神内涵的，也无从发展自身可行能力的劳作；他们看不到人生的意义，又或者说，他们陷入一套被媒介给予和覆盖的虚幻却让人痴迷、不能自拔的想象之中。而森严区隔阶层的高端，则掌握着金融、科技、媒介、教育等各子系统核心信息资源的设计、生产、配置及应用规则的制定。

来自人类系统自身却常常被掩盖的危机是世界范围内财富积累的极化现象，以及更为根本的，不同人群系统性发展能力的不均衡分布的严峻化。根据托马斯·皮凯蒂（Thomas Piketty）提供的数据，"自20世纪70年代以来，所有盎格鲁-撒克逊国家前0.1%人群的收入占总收入的比重都出现急剧上升，在美国前0.1%人群的收入比重在过去几十年里前所未有地从2%增长至10%，而在2000年至2010年间，美国前10%人群（通常为超级公司的高管）的收入占国民收入的比重达到45%—50%。"正如皮凯蒂指出，顶层收入人群不仅有能力影响（如果不是"控制"）薪酬委员会之类微观制度，"也有能力利用手握的大量财富对相关政党、施压群体和智库给予财务支持"[①]，从而在边际所得税改革等政策领域，将既有优势固化。

这套体系也许并非阴谋论般被精心策划的，也并非某个阶级合力为之，但其在演化中已经获取了自我维持、自我强化、自我完善

---

① ［法］托马斯·皮凯蒂:《21世纪资本论》，巴曙松译，中信出版社2014年版，第338—343页。

的整体性结构与能力。资本主义体系是通过不断的区隔来将极化不均衡带来的社会与自然后果逐层地向体系边缘转移，所谓"中心—边缘"格局描述事实上是这种外围转移的定格剪影。这种区隔通过全球范围技术垄断或工业集团内部的技术信息水平的岗位性控制、通过全球范围的金融—法律范式掌控或一国范围内的司法制度设置、通过全球范围的"核心国家"联盟或国家边界高耸的隔离墙等时刻体现着。在本研究提供的关于消费电子企业工人生产生活状态的报告中，可以发现一种"被掩盖的剥夺"，日复一日的去智能化劳作，不可能提供个人技能水平的积累与发展。表面上公允的劳资关系，其背景是个人智识信息水平乃至长久的生活机遇被锁定在低度水平，索然乏味的工余时间和被控制的交往空间，使得其只能在虚拟空间的幻象中寻求精神生活。这样的生产方式，本质上是以减损人类作为一个整体的智识和精神发展水平为代价，并通过结构再生产而使得国家阶层、人群间不均衡的发展空间得以延续。可以将此种系统格局称为"单极效率"，即以单一阶层高质能量的转化、利用与维护为根本目标。在此种情况下，其他国家、阶层或群体转化、利用高质能量的水平实际处于低水平锁定或负增长的状态。就整体而言，其与本研究所提出的有序性原则一，即最大化系统存储、转化、利用高质能量水平是背道而驰的。同时，上述固化于技术路线、教育、社会福利资源配置生涯周期、代价水平上发展能力的高度不均衡分布，也就限制了多样化资源禀赋和初始条件人群的发展，也就使得原则二最大化发展系统内部多样化激活的协同网络失去了"协作"在客观基础和意愿上的可能。不仅如此，群体发展能力及社会福利水平的阶层区隔，内构着系统内部阶层、族群及人种间社会性撕裂，加剧着相对剥夺感，并在原则三的意义上降低了系统抗外界扰动能力。就在笔者写作期间，叠加了美国因新冠肺炎罹难人数在阶层间的清晰而巨大的差异，以及美国警务体系长期带有人种倾向的暴力执法等因素的、已经持续两个月的抗议活动，本质上不过是系统内在不稳定趋势周期性释放。

约翰·罗尔斯的正义观是基于一种被假定的"无知之幕"后的原初状态下被选择的，即这种社会结构的设计原则之所以被采纳，在于它是在没有一个人知道他在社会中的地位，无论是阶级地位还是社会出身，也没有人知道他在先天的资质、能力、智力、体力等方面的运气，甚至不知道其特定的善的观念和特殊的心理倾向的原初状态中被选择的。原初状态，被理解为一种用来达到某种确定的正义观的纯粹假设的状态，从而保障任何人在原则的选择中都不会因自然的机遇或社会环境中的偶然因素得益或受害。由于所有人的处境都是相似的，没人能设计出有利于他的特殊情况的原则。可以说，这样的正义原则的推导，仍延续了理性个体的契约论传统。

与此相应，上述给出的系统有序性三原则，试图推进一种内涵式的系统有序性阐释。而后文给出的系统有序性的五个推论则是系统有序性在实现层面的延伸。所谓"内涵式"的系统观，是认为"系统性"既内置于各个组成部分、个体之中，也内置于系统真实的、具体的、深刻联系中。就人类系统而言，是将差异化组分与个体在互为增能网络联结中的发展视为系统有序性的实现根基。而这又与罗尔斯从个体—契约层面的推导具有内在一致性。

就人类—生态系统而言，有序性原则重新审视人类系统与生态系统间广泛的、被忽视的联系，以及生态系统与人类系统发展的延续性。从资本主义体系的自然基础来看，生态系统与人类系统之间持续进行着物质、能量的转移，人类系统的存在本质上正是有赖于这样的物质和能量过程。任何一种类型的物质、能量转移都会引发系统性的后果，这些系统性后果，包括对于生态系统自身的，以及对于人类社会系统乃至文化系统的。

任何一类经济过程（包括资源开发类活动），都会同时——显在或隐性地进入多元区分系统，或被迅速而明确地评价、转化为可被衡量的价值，或引发难以被觉察却持续积累的多系统性后果。这些系统性后果中只有一部分被经济主体封闭化后进入人类经济系统，产生经济效益从而获得相应定价。也就是说，以生态价值评估的视角来看，此重叠态的系统性后果（基于具有多重信息系统），只有部分"资源性"构成因相对完善的经济评估和交互机制被定价，被称为直接价值。而其对于各个多元区分系统的间接影响（提及最多的是涵养水源、土壤保护、营养物质储蓄等）和对潜在利用价值的影响却未被评估。这也就意味着，从整体来看，此经济过程秉持的是一种"单极化效率"而非"系统效率"或"整体效率"。

从根本上说，人类社会系统的存续依存于生态系统的持久相对稳定性，而人类系统之所以具有系统的相对稳态，则有赖于各个区分系统在一定范围的协同。人类活动引发的生态系统的内在变化，特别是负向变化，必将或缓慢或骤然地影响人类社会系统运行。由于人类系统内部社会能量、信息配置机制的广泛不均衡性，及由此引发的个体间、群体间人的发展机遇配置及发展水平的现状的巨大差异，生态系统与人类系统能量—物质转移在多元系统间的不均衡（方向、速率）性，必然强化前一不均衡结构。环境政治经济学的研究早已发现，即使如气候变化、空气污染这类具有明显全局性的生态课题，其实际引发的社会—经济后果仍具有显著的国别、人群和阶层间的差异。那些在发展机遇、先天禀赋、生活能量与信息配置方面处于结构性劣势和不利境地的群体，以及那些在数百年资本全球控制历史中，逐渐滑落甚至定格于资本主义系统底层的国家——这些国家及人群在人类活动诱发生态系统多元不均衡后果的历史过程中的贡献却是相对小的并且耐受性更加脆弱，却更直接地面对并深入而痛苦地卷入生态灾难的旋涡。

在全球联系紧密的时代，这些日常维持的区隔的脆弱性得以显现，面对一些具有系统性、全局性及穿越层级性的扰动，如全球气候的异常，或如一场快速席卷全球且具有一定穿越阶层性的疫情，抑或因内战产生的数以百万计的难民涌向"中心国家"的边界……

据报道，地球已进入新地质时代——人类世，这意味着，地球海洋、森林、湿地、气候等维持生态平衡的自然因素，都将深刻地受到人类活动干扰①。或者如奥兰·扬（Oran Young）所指出的，与持续万年环境相对稳定的更新世相比，人类世意味着人类的主导地位和更易于发生突如其来的、影响深远的、通常不可逆的变化时期②。从此出发，包囊人类系统的生态系统对于多元人类系统的价值，不仅在于从整体上看前者是人类系统总能量与物质来源。以本研究的侧重来看，生态系统在亿万年演化中形成的内在结构与运行规律，更蕴藏着对于人类系统持续性的启示意义，具有被人类多元信息系统识别和运用的"知识库"价值。这些价值可以是关于社会组织与整合的（社会性）、可以是关于公平与正义的（政治性），抑或是关于人类自我意义赋予的（文化性），当然它们也可能是关于交换与增值的（经济性）。而每个相对区分的信息系统，又具备在机制层面上，被诸多人类群组、团体、社区参与或共享的可能。

第二节　有序性原则的推论

系统有序性三原则互为实现依据，原则一最大化高质能量存储、转化和利用，意味着具有包埋性、协同性和内部放大功能的系统网络结构设计，从而使具有禀赋差异的组分可以通过多种形态的联结关系，集合成网络创造能力，识别、利用和循环系统内外资源，减少因局部化信息能力和网络能力不足造成的能量转化过程的浪费。相较于局部垄断化能量开发与利用，趋于网络化能量利用一般需要

① 《中青在线》：《人类世，人类是？》，https://mp.weixin.qq.com/s/yUl-04naGgirZOIocD0Oow，最后访问日期：2020 年 11 月 29 日。
② ［美］奥兰·扬：《复合系统：人类世的全球治理》，杨剑、孙凯译，上海人民出版社 2019 年版，第 11 页。

更复杂的内在信息模式，强调多元组分的立体化过程参与①，这就同时需要系统及组分层面多层级、多样态信息能力的建立（推论二）和互惠的开放水平（推论四），以及对于组分差异化最优能力的培育（推论三）。相较于局部垄断化能量开发与利用及其衍生的局部发展可能性极化，网络化能量开发与利用强调多样禀赋组分在过程中的生存与发展空间（生态位），使不同组分能在能量利用中得到发展，这就事实上是对局部理性而整体非理性的既有发展观的反思，需要一种更具系统理性的发展理念或者说系统整体信息模式（推论一）。

多样化激活的网络态的功能不仅在于更加均衡的能量利用过程，提供系统的持续性，并使得系统内稳态增强。正如本研究第四章对"发展型网络"讨论中指出的，网络结构还可提供保护性功能，即对于遭受局部环境扰动的组分，提供周边组分的协同支持。由于网络过程发展出了相互依赖的能量实现功能，这样的协同支持同样符合系统和其他组分需求。另外，由于更加重视组分的分布发展能力或者说环境适应能力，即使局部组分因内外扰动被彻底弃置，相关组分可以较为迅速地替代相应功能，并近似恢复系统运行。上述组分间协同支持能力与替代能力共同构成了系统的抗干扰能力或者说自我恢复能力。相应地，还可以给出第五个推论，即系统组分应具备学习、适应和发展能力（推论五）。反过来说，只有具备了自我学习、适应和发展能力的主体，才可以称之为"系统组分"。这个推论看似显而易见，但在社会系统中却往往由于种种制度结构或技术结构限制而难以实现。

社会系统现实与社会有序性原则所构建状态的巨大差距（质言之，与"有序"状态的差距）的一个侧面是，对于相当部分处于所谓社会结构化底层的群体，由于种种制度结构、技术结构的限制，

---

① 在既往的技术水平下，组分间高昂的监督、协调、信任、模式制定等交易成本制约了此类协同的实现。

甚至并不拥有基本的、本群体指向的功能性组分。这个冗长的词语要表达的意思是，主要以实现特定群体利益为导向的、发挥一定系统功能，参与到社会能量循环中的组织。这也正是本研究对于"发展型网络"关注的出发点，处于不利境地中的分散的个体，只有加入基本普惠的、本群体指向的功能性组分才有可能通过内在的体现群体持续生存及发展利益的设置，完成个体层面潜能的发挥。

一、推论一　有序性原则的实现需要更具系统理性的机制设计

系统理性是以系统的稳态与持续发展为导向的信息模式，是对局部理性主导下的极化发展观的反思，从系统能量的创造与转化角度讲，系统理性认识到组分与组分之间非均衡的、结构固化的能量创造、转化与利用能力，以及由此造成的极化分布的组分生存和发展能力实质上减损了系统的稳定性与持续性；而后者有赖于组分间均衡、协同与潜能的发挥。这里需要提一下的是"系统的伪化"现象，或者说名义上以系统或全局性为出发点，实际反映的仍为局部的、特定组分的利益。从福利角度讲，系统理性着意于社会资源、自然资源和经济资源的开发与利用，应有助于社会组分及个体普惠性福利的提升。

系统理性在具体的社会系统政策实践中，体现为整全化视角。整全化视角可以从系统内部功能整全化、系统与外部环境整全化两个方面考虑。从内部功能整全化来讲，整全化视角意味着重视特定政策目标的全局性，一方面是过程的全局性，即任何政策目标的实现，都需要功能组分之间、层级间相互配合；另一方面是结果的全局性，任何政策即使是单一指向政策设计，都可能带来全局性影响。即使是微弱的政策介入，也会引发或大或小的系统性反应，只是大多数系统反应过于"跨界"，或足够微弱，现有的制式化的、单维度的监测装置难以感知，或者即使被系统内其他监测装置感知

了，也由于反应本身的多维度性，受制于分割领域的任务单元往往不将其作为"分内之事"。同时，整全化视角将区域社会视为具有生命活力的有机系统，其持续与外界环境、自然生态系统进行着物质和能量的交换。整全化视角意味着，综合考量经济系统、社会系统、生态系统的互动与协同，重视单一维度导向发展观对于自然生态的负面影响，对于社会和生态可持续的多样影响，对社区关系、公平感乃至社区心理稳态的多样影响①。同时，整全的视角不应仅视为外向视角，其也关注真实的人的整全化理解。本研究将"人的内在"视为多结构信息处理系统的交互，而个人的发展，不仅仅被片面化为经济利益的考量，而是智识—精神—情感等信息模式的增进，表现为更充盈的精神生命与潜能的发挥。**将"人"简化为单纯根据利益多寡行事的分子，或与此相反，构设朝向"堂而皇之目的"的抽象整体，都不应成为作为更高文明形态基本根基的对人的理解。**

系统理性是对单一维度衡量的发展观的摒弃，意味着多维度的系统发展考量。单一维度的发展观是局部理性（以个体理性为代表）的必然延伸，特别表现为以局部物质利益最大化为导向，或是在系统层面被忽视或隐藏的成本。这些成本包括经济、社会、环境乃至文化层面的，并可能构成了其他组分发展机遇。也就是说，单一维度的发展观必然带来多维度的负向系统后果。正如卡尔·波兰尼所描述的②，近代化的过程很大程度上可以视为经济维度理性（事实上是部分组分的经济维度理性）脱嵌社会系统多维共同体的过程。如前所述，在单一维度的、个体主义的导向的发展观下，未被纳入考量的生态环境的破坏、公序良俗的散失、人际纽带的瓦解等，最

---

① 吕程平等：《深度贫困地区农村改革探索：大宁实践》，社会科学文献出版社 2020 年版

② ［英］卡尔·波兰尼：《大转型：我们时代的政治与经济起源》，冯钢、刘阳译，浙江人民出版社 2007 年版。

终将导致系统整体的内部塌缩、崩溃。

多维度系统发展考量，是对工业化以来"极化"发展方式的反思。在一个相对独立的系统内部，对所有自然个体生存所依赖资源的不同利用方式，直接影响到体系的可持续程度。"分子化"的、缺乏制约机制的无序攫取，常导致体系的崩溃，从而损害所有个体利益。而以区域共同体利益最大化为目的的发展模式，则需关注在时间轴上和空间域上被极化发展模式忽视的成本。

此外，在基层发展领域的政策实践中，"多维度系统发展考量"，还意味着识别、激活、培育区域范围内各种多样态资源，并以可续化方式建构资源开发的多元通路，即以一种开放、立体、空间化的视角看待"资源"。在既往评价体系中，对于资源和社会能量转化路径的传统认定，往往受制于市场化开发乃至资本化介入的可行性等因素，然而随着科技进步、交通便利，以及市场持续细分，那些过去未曾被资本青睐的本地特有资源，在其价值上被重新发现。从此出发，可以建立起系统理性原则与差异化最优原则的内在联系。

对于治理领域的政策实践，具有系统理性的、多维度的发展观可以说是将政策规划"立体化"的过程，即在子目标之间、功能性部门之间建立互通、协作、相互支撑的结构。而这种政策规划"立体化"也与内外环境复刻相似，任何现实环境都具有空间复杂性，是多元主体在多因素驱动下的系统呈现，多维度政策取向意味着一种与现实复杂系统"同构"的方式建构政策体系。在地方治理实践中，可以观察到多元政策手段的实践，一些沿海外来人口聚集的工业镇，地区社会治理问题的复杂性客观上要求依据不同类型的治理问题，因题施策，当地综合利用以科层制动员能力为根本的线性治理，并以依托社会网络的商会协会、民间组织等力量的参与性治理等手段形成相互支撑。不同治理手段都有其天然的局限性，因而需要动员不同"材质"广义社会资源加以补充。在强化线性治理面对庞杂性、危险性治理问题不可替代作用的同时，当地利用外来人口内部的老乡、地缘、业缘等潜在联系纽带，提高其自我管理、自我服务的能力，发掘其对于黏着性治理问题的效用。但整体来看，"头痛医头、脚痛医脚"、部门化、运动化的治理方式仍未得到彻底改变，公共政策过程针对的是复杂系统的特定扰动，期望在前设条件和时间性要求下达到目标靶向。分属于不同政府职能部门的社会治理、产业结构提升、人力结构优化等事项的内在、动态关联性，往往被忽视[①]。

在治理的实际情境中，单维度"效益"导向的另一种情形则与行政资源倾向性投入方式有关，并通过周黎安指出的"官场+市场"逻辑互动而强化[②]。在近年的基层调研中，一些中小型农业经营主体带头人表示，政府有着明显的"嫌贫爱富"倾向。"上级政府和村两委要考虑政绩，更倾向于有规模投入，对于小规模的创业并不看重，也很少主动提供支持，……在这样的政绩观下，一些小型项目内在价值被忽视了。"在现实中，更多看到的是一种"伪系统理性"或"伪系统意志"，以整体之名，行官员政绩与个体收益之实，并实质地、持续地破坏更富多样性联结的合作网络的形成。

在基层发展中，支持策略上"嫌贫爱富"倾向与政府巨大资源配置能力相结合，形成了一种人才支持上的"马太效应"。土地使用上优惠、资金支持和基础设施的完善等都向"能人和名人"倾斜。这些本地精英，有着广泛的信息渠道和资源网络，从而更多地俘获"政策红利"。近年来，社会对于"话题经济""流量经济"的热捧，又从另一角度加剧了资源流向的不均衡性。另一些创业者则体味到不少"人间冷暖"："如果不具备一定社会关系，或不能带来多少资本进村，可能回村会面临'拳头打在棉花上'

---

① 吕程平：《线性治理、参与性治理与发展性治理：沿海特大镇的社会治理考察》，《中共中央党校学报》2018年第2期。

② 周黎安：《"官场+市场"与中国增长故事》，《社会》2018年第2期。

的尴尬境地，村两委及上级政府并不会关注你的实际能力，给予相关的政策倾斜。如果你没在当地任职，就根本说不上话，因为这个'话'还没到你这里已经被打回去了"，从而使得很多年轻的返乡者往往处于一种政府"不闻不问、不理不睬"的尴尬局面。这些短期政绩导向的政府资源的投入倾向与各种"潜规则"胶合在一起，扭曲了政治资源分配空间，使得普通创业者境地更加艰难。本来具有差异化发展含义的所谓"大众创新、万众创业"在基层实际上成为一句空话。

去系统理性的发展方式引发的一个后果在于对于原生系统的协同网络结构的破坏。原生网络结构在漫长的环境适应性演化中形成，并具有差异化最优、互为增能、高恢复力等特征。其基本单位为具有多样化信息模式的发展型组织，具有自我学习、自我适应和自我发展能力，并与其他组分形成协同关系。去系统理性的经济或行政方式则往往畸形化地强调网络结构中的某个组分或者组分的某个特性。其原因在于此特性能够被特定技术条件下的"效益"评价机制量化，依照这种"效益"评价机制，形成一套关于什么"有用"、什么"有害"的细化的评价标准。在北美北部森林，20世纪50年代以来，由于云杉和冷杉树的经济价值获得林业企业的重视，原本起到保持树种和环境之间动态平衡作用的色卷蛾突然被视为"一种危害极大的昆虫"，并开始大量使用DDT、杀螟硫磷、高灭磷、甲氧氯等农药，杀虫剂不仅会杀死"害虫"，还会杀死害虫的天敌，原先生态网络中对色卷蛾加以控制的鸟类、蜘蛛和寄生蜂也随之减少。到了20世纪80年代，虽然加拿大新不伦瑞克（New Brunswick）每年用于防虫的费用高达1250万美元，但色卷蛾每年仍要毁掉2000万公顷的森林。德内拉·H. 梅多斯（Donella H. Meadows）认为，杀虫剂的大量喷洒，使得系统内部各种非线性平衡换血被打破，削弱了自然中存在的控制害虫的反馈回路，而林业管理局也陷入一种两难困境：继续使用化学制剂，使得自己负担沉重，疲于应对；放弃使用的话，色卷蛾的爆发力度可能是空前的，直至毁掉整个森林①。

需要指出的是，系统理性推论就制度设计而言，虽然更容易想到或操作的是中心取向的权力配置，但从根本上讲，其真正实现在于与整体理性的社会共识形成对相应制度的"包裹"。正如戈斯塔·埃斯平-安德森（Gosta Esping-Andersen）教授所指出的，战后欧洲经济能够使得福利和效率最大化，依赖强大的社会共识和利益代表制度，这使得国家具备高度整合能力，防止截然不同的福利、就业和效率目标造成国家适应变化能力脆弱②。

事实上，系统理性也构成了人类文明"自我超越性"的基本哲学依据。如果说，生物界是依靠亿万年被动态进化，经历客观规律的"自然选择"和系统涨落，形成了蕴含系统理性的"与自然关系"及"与他者关系"，并将此内植于天然信息系统——遗传基因，得以代际传递，从而形成本能化行为取向——进而也保证了物种之间并非只有被粗略简化的"你死我活"，更是基于分布化信息系统的互相制约与微妙平衡。人类将之结构化认知为原生层面的生态哲学，**以及内在信息模式和协同网络为根基的能量转化及循环机制**。那么，人类世的"生态文明"，依赖于人"天赋而专有"的"主动型信息系统"，则可以基于更加自觉和彻底地对人类的既往历程及人类与生态系统关系、人类与自身关系的反思和对社会系统稳态、发展的思考。这也就使得"生态文明哲学"相对于"生态哲学"更加自由与自主。从这里开始，我们可以尝试为"系统理性"增加某种时间序列的探究，或者说把黑格尔的执念延长：地球生态系统的演化，是否具有其意义？在工业革命早期，生态系统被视为被发现、被采掘、被利用、被倾泻的对象；直到不久前，我们才开始认识到人类社会

---

① ［美］德内拉·H. 梅多斯：《系统之美》，邱昭良译，浙江人民出版社2012年版，第129—131页。

② ［丹］戈斯塔·埃斯平-安德森：《转型中的福利国家——全球经济中的国家调整》，杨刚译，商务印书馆2013年版，第8页。

与生态系统的深刻联系，并以此指导政策实践。在本研究看来，人类文明进程，更高文明形态，当然并非与生态系统在横截面意义上割裂的——此点已有广泛共识，更是在时间维度上连续的，是地球生命意义的探索的整体过程，或者更为本质的，是信息系统自我发展，并尽其所有可能的升华过程；是由被动而主动、由内在而外在、由不自知而自觉、由束缚而解放的过程。

本研究给出的社会系统有序性三原则内在地、交互地指向着人类系统稳态与发展，即将社会能量的充分转化—利用，与基于差异化最优的协同网络建设及系统性稳态增进相结合，从而在哲学上指出差异化资源禀赋的人的彻底的和全面的发展，与社会系统的更持续、充分的发展具有内在的一致性。而此两者"一体两面"地达成，需要实现系统内部广布的、多结构信息系统。

二、推论二 有序性原则需要系统具有广布性、多结构的信息系统

社会系统之所以称为系统，本质上意味着存在一套具有边界的信息存储、运算、通信机制，或者说信息内系统，并内构着社会能量的流动。以社会系统来看，这样的信息内系统可以是共享的民族文化心理、对法律或权威设置的认知，或更为微观的行为规范或价值内化等，其也可以表现为一个社会成员共享的知识、信念、思想、规范，以及精神状态等。无论对环境资源的识别、转化与利用，网络态组分之间互动与协作乃至系统理性的形成、自我学习、自我发展的适应能力培育等，都涉及作为内在信息系统的智识—精神结构。

所谓多结构的信息系统，即交互性、多样态信息模式的整合。前者是具有多指向的信息模式，以社会系统而言，是个体及功能性组分既拥有自我指向的信息模式，也配置它层级或它主体指向的信息模式，从而以系统性、关系性视角，即更加交互性、多维度视角考察行为模式及行为后果。

（一）信息系统的交互性

推而言之，交互性的信息系统需要系统内主体形成超越自我指向的、基于广泛的多层级协同网络和系统内外直接与间接联系的思考取向。在既有研究中，笔者指出儒家有"己欲立而立人，己欲达而达人"的训诫，在中国"生活—哲学"体系中，有着强烈的"交换性"色彩，一方面是通过"人同此心、心同此理"的身份交换性将基于市井百姓的人情世故的、对不利境地中个体的顾及与对公共治理机构应有行为的期待的联系；另一方面，则是合宜的治理方式与对政治秩序体系的服从、归属与参与的耦合，从而将生活情理与治世期望连缀成一个统一整体。人人有父母儿女，有亲母孝父之情。由私己之"小爱"，抽象、扩展为一种治理世事的基本道理，体现了一种"身份的交换性"。这种"推己及人"的互换性思维，是所谓"一言可以终身行之者的'己所不欲，勿施于人'"的扩展和衍生。"老吾老，以及人之老"的理念也从不曾真正消失，而是隐藏在一般百姓对合宜的治理方式的期待之中。这实际上，是中国世代传承的社会信息系统中特有的，将公共机构对广义社会资源的配置与一般社会伦理道德、居家情感相联系。在既有研究中，我指出一种潜存于民众诉求中的，以"情理—公理—天理"三位一体结构为表征的生活—哲学体系。作为超越万象的最高存在的"天理"，与基于日常生活交互的、对共同伦理规范遵循的"情理"，以及对政治经济领域广义资源的分配制度中体现的对公共治理公允原则认知和期待的"公理"内化于普通民众的心理结构中。这样的"生活—哲学"心理结构表现为一种潜在于"官民"之间的、未被言明的、在价值上应被共享且共同遵循的合作基础，并支撑着整个政治—社会生活的运行①。融入了"交

---

① 吕程平：《"理"的逻辑：认同、交互与抗争——基于 A 省网民拆迁类留言的分析》，《管理世界》2015 年第 2 期。

互式思维"的治国哲学，在当代体现自上而下与自下而上的交互指向，就前者而言，国家应为个体精神与智识发展创造充分条件与机遇，使普通民众成为社会政策的主要受益者和参与者。就后者而言，是"公民及早和全面地参与对行政管理的规划、让公民监督国家"①，保持蕴于系统内部的自我纠偏能力，培育、形成国民的归属感与认同感。前者构成了组分活力之源，后者则是系统合法性的渊薮。

面向"生态文明"，不应将多指向"交互性"信息模式仅视为一种道德呼召或说教，更应从关系理性、网络理性和系统理性做出理解。系统的持续性与稳定性有赖于一种主体间交互的信息模式（如利益互视与情感共通），而交互式信息模式的产生，应根植于系统主体对于人类社会本质上的系统性和关联性的认识，这应成为生态文明得以成立的基本哲学依据。正如查尔斯·伯奇（Charles Birch）和小约翰·B.柯布（John B. Cobb, Jr.）所言，"人类对其他生物利益全然不顾，这种行为对人类自身也有着负面的影响。如果人类政策把其他物种在其生栖地的繁殖兴盛的权利考虑在内，便也是期许了人类一个健康的未来"②。在一些著名的经营管理案例中，可以看到，"推己及人"地对待交易对象和团队成员，是其业绩保持卓越的重要支撑③。在国际关系层面，交互性考量则正成为新型国际秩序的重要原则④。

---

① 薛新国：《当代民主社会主义国家理论》，《天津师范大学学报》（社会科学版）2007年第3期。

② ［澳］查尔斯·伯奇、［美］约翰·柯布：《生命的解放》，邹诗鹏、麻晓晴译，中国科学技术出版社2015年版，第281页。

③ 其中一个案例来自加拿大安大略教师退休金计划。参见［加］安集思：《养老金管理的未来：综合设计、治理与投资》，养老金管理翻译小组译，中国发展出版社2017年版，第26页。

④ 俄罗斯总统普京：在瓦尔代国际辩论俱乐部年会上的讲话。https://tv.cctv.com/live/cctv13/?spm=C28340.PEXSUFnN6CDl.ExidtyEJcS5K.25（最后访问日期2020年10月25日）。

(二) 信息系统的多样态性

多样态的信息系统,是指面向个体、组分原初信息模式、资源处境特性,以差异化信息系统发育,形成多样化适应的层级信息系统。个体层面上,通过公平、普惠、优质、有针对性教育等手段发育个体智识水平,以及通过广义社会化过程培育个体弘毅有为的个性品质等愿望型信息,是释放个体差异化潜能的重要路径。在社会系统功能性组分层面,基于共享的愿望型信息、组织规范和社群记忆的组织聚合水平,以及生产协作过程中形成的集体技能信息水平("多样性存储"),共同构成了系统组分的开拓生境、维系结构、适应变局、寻找新机的能力基础。近期全球范围的疫情使我们看到,在具有全局性的、层级突破性的灾难面前,以不同的社会系统信息模式(集体文化基因)为根基的治理模式显示出各自的优长和适应水平。而从人类整体来讲,具有民族、地域、社区乃至个体差异的不同层级多样态信息系统的成长,不仅在既往人类文明历程中使得人类能够迅速跨越生物本能内在信息系统漫长的被动进化阶段、适应巨变环境,更赋予人类文明千差万别的在地化特征。观察地球各个角落的原生态文化,都不难发现其与人群生活处境的密切耦合性,是一地的气候、地理区位和资源禀赋共同塑造了当地的生活样态和思维方式,也可以说,正是人群持久地在特定周遭环境中开展的高质能量转化过程,互塑了一套人群共享的关于对外界的理解方式、长期主义[①]的资源利用方式、社会组织方式等集体信息模型。这也是多样态信息在宏观或中观层面的表现,或"地方性知识"。

自格尔茨提出著名的"地方性知识"概念以来,学界进行了诸多讨论与思辨。如吴彤认为,地方性知识具有三个特征:是作为西方知识的另一面存在的;是与现代性知识相对照的非现代性知识;

---

① 借用加拿大安集思(Keith P. Ambachtsheer)教授用语。

是与当地知识掌握者密切相关联的知识①。邱建生则提出"在地化知识"的概念，认为相比于格尔茨提倡的"地方性知识"，在地化知识是与生态文明相对应的知识体系，兼具地方性知识倡导的多样性、包容性特征，也具备普遍性知识表面上倡导的开放性、平权性特征②。事实上，受限于人类区隔化的生存处境和信息处理能力，不妨认为任何人类现有社会性知识都在本质上具有"地方性"，只是这里的"地方"不只是人类学笔下的偏远岛屿或南山乡里，其可以是与某一区位、阶层、群体利益或生产方式、贸易方式相符合的惯例、契约结构、组织方式或理论③。从根本上讲，任何地方化的知识都与特定系统社会能量的运转机制相联系，而随着工业革命以来一套覆盖全球的能量循环与高质能量输送通路成形、发展，源自热那亚人的或英国人的规则与典范、源自阿姆斯特丹的或纽约的惯例与法律具有了普遍化知识的面貌。

卡尔·波兰尼指出，一场社会灾难首先是文化现象而不是经济现象，是不能通过收入数据和人口数据来衡量的。导致退化和沦落的原因并非像通常假定的那样是经济上的剥削，而是**被牺牲者文化环境的解体。经济过程可能为这种毁灭提供了工具，并且经济上的劣势几乎不可避免地会使弱者一方屈服就范，但其毁灭的直接原因并不在于经济因素，而在于体现其社会存在的制度设置的致命创伤。波兰尼进而关注了发生在非洲土著和19世纪早期英国劳工阶级这两个迥异群体身上的共同的"文化真空"或"文化贬值"现象：**

"他们的手艺被荒废了，生存的社会和政治条件被破坏了。用里

---

① 吴彤：《两种"地方性知识"——兼评吉尔兹和劳斯的观点》，《自然辩证法研究》2007年第11期。

② 邱建生：《互助型社会：在地化知识与平民教育创新》，中国农业科学技术出版社2016年版，第8页。

③ 可以稍有些戏谑地说，任何经济学理论都有它的祖国。

弗斯（Rivers）著名的话说，他们在厌倦中渐渐死去，或者在放荡中浪费他们的生命和财物。他们的文化再也无法维他命般提供值得努力和牺牲的目标的同时，种族偏见和歧视又阻碍他们充分参与白人入侵者的文化。正如米德（Margaret Mead）博士所说，'人们为之工作和奋斗是由文化决定的，而不是机体对于诸如食物的匮乏这样一种外在的、未经文化决定的情景的反应'。"①

正是在这里，我们可以触及"在地化知识"无法涵盖的内容，可以将之称为信息场，一套信息样式覆盖在、渗透于特定人群、社区、阶层生产与生活场景，又或者说，特定群体的社会能量再生与运行过程内在地由一套信息模式决定着，并定义着这里的生活意义与生活秩序——那是一张不让我们坠入虚无暗黑的"信息之网"。

进一步讲，由于多元信息的存在，这样的"信息之网"并非完全是马克斯·韦伯式的"意义之网"，更提升了人类系统面对环境扰动的韧性能力。科学界已经在将稀有物种的遗传信息加以抢救式保存，并非仅仅出于某种伦理的考量，更重要的是，这些即将消亡的经"造化之手"塑造的生命信息中可能蕴藏着应对未来不可知自然灾变的智慧。就社会系统而言，推论二所包含的多样态信息模式发育就宏观与中观而言，强调的是与差异化生境相适应的多样态文化丰富了人类多样性的选择路径储备。诚如以各民族国家漫长历程为导向的，对于国家统一的集体行为能力与个人行为权利及自由的平衡，有可能提供对于当代发达国家自由民主制现代病的多样解决方案②。因而，社会信息储备库的丰寡程度，往往决定着风险社会的韧性水平。就微观个体层面而言，则其重点在于对处于结构性不利境地的群体，能够通过倾向性的教育投入、实践的发展型网络等

① ［英］卡尔·波兰尼：《大转型：我们时代的政治与经济起源》，冯刚、刘阳译，浙江人民出版社2007年版，第166页。
② ［美］史蒂文·奥茨门特（Steven Ozment）：《德国史》，邢来顺、肖先明译，中国出版集团2009年版，第311—312页。

获得充分的智识—精神的发育机会，发展因禀赋而异、生动进取的创造力，亦如卢作孚先生所言"愿人人皆为园艺家，将世界造成花园一样"①。

与数百年来**部分**"地方性知识"普遍化相关的一种现象是单极化信息样态在全球化进程中的推进，它源自工业社会跨越大洋的"漫长的生产线"的维持与扩张，也是资本无国界攻城略地的需求。它是一种审美、一种社会心理、一种被大众媒介（以及社交媒介）塑造的需求。媒介在这里起了至关重要的作用，正如沃尔特·李普曼（Walter Lippmann）在一百年前所指出的，媒介在"人与人和环境之间楔入了一个虚拟环境"②，大众则根据这一拟态环境，做出反应。所谓"大众"在此并非被动的、消极的存在，毋宁说，人们急切地需要、依赖这样的被创造的虚构来认识一个可被接纳的世界。而当代资本的力量更是对此运用得炉火纯青，一定程度上，甚至可以说，媒介"抽离"出了一部分人所为人的"信息吸收和处理"能力，并塑造了一个关于"什么是时尚的、流行的、美妙的、高雅的"的虚拟空间③。在资本主义社会，这不再仅仅是维持机器大生产本身的需求，更是维持体系的需求，正如郝伯特·马尔库塞（Hebert Marcuse）的描述："如果打字员打扮得同她的雇主的女儿一样漂亮，如果黑人也拥有凯迪拉克牌高级轿车……这种相似并不表明阶级的消失，而是表明现存制度下的各种人在多大程度上分享着用以维持这种制度的需求的满足。"他继而指出了当代资本主义文明中一种所谓"不合理中的合理性"："它的生产率和效能、它的增长和扩大舒适生活品的潜力，它的把浪费变为需求，把破坏变为建设的能

① 著名民族企业家卢作孚语。

② ［美］沃尔特·李普曼：《公众舆论》，阎克文、江红译，上海人民出版社2002年版，第12页。

③ 正如第四章指出的，社区合作组织的差异化产品首先要面对的即是与市场结构相耦合的市场意识形态。

力，这都表明客观世界转变为人的精神和肉体达到了什么样的程度。异化的概念本身因而成了问题。人们似乎是为商品而生活。小轿车、高清晰的传真装备、错层式的家庭住宅成了人们生活的灵魂"①。然而，如此"不合理中的合理"却仍然内在地孕育着一种自我毁灭的系统性不合理，当代表着替代性生活方式的力量都在资本的浪潮中土崩瓦解，当统摄性的、消费的世界在天空、在海洋、在大地注入躁动的异变和危险的化学合成物，自噬蛇的样态也逐渐清晰起来。

陈平将此称为"当代资本主义危机最沉重的教训"，并认为与新古典经济学封闭优化过程中的单向演化，片面强调规模经济、货币财富与经济效益联系，导致了对生态多样性与可持续的威胁②。以本研究的视角来看，单维度知识伴随能量大循环成为统摄性知识体系的过程，削弱了多样态信息发育的可能，而后者的生发提供了人类多样性适应性和创造力的源泉，从而造成系统阈值单维度化、内卷化，也内在地侵蚀着系统有序性的重要支柱，和差异化最优得以成立的前提，并加剧了系统的不稳定趋势。

分布式多样态信息模式发育在最微观的层面上，即人的信息模式的充分发育，或者更通俗地说，即是不拘一格的、普遍化的人才建设。在本研究的第四章，对于当代乡村建设中出现的综合性社区合作组织的描述中，我们将回到百年前乡村建设前辈所关注的主题，农民教育问题。事实上，不论是米鉴三父子在翟城创办的村学、梁漱溟在邹平主持的乡农学校、彭禹廷在宛西四县发起的教养卫合一、晏阳初在定县开展的"四大教育"、黄炎培推广的职业训练都将农民教育视为开启民智、推进地方治理、焕新文化的要务。以当时全国

① 以上两段引文自［美］郝伯特·马尔库塞：《单向度的人——发达工业社会意识形态研究》，刘继译，上海世纪出版集团 2008 年版，第 8—9 页。

② 陈平：《代谢增长论：技术小波和文明兴衰》，北京大学出版社 2019 年版，第 37 页。

闻名的自治模范村翟城来看，深受日本村治影响的米氏父子在民国初年就自费兴办教育创办各类新式学校、女子国民学校，为乡村革新提供了共享的信息模式的基础。

到了20世纪20年代，"该村风习敦厚、鸦片及赌博等不良习惯早已绝迹，即连纸烟亦少有用者。庙宇完全改为学校，他种迷信亦渐革新"，当时深入冀中地区调研数年的社会学家李景汉先生认为，翟城村之所以能建设村治，实在因为翟城村的教育发达。此村教育主要分为两种：一种是学校教育，主要由教育会负责；另一种是社会教育，在于培养村中领袖人才，办理村中自治事务。凡高等小学毕业的男女学生及中途辍学有相当学历，愿对于本村服务的，不拘年龄，都有入学资格。还设有爱国宣讲社、阅报所与图书馆、德业实践会、改良风俗会、辑睦会、爱国会、勤俭储蓄会、乐贤会等①。晏阳初曾说，多少个世纪以来，我国的农民从未受过教育，这被认为是天经地义的事情。但是我们发现农民所缺少的不是头脑，而是机会。……另外一个发现同样令人吃惊，那就是认识到我们自己——知识分子的无知，并且受到了我们自己农民的教育。

而提倡"政教合一"的梁漱溟则从国族文化更新视角看待民国时期的乡村建设，"乡村建设实际上是中华民族重建一新组织构造之运动，这是乡村建设的真意义所在。中国问题是极其严重的文化失调问题，表现为社会构造的崩溃和政治上的无办法。乡村建设运动如果不在重建中国社会构造上有其意义，即等于毫无意义"②。所谓"社会结构"这样抽象的字眼，是关于信息与社会能量运动的时空规定性，并外显为一系列错落排列的制度构件。然而其内质确是信息运行与能量运行达到一种充分的叠加和耦合，系统呈现为一种稳定

① 李景汉编著：《定县社会概况调查》，上海世纪出版集团2005年版，第110—130页。

② 梁漱溟：《乡村建设理论》，上海人民出版社2011年版，第20页。

状态，或时空的有序状态。而当系统外部环境变化，扰动加剧，使得旧有的稳态结构不相适应时，系统接近其阈值，并出现"社会构造的崩溃和政治上的无办法"。值此大厦将倾之际，手忙脚乱中最易维新的就是将所谓发达社会系统的、最易观察到的制度构件——舶来，然而，信息与社会能量的运动方式却仍然是旧的。于是，出现杜赞奇笔下的"国家政权的内卷化"现象就不足为奇了①。而民国期间社会改良派，对于农民教育的强调，实质上通过底层信息模式的更新，遂成新结构的根基。正如梁漱溟所述："中国新社会组织的苗芽一定要生长于乡村。"② 只是彼时的内外时局已然容不下这样的用心了。

在当代社区综合发展组织及公益机构推进的乡村建设实践中，农民教育仍是重要的内容。从教育模式的主体与价值指向上看，相比于专门性教育机构或以利益为导向的经济主体，在其初始目标设计上更倾向于一种整体性的发展观，重视农村社区社会资本（Coleman，1987）、文化传承、人际信任、本土性、普惠性技术等因素在农村社区发展和个体全面发展中的作用。在这样的教育主体价值定位下，有着鲜明实践属性的农民教育活动，是内嵌于、结合于宏观层面乡村振兴的诸方面与中观农村社区发展的具体实践，并以农民的道德、智识、素养、参与意识等综合性发展推动、支撑这样的实践，并在此过程中实现微观个体命运的改变。

也正是基于这样的教育理念，指向社区内生发展的农民教育在对象的社会分层意义的选择上，不仅应关注在个体能力和社会资源上更胜一筹的农民精英群体，更需纳入在个体发展意识、发展能力、

---

① 杜赞奇注意到传统乡村社会中的权力结构网络，政治权威结合于由组织和象征符号构成的构架中，其中最典型的权威体现于宗教和宗族。而现代政权的新型政治学说并未真正成功找到一种使乡村领袖和国家政权合法化的传统网络的可行替代物。参见［美］杜赞奇：《文化、权力与国家：1900—1942年的华北农村》，王福明译，江苏人民出版社2003年版。

② 梁漱溟：《乡村建设理论》，上海人民出版社2011年版，第165页。

社会资源上相对不利的群体。前者具有成为乡村各项事业带领者的潜质，是农民教育乃至乡村发展效率性要求的保障；而对后者的关注不仅因其是乡村社会的主体，也不仅因其发展水平及发展机遇的可获得水平关系到乡村社会乃至整体社会的稳定与文明程度，更在于教育本体上对于人的潜质、对于人的改变的相信。这也是人类教育活动在价值上最可贵的品质之一。

与多样态信息模式发育相关的另一现象，则可在本研究的后半部观察到。在本研究的第五章通过对全球技术—价值链的考察，可以发现一种资本主义的结构性再生产机制，处于技术区隔体系低端的低技能劳动力陷入个体生涯层面和代际上升层面的动态发展能力闭锁，这意味着更低的智识信息模式和愿望信息模式的发展水平——年轻的他们也憧憬未来却感到深深的无力。更令人担忧的趋势是，由于父母的高流动性、辅导不足和健康失调等原因，父辈低端劳动力就业的中国留守儿童，在学业上面临更大困难，这也就意味着相比于同辈更低的智识信息发展水平，从而更容易再次进入低端生产环节，形成了一种结构的自我维持。

现实的情境的另一个侧面与下文推论五相关，如上处于不利境地的群体要不是事实上并不拥有反映自身利益诉求与价值指向的功能性组织（类似于社区综合性合租组织的发展型网络）①，要不是其所参加的功能性组织实际上只是反映了组织中部分群体的利益。而功能性组分的社会化过程，既是群体智识水平发展的重要路径，也是将个体潜能融入到系统功能的基本依托。前述自我成员指向的功能性组织的实际缺失两种情况的一个共同的结果是，整个群体的低度发展水平，这包括低度的、受显性或隐性抑制的人的潜能发育程度，不充分的人的创造力和组织力的发育水平，

---

① 顺便说一下，常见的以大众媒体或公众"献爱心"为所谓弱势群体提供帮助，常常掩盖更为深刻的结构性缺陷。

以及最终的、不充分的社会能量转化和利用水平。当然，目前已然显化的社会性后果是，因长期、结构性的不均衡发展导致的系统整体的不稳定增强。

全球资本主义体系的一个惯性的手法是，通过持续的基于制度和技术等的区隔设置，一边在层级系统的上层持续输送、积累有序性，一边在层级系统的底层持续再生、输送无序性。也正因如此，对于一个既成的、有着数百年历程的体系来讲，控制处于层级结构底层的多结构信息模式发展，以及抑制其形成反映自身利益诉求与价值指向的功能性组织是保持上层稳定性的必然选择。而首要一步，一方面是防止底层人群形成关于结构处境认知、身份认同、情感共通的信息模式（或者说，一种阶级身份的认同）；另一方面，则是通过结构性的教育资源的不均衡分布，制约底层民众通过增进自身愿望型和智识型信息模式，增强改善自身生存处境及所处社会能量阶层的能力。

（三）广布性信息系统发育

新近的考古人类学研究发现，人类对于关系性与合作性的倾向，及相应以人脑信息功能区域（内部）和社群文化（外部）为代表的社会信息处理系统的发育，有可能是人类在漫长进化中最终取得优胜的一大利器。通过内外信息系统的发育，形成人类合作的脑神经基础与社会联结机制，正是力不及熊罴、疾不及麋鹿的人类在所谓自然选择中胜出的关键。根据对数万年前欧洲智人头骨考察发现，相比于同时期的尼安德特人，其拥有更发达的额叶和顶叶部分。这两个部分都与人类社会关系的构建相关，可以推断他们更善于在群体间发展、维持紧密的合作关系，更善于分享信息与情感。这与欧洲智人生活聚集地的规模是一致的。尼安德特人以扩大家庭聚居为主，而一些欧洲智人的生活社区遗迹显示出，在这里群体规模可能介于150—2000人之间。牛津大学人类学家罗宾·邓巴（Robin Dunbar）推测①，更大的聚集规模，需要群体之间更紧密的合作和更广泛的信息分享机制。以本研究视角看，这不仅可以解释智人更发达的内部信息处理结构（脑结构），更说明在智人群体间发现的早期宗教和崇拜迹象（神秘的岩壁图腾、饰品）作为外部信息系统出现的必然性和必要性。正是通过群体间乃至部落间共同的信仰，人类个体间形成了更为密切的联系纽带。这里的作为信息处理系统的信仰可以视为一套解释机制，其意义不仅在于对风雨雷电的超自然解读，更是对于"群体中人"的系统意义进行解读，人的生老病死及"死后的世界"，被纳入一套被**群体相信（广布性）**的信息模式中。"为族群牺牲，只是肉体的结束，会得到与祖先在新世界中并列的荣耀"，诸如此类的原始信仰，事实上形成了一套面对外界不确定性的应对机制，对于原始部落的智人来讲，这首要的是一种团结机制和动员机制，即超越个体理性的保护群体生存的原始的"系统理性"。此外，根据考古学家的研究，有相同信仰的智人可能逐渐散布于较大区域，"分开放的鸡蛋"减小了在局部性灾难面前的一同覆灭的灾难，还可以让面临各种突发自然灾害而难以获取足够食物的部落，迁移到其他区域，寻求具有共同信息系统连接的部落的帮助。数万年前，包括尼安德特人在内，多种不同的"人类"在地球上存在过，然而最终只有智人成为地球上唯一的人类物种，而智人早期阶段内外信息系统在选择与孕育中发挥作用，很可能是其"脱颖而出"的关键②。

事实上，当代乡土社会的瓦解，总是开源于其广布性信息系统的瓦解。在一本乡村建设案例集导言中，笔者写道："在消费的、狂

---

① ［英］罗宾·邓巴:《人类的演化》，余彬译，上海文艺出版社2016年版，第331页。

② 斯塔夫里阿诺斯（Stavrianos L. S.）曾讨论了内外信息系统（基因与文化）进化的不同模式及速率与"人类困境"的关系。参见［美］斯塔夫里阿诺斯:《全球通史：从史前史到21世纪》（第7版修订版），吴象婴等译，北京大学出版社2006年版，第6—7页。

欢的、扩张的城市的近旁，是静默的、没落的和扭曲的、遥远的乡村。媒体世界中映射的是单一的图景，正在崩解着的甚至不仅仅是乡土社会的手艺、伦理与价值，更是人们对生活世界的想象与反思能力。"也正是在这个意义上，基于对乡村所处市场、生产和文化处境自觉的社区发展型网络的分析，其意义不仅在于介绍在地化的、秉着古老的乡土契约的人际信任，又探索着在生态食品、互助金融与文化保护上的新路，更可以视为迈向生态文明时代的行动者指南。

系统理性的真正形成，不是依靠某个"中枢控制机构"的振臂一呼，其既是基于一种新的人类交往与生产结构的建设，亦是依赖广布性、多结构信息系统的建设，两者叠加可称为一种文明的形成。所谓"自由自觉的行动"，无外乎是形成一种广布接受和践行的"系统理性"。

应该看到，系统有序性所要求的人类社会自主信息系统与生态系统的信息格局有明显不同。与可以在社会性动物身上观察到的协同行为不同，高度复杂的人类社会系统的协作互助行为不仅仅是依靠在演化过程中形成的内在被动型信息系统（遗传信息），更需要"广布性"内在主动型信息系统（单个主体层面的关系性、交互性认知），以及社会系统层面外在型信息系统（以"互为增能"协同网络为指向的文化、法律设施等）的构建。在生态系统，没有居于核心的枢纽型资源配置和信息处理机构，生物体以历各态的适应性演化的优势信息模式内在化于本能信息系统自适应特定生态位情形，而对于人类系统，至少在可见历史阶段，体现系统理性、获得相当层级化支持，并具有足够动员能力、适应能力公共机构仍十分必要。然而，正如可以将生态系统视为一个信息与能量储存、运行、交换和循环的巨大网络，对于人类社会而言，本研究认为，社会成员和社会功能性组分广泛的、差异化的多结构信息系统发育，是蕴藏的或被压抑扭曲的个体潜能和组织潜能得以解放，以及差异化最优的协同网络得以实现的重要前提。

三、推论三　有序性原则需要系统组分差异化最优的发展设计

"差异化最优"的发展设计意味着识别组分、区域、人群，以及个体间能力禀赋差异、不同类型的资源禀赋，赋予不同路径类型的资源激活策略、差异化的成长路径以及能量转化策略，使之能够以符合自身内在稳态结构的最优化发展参与到系统整体社会能量循环中，实现多样态共生。

在区域发展中，差异化最优在于尊重资源类型的差异性，这又与上述多维度的价值衡量有着密切联系。在这里资源可以被定义为有潜力产生动态有序的物质、信息和能量。所谓"有潜力"，即此时的物质、信息与能量处于一种未被激活的状态，但经考察识别，仍能发现蕴含着成为某种动态有序的倾向性，或是本身就具备了一种蕴含有序性的动态过程，但这样一种倾向性、动态过程或者信息模式，在用单一化的标准衡量的或技术权力化因素过度介入的资源互配制度内，由于其巨大的激活成本和不易格式化衡量的属性，使得其难以被单一化标准界定和量化。因而被认定为残值，从而未被技术权力承认，而纳入工具理性化的逻辑路线。

单一化的资源评价与工业化社会的兴起有着密切联系，在这里只有易被机器处理的物质才能被称为资源，只有满足机器作业需要的能力才能被称为技能，只有拥有如上资源和技能的人，或为工业产品提供交换服务的区域，才可能具备经济发展的可能。进一步讲，大机器化生产结构，又直接影响着、界定着一套市场意识形态。这样一套市场意识形态，目的在于建构一套关于何种物品、能力或个体及区域发展方向为"好的、应该去追求"的信息模式。借助大众传媒技术，这样一套市场意识形态，得以迅速而广泛地侵入社会生活空间，从而形塑着一个时代的价值判断。本质上讲，技术权力路线源于对自然物质能量较低态的利用技术，这样的较低态利用技术，

对于自然资源的某些特性、构成保持高度敏感性，对人的生命力的某些特征有着高度依赖性。而对于那些不能为当时技术在特定成本控制下开发的特性、构成，或那些不能为工业生产及其附属的体系所利用的人的生命力的一些特征，则在事实上被废弃，在价值上被贬斥。在很多情况下，依据工业大生产的技术逻辑或受这样的技术逻辑影响形成的"上层建筑"甚至比依据特定技术建构的生产逻辑本身，更具黏着性。

差异化最优既可以是区域范围的资源配置与资源激活策略，也可以是一种教育策略。即识别人群间自身禀赋差异，并施以不同教育内容与后期支撑计划。这样的后期计划又与社区发展的各方面实践相结合。如社区组织为村社内老年人、残障人士、贫弱人群等"残值劳动力"① 提供手工艺、编织、生态农业等培训，并以组织化对接城市消费市场，实现了物质回报与尊严提升。这是基于内部合作，通过发掘农民禀赋与潜质，施以差异化培训，实现个体价值与社区发展。在一般劳动力市场上评价较低的劳动力，通过农民教育完成差异化劳动力增值，并通过社区组织构建的替代性市场纳入差异化价值评价和实现体系。这不仅展现了农民教育、个体发展与社区发展的融合，也内涵了"各美其美，天下大同"的多元发展理念。同时，这样的乡土经验又与世界教育前沿关切相内合。

从这个意义上讲，差异化最优的制度设计本身即是系统理性原则的体现，就社区发展而言，是激活积存于共同体成员的资源与潜能，使之服务于社区福利发展。在具体的区域发展实践中，差异化激活意味着以创新视角对区域多元资源及不同民众在生产资料、多元能力、社会网络中的差异性禀赋的充分考量，发掘、培育并在制度设计上鼓励、肯定具有不同资源属性的生产性和社会性潜质，以

---

① 杨帅、温铁军：《农村留守群体组织化与乡村公共品长效投入研究》，《贵州社会科学》2014 年第 10 期。

此对接外部政策支持导向和外源商业机会，从而提升社区自我福利改善能力和民众在整个过程中获得感与自主精神成长①。从这个意义上讲，这里与恩格斯的关怀是相同的："教育就会使他们摆脱现代这种分工为每个人造成的片面性。这样一来，根据共产主义原则组织起来的社会将使自己的成员能够全面地发挥他们各方面的才能。"②

在纪实人类学作品《林村的故事》中，主人公叶书记认为20世纪80年代初期村办企业之所以能够迅速发展，一个很重要的原因即是以发展型网络，激活成员不同资源禀赋，使之服务于整体理性。"我们开始将大队视为一个整体，集中运用村民一切可用的关系，来解决我们遇到的问题。"这些形形色色的关系涉及紧缺生产资料的供给、各种经营特许申请的资讯、信用社贷款机会等。当然，利用各种关系来发展企业在中国并没有什么特别之处，关键在于这些社会资源最终带来社区整体的繁荣，而这样的繁荣，除了让社会资源的掌握者获得收益外（叶书记为了表示感谢，提高了其收益分享配额），更重要的是使得共同体内部其他成员，特别是那些在个体主义发展中被忽视的、资源相对缺乏的成员也获得福利的提升。

对于社区收益的分配，叶书记的做法也几乎完美地体现了前述差异化最优与共同体理性的特征。他这样介绍怎样选择村民进入收益颇丰的村社企业："20世纪80年代，本大队繁荣起来后，我便在分配工作时特意地安排，以使村内人人都能分享到繁荣的好处。选择工厂的人时，我会先选穷人家的孩子。之后再挑选中等人家的孩子。尽量安排每一家至少有一个人能进入工厂。厂里轻便的工作，就保留给老人、寡妇和有残障的人，比如照顾牲畜、检查水道等。"可见，叶书记基本上有意识地综合利用两个原则：一是尽可能让各种人群都能发挥自己的潜能，参与到共同体发展中；二是尽量惠及

① 吕程平等：《深度贫困地区农村改革探索：大宁实践》，社会科学文献出版社2020年版。
② 《马克思恩格斯选集》第1卷，人民出版社1972年版，第223页。

共同体内的贫弱等初始资源不足的群体，保持村社发展持续性。叶书记最后一句自我评语更是耐人寻味："共产主义的目标就是要保护弱势的人。我觉得很光荣，因为这样做对队上大家都好。"①

四、推论四　有序性原则实现需要互为增能的网络结构

杰奥瓦尼·阿瑞基（Giovanni Arrighi）在对 19 世纪末以来资本主义自我扩展进行回顾时指出，资本主义机构寻找在每一次能量转化中增加其自由能或者说"可行能力"，为了说明这点，阿瑞基对马克思的资本一般公式 MCM′ 做了重新解读：

"货币资本（M）代表流动性、灵活性和选择自由。商品资本（C）指从利润着眼某个特定的投入—产出组合的资本。因此，它代表具体化、僵硬化以及选择的缩小和丧失。M′代表扩大了的自由性、灵活行动和选择自由。商品资本（C）指从利润着眼投资于某个特定的投入—产出组合的资本。因此它代表具体化、僵硬化以及选择的缩小和丧失。M′代表扩大了的流动性、灵活性和选择自由。按照这般理解，马克思的公式告诉我们，资本主义机构把资本投向随之会丧失灵活性和选择自由的特定投入—产出组合，本身不是目的。它们这样做，只是一种手段，为了达到在未来某个时候获得更大的灵活性和选择自由的目的。"②

可以将此种通过交易参与方获得自由能的增加，视为一种交易的增能属性，这也是资本作为一种高质能量的趋向于增强自我"生殖力"属性。然而，在另一些情形下，或者从另一方向观察，情况却有所不同。

观察两种现象，现象一：单个农户由于缺乏进入高层级市场的

① 黄树民：《林村的故事：一九四九年后的中国农村变革》，生活·读书·新知三联书店 2002 年版，第 156 页。

② ［意］杰奥瓦尼·阿瑞基：《漫长的 20 世纪》，姚乃强等译，江苏人民出版社 2011 年版，第 6 页。

交易资格及对市场交易规则控制能力的缺失，使其在每个交易周期所获得的收益事实上无法支撑劳动者及其家庭的一般社会发展需求。所谓一般社会发展需求，指在当下社会水平下，实现在社会能量循环中，自身能量汲取及转化能力的增强，或者说通过每一次交易达到自由能及可行能力的增强，具体表现为农业劳动者及家庭后代劳动者，通过技能提升、交易水平改善等提高个体多元信息丰厚程度，以及通过财富、资源积累获取高层级市场交易收益或资产收益的能力提升。而无法实现一般社会发展的情况，事实上就使其困于特定不利的生存处境中，几乎无法通过自力改善。现象二：处于消费电子全球产业链底端的组装线工人，在长期、高强度、高度去技能积累和重复性操作流程中，其生存发展的可行能力在劳作中减损。这样的事实甚至不为她们自身所清晰认识和表述，只有把这样一个群体作为一个整体而非个体，考察其整个生涯而非某个阶段，甚至是考察这个整体代际的变化，才可能有更完整的认识。

制度经济学者将经济体系视为由无数合同规定的交易连缀而成①。如此交易的展开，不单单是如罗纳德·科斯所言，存在着"摩擦系数"，或者说交易成本，并且往往与政治结构和社会结构有着复杂的勾连，或者说，连缀的交易环是内嵌在基于社会能量与信息不均衡占有形成的权力结构之中，可以称之为交易的权力内嵌性。或者按照皮凯蒂的说法，"实际上，看不见的手并不存在，完全、纯粹的竞争也不存在，市场包含在诸如公司层级和薪酬委员会之类的具体制度中"②。一般来讲，这样的交易具有普遍可预期的互为增利性，带来参与方可以货币衡量的收益预期增加，或由社会或商业惯常标准衡量的物质需求、心理需求的满足。然而，由于交易的权力

---

① ［美］奥利弗·E. 威廉姆森：《资本主义经济制度》，段毅才、王伟译，商务印书馆 2002 年版，第 64 页。

② ［法］托马斯·皮凯蒂：《21 世纪资本论》，巴曙松译，中信出版社2014 年版，第 339 页。

内嵌性存在，交易多方通过交易获得的可行能力水平（高质能量或自由能）却大相径庭。也就是说，交易带来效用增加，却不一定增加交易方的可行能力水平[1]。在一些特定却并非小概率的情况下，以长时间周期（交易方全生涯的或代际水平）及社会结构视角来观察，交易的持续进行，甚至在减损交易方的生涯可行能力，反而使得参与交易的至少一方低可行能力困境持久化[2]。

如前所述，可以将社会系统视为具有无限细分层级，不同系统层级对于高质能量聚合程度和信息水平有着特定要求，并制约着相应层级个体的发展水平，而高质能量则提供了穿越层级的能力。劳动者由于其所处技术区隔属性及去发展型组织化、去技能化等因素，更容易陷于一种"交易的奴役现象"。所谓"交易的奴役现象"表征着交易过程的非互为增能性，特别地，交易一方由于交易结构所困，而事实上呈现为改变自身处境（系统层级）的可行能力的减退，或者说呈现一种"内卷化"特征。这恰与资本内在的自我增能属性是相反的。

弗里德里希·李斯特（Friedrich List）及其解读者则从国家间产业发展的角度，表述了相似的含义：发展生产力不等于提高生产效率，关键在于开发利用资源的能力。这否决了比较优势理论对落后国的建议，即进口工业品、出口原材料。这一建议尽管同时提高了先进国和落后国的生产效率，并增加了两个国家的使用价值或物质财富，却导致落后国丧失了生产力[3]。用上文的概念框架来看，李斯特在这里区分了"互为增利"的交易结构与"互为增能"的交易结构。延伸地说，**资本主义生产体系内在地存在着一种交易的奴役现**

---

[1]　或者说，"财富的生产力比财富本身更重要"。参见［德］弗里德里希·李斯特：《政治经济学的国民体系》，商务印书馆1961年版。

[2]　参见本书附录。

[3]　贾根良：《新李斯特经济学在中国》，中国人民大学出版社2015年版，第56页。

象，或者说"利益冲突"：一个国家在发展生产力的同时也增强了其剥夺别国资源的能力。而美国的开国先贤们对此也有着清晰的认识："海运国家有力量利用我们各方面的无能，来规定我们政治上存在的条件。由于他们都有意运输我们的货物，更希望阻止我们运输他们的货物，所以他们会多半联合起来用实际上造成破坏的方式来扰乱我们的航海事业，而且限制我们只能从事依赖外国船只的进出口贸易"，并在更深层次上遏制一国集体能力的形成与发展，"美国商人和航海家天禀的那种举世无双的进取心本身就是国家财富的取之不尽的来源。（在上述情况下）这种进取心会受到压制和丧失，贫困和耻辱就会在一个利用智慧就能受到全世界羡慕和嫉妒的国度里蔓延出来。"汉密尔顿（Alexander Hamilton）等人则力图通过具有发展型网络意义的全国政府的建立，"（使得）国家的自然力量和资源都导向共同利益，能够挫败欧洲各国因嫉妒而联合起来阻止我们发展的图谋"[1]。

互为增能的交易意味着，参与交易方系统化可行能力的增强，排除交易的奴役现象。正如周立指出的，由于农民尚未有足够的资本积累和企业家才能，常常得不到资本主权，只能通过提供农产品、原材料和劳动力，才可以从已经较为微薄的产业利润中，分到更加微薄的农产品原材料价值和劳动工资。若可以通过资源主权的获得，将农地资源以及其他自然资源进行一次定价，就能依托资源主权的价值化带来资本主权的获得，并分享要素收益。[2] 当前脱贫攻坚及乡村振兴实践中，一些没有特别资源禀赋、农作物品种缺乏市场竞争性、交通区位一般的传统农区——这其实是中西部农村的大数，将"组织力"视为一种资源，在一级村级、二级县域，发育分散资金的

---

① ［美］汉密尔顿、杰伊、麦迪逊：《联邦党人文集》，程逢如等译，商务印书馆2009年版，第55页。

② 周立：《从食利经济到吃租经济：乡村振兴中的金融创新》，《人民论坛》2019年第33期。

组织合力，成立县域内村集体经济合作投融资机构。县域政府鼓励该投融资机构，承担社区融资功能，并以倾斜性政策支持其进入本地绝对赢利领域①，亦具有朝向互为增能交易的属性。

这里的"网络结构"是指基于差异化最优的路径连通。以跨学科视角来看，分殊领域的组织方式具有一种不同尺度的网络结构的自相似性②，可以在神经系统、集镇市场、生态系统甚至宇宙系统中观察到类网络结构。原生状态的协力网络出现在北美的印第安部落，一连串的反馈引发的连锁反应，使得整个部落行动起来，人们在几乎没有成形组织的情况下，完成了公共议事房屋的维修③；更复杂的网络是迄今还活跃在中国农村地区的市集，它具有一些中心市场，在时间和空间上呈现出规则分布，深刻影响着区域的交换活动、协作范围甚至精神活动（如庙会或宗教组织），并将大量农民社区结成单一的社会体系④。最"时尚"的网络结构也许是区块链技术，通过分布式账本达到信用与信息的共享，实现去中心化的交易过程，并具有重建层级化体系的潜力⑤。

基于差异化最优和"互为增能"的路径连通（网络结构）原则本身包含了耗散结构理论和生态学对于"开放性"的强调，但具有更加丰富的含义和限定。简单地说，不具备互相增能的开放性甚至可能加速系统的崩溃。

然而，在另一些情形下，基层发展的困境，常与一种受制于既

---

① 吕程平等：《深度贫困地区农村改革探索：大宁实践》，社会科学文献出版社 2020 年版，第 265 页。

② 关于"自相似性"概念，参见［德］海因茨·奥托·佩特根等：《混沌与分型——科学的新疆界》，田逢春译，国防工业出版社 2008 年版，第 93 页。

③ ［美］约翰·布里格斯、［英］F. 戴维·皮特：《混沌七鉴：来自易学的永恒智慧》，上海世纪出版集团 2008 年版，第 52 页。

④ ［美］施坚雅：《中国农村的市场和社会结构》，史建云、徐秀丽译，中国社会科学出版社 1998 年版。

⑤ ［加］唐塔普斯科特、亚利克斯·塔普斯科特：《区块链革命》，凯尔等译，中信出版社 2016 年版。

成利益格局（本质上是社会能量垄断所致的空间扭曲现象）的资源交互空间进入路径闭锁相关，也可以称之为"权利的缺失"。普通农户难以通过有效的成员指向的功能性组织进入广义社会资源（包括权利资源）的配置空间，进而也就难以将广义社会资源转化为组织发展、"生殖"的高质能量。从而也就难以获得相应的"能量流"（满足一般社会发展需求的收益水平）来内生地维持乡村发展。由于缺乏以乡村内生性、功能性组织进入资源交互空间的路径，也就难以形成所谓"内生发展能力"，从而精神的、智识的信息模式重建与维护也就往往无从谈起，这往往使得乡村处于一种附庸的、被动的、无力的、浑浑噩噩的状态。

扶贫界常有"授之以鱼不如授之以渔"的讨论，然而相对于技能习得，更为重要的，是在培育具有成员指向的、兼具发展和保护功能的组织；发育基层自我学习（新信息模式的内构）、自我发展（内外能量的识别、转化与利用）、自我改变（在细化能量层级层面的持续生长）的基础上，打通闭锁的、被层级垄断的广义社会资源（包括社会权利）的配置路径，让更多普通民众有机会、有路径、有组织进入高层级的价值创造与收益分配空间。作为系统性思维的延伸，民众自我信息模式与社会能量转化能力充分发育的、富有自主创造力、高抗干扰能力的底层，将为系统提供坚实根基。

五、推论五 有序性原则需要系统组分具备学习、适应和发展能力

我们可以将维系、指导广义生物界生存信息系统分为三种类型：本能的内在信息系统，以遗传基因为代表；自主的内在信息系统，以人类个体多类型信息处理系统为代表；自主的外在信息处理系统，是以社会系统的关于文化、法律的共识、被广泛接受的规范、科学及技术知识、历史记忆等为代表。其中后两类可统称为"主动型信息系统"，为人类之天赋专有。正是"主动型信息系统"赋予了人类个体、

系统组分及社会系统自我学习、自我发展、自我适应的智能。

　　无论在自然界还是人类社会，变动不居的环境提供的不确定性及适度规模和频度的环境扰动既可能是系统组分面临的挑战，也促使系统组分发展、演化适应能力。外界环境和资源条件，制约着生物个体的生存范围，及其潜能的发挥程度①，生物界一般通过内在的、天然的信息系统的被动变化——基因突变来寻求适应性解决方案。一些物种，也通过后天观察、模仿掌握独特环境的生存技巧。本质上讲，系统组分因功能实现而获得定义，就社会系统而言，由于人类特有的外在信息系统，使其功能性组分可以体现着某种智能性，即根据系统内外环境变化，调整功能目标与功能实现策略，并与相应组分建立新的连接机制，从而保持自身在社会能量循环中的生态位。从这个意义上讲，组织的灵活性以及智能性发展，一定程度上可视为对内外环境复杂性的"反向复刻"。

　　就人类个体而言，由于人类特有的高度发达的主动型信息系统，理论上生命个体潜能是无限的——这本身源自信息相对于物质与能量的无限性。人类个体迥异的信息模式类型（智能型信息、愿望型信息、情感型信息）构成了人类千姿百态的"天赐"禀赋，为人类适应发展历程中种种复杂的不确定性提供了庞大的整体信息库。那些推动人类对自然认识飞跃的科学家、在民族进程厥功至伟的领袖人物乃至关键时刻扭转乾坤的人物，无不是具有某种特殊信息模式。制式化地、千篇一律地对个体抑或功能性组分信息模式进行引导或管控，最终将导致系统的高度脆弱性。

　　另一方面，虽然理想化地看，指导生命体自我学习、自我适应、自我发展的智识能力潜质是人之天赋，而人皆可以智识能力发展自我适应生存环境，而"骨感"的现实是，个体的智识能力"潜质"

---

　　① Hutchinson 由此区分了基础生态位（fundamental niche）和实际生态位（realized niche）。

的发育与发挥受制于"天然的"社会结构。与此相关的另一个简单但却常常由于各种横亘的障碍而难以实现的道理是：对于处于结构化不利境地中的人群，只有通过加入具有基本的本群体指向的功能性组分，才可能更充分地参入社会能量循环，获得自身潜能的更多发挥，更具"互为增能"的交易机会，以及生存和发展的可能。也就是说，组分层面的自我学习、自我发展和自我适应能力，提供给底层民众一种超越层级的集体性的发展能力。在由社会能量垄断格局引发的扭曲的社会空间中，既有利益格局的层级体系具有下向的控制力，而具有自我发展能力的功能性组分则提供了上向突破层级控制的可能。

黄季焜、陈丘等在总结国际乡村振兴经验基础上指出①，通过组织化路径提升农民自身的发展能力并为他们提供发展机会，保障农**民始终是农村发展的主体和主要受益者，**是促进农村发展和包容性的农村转型的关键。在欧美及日韩等发达国家，"尊重当地农户，以当地农户为主体"是农村发展所坚持的重要原则之一。当地农民既是农村的主要建设者也是最主要的受益者。因为农民最了解自身的优势、需求和存在的问题，农民参与农村发展不但使他们更清楚知道自身在发展中的角色定位，而且能制定出更适合本地和自己发展的计划和目标。

在功能性组织层面，创新机制可以认为是应对环境变化的系统内部适应性机制开拓。从广义上讲，所谓创新，既可以是被动式的基因突变而与外部环境互动与匹配，也可以是"君子豹变"般主动地调整内在信息模式。而无论如何，一般意义上的创新是基于特定信息模式摆脱了既定物理环境的时空结构限制，并以耗散结构的维系和发展为指向。

---

① 黄季焜、陈丘：《农村发展的国际经验及其对我国乡村振兴的启示》，《农林经济管理学报》2019 年第 6 期。

在一定历史时期获得生存优势的信息模式和机制设计，能够将系统目标实现过程与外界规则变化相适应。近世以来，主导型技术，即具有系统穿越性，协同改变着系统内外物质、能量、信息组成方式、变化速率，决定着各种系统参数的最大可能取值的技术更使得巨型人类社会系统所面临的不确定程度呈数量级跨越性增长，这就需要社会组分发展出高度智识化适应能力。18 世纪后叶以来，封建领主、武士阶层、小手工业者在主导型技术变迁引发的"工业革命"浪潮中渐次瓦解，而资本主义却保持了阿瑞基（Giovanni Arrighi）和布罗代尔（Fernand Braudel）所共同强调的，"在整个生命周期里的灵活性和兼容性"或者说"无限的灵活性、变化和应变能力"[①]。

需要指出的是，系统组分具备学习、适应和发展能力，不仅是关于组分本身的自由度，更关涉到系统层面的稳态。"依随"（supervene）概念用以说明，新的或更高层次的性质依赖于和依随于低层次的性质，或者一种性质必定以某种方式与另一种性质共变，一种性质的改变只有在伴随另一种性质的改变时才出现[②]。系统不同层级具有相对不同的信息模式和信息沟通方式，局限于低层级的个体成员，难以接触、获得、学习更高一层面的信息模式，也就无从获得向更高层级的发展能力。通过发展型网络具有集体智识能力的组分，扩展了成员系统接触外表面，扩展了成员接受多样态信息的机会，提供了成员参与、进入上一层级广义社会资源配置空间，这也就包含了一般政策界经常讨论的经济参与、政治参与和社会参与。

在缺乏这样功能性组织的情况，在制度层面，前述下向的路径和发展机遇控制必然获得加深，并形成了事实上的双向路径闭锁。

---

① ［意］杰奥瓦尼·阿瑞基：《漫长的 20 世纪》，姚乃强等译，江苏人民出版社 2011 年版，第 5 页。

② 范冬萍：《复杂系统突现论——复杂性科学与哲学的视野》，人民出版社 2011 年版，第 176—177 页。

在精神层面，一种不自信的、萎靡的、对外在变化趋于保守的精神状态必然蔓延，这可以视为一种精神模式的塌缩或内卷化，并表现为"竞劣"的风气和一种文化的闭锁。特别是在中西部农村地区，任何形式的组织创新——毋宁说任何形式的创新，首先遭遇的是这般文化的阻力。那么，回到此段的主题，值得深思的是，缺乏成员指向的自主发展型功能组分背景下精神模式的塌缩或内卷化的状态，会有怎样的上向依随性呢？或者说，会突现出怎样的上一层级的样态呢？

也正是在这个意义上，鼓励自由平等的个体在充分意识到彼此间负有责任与互惠需要基础上的互助联结，不仅是出于一种普遍性的人类友爱，更是因为通过彼此承担义务的行为（相助），才可能将更多的自由与公正协调一致，并经由自我约束扩大所有人的自由①。

从社会系统来讲，社会能量集中化与社会的极化运动是缺乏自适应的底层功能组分情况下，两种可以预见的上层突现。如前所述，底层缺乏功能性组分，也就使之不得其门而进入社会资源的配置空间，难以参与到社会能量循环过程，甚至连本属于底层资源的外流也无力阻止，这必然加剧社会能量的集中趋势，使得社会空间的扭曲加剧，从而底层个体实际可行空间更显逼仄。这实际上是互为加剧的过程，社会能量从底层的进一步抽离，不仅使得底层个体、组分发展自身多样化信息模式成"无源之水、无本之木"，更使得维系社会多层次联结的信息网络（如共享的公序良俗规范）、交际网络趋于崩溃。在一些极端的情形下，能量中心急剧吸收社会财富的过程，使得社会系统加剧内卷化，社会结构纷纷崩塌。此时，对于被逼迫的人类个体，另一种信息模式反而被激发出来——关于集体行动的愿望型信息，并借着普遍的、绝对的被剥夺感而聚合。同时，在横

---

① 赵永清：《德国民主社会主义模式研究》，北京大学出版社 2005 年版，第 50 页。

征暴敛、治理失序的背景下，底层个体的行为函数（信息逻辑系统的一个侧面）及其所决定的预期成本与收益算计也发生改变，以中国传统社会来看，农户既往因循的忍气吞声、谨小慎微的生活模式已然不可持续，离家背井、鬻妻卖子反成大概率前景的情况下，揭竿而起、流民暴动或还有一线生机。聚合的、被压迫者的愿望型信息与极端情形下的生存理性合而为一种社会动能，并成为造就了两千年中国古代史朝代往复的动力机制。

即使在当今，因为基层农户自有的自我发展型组织（发展型网络）的缺乏，社会能量①流出农村的情形，仍可观察到。而此一结果，是更加削弱了基层发展型网络自生发展的可能。以农村金融来看，由于对在地金融的过度限制，而农村信用合作社等商业机构追求大客户规模效益回避农户零散需求，农户进行简单再生产与扩大再生产、开拓新经营项目，乃至建房、教育、医疗等支出的资金需求得不到充分满足。另外，农村金融市场的存款余额远大于贷款余额，农村存款被输送到城市，由此产生的贷利差则由商业银行占有②。新世纪以来，各涉农金融机构加速商业化改制，缩减基层营业网点，正规金融机构商业化改革，体现了加速"离农"倾向，这是其在利益导向下的必然选择，并势必加速资金要素流出农村。根据农业农村不固定观察点的数据，2015 年，只有 2.28% 的农户向正规银行（含农村信用社）申请过贷款③，具有扎根社区、具有互助性质的社区合作金融机构缺失，使得农户的消费性和生产性需求，只能转向民间借贷。

---

① 温铁军将其概括为"劳动力、资本、土地"三要素的流出。参见温铁军：《"三农"问题与世纪反思》，生活·读书·新知三联书店 2005 年版，第 86 页。

② 杨团、孙炳耀、仝志辉：《走向综合》，中国金融出版社 2015 年版，第 35 页。

③ 张照新等：《农民合作社内部信用合作实践探索与发展思路基于试点地区的实地考察》，中国发展出版社 2018 年版，第 12 页。

在缺乏系统多层次缓冲空间下，内外部扰动使得系统状态迅速接近或达到系统阈值，形成社会极化运动。借鉴沃克（Brain Walker）和索尔克（David Salt）的定义[①]，将阈值视为多元素决定的系统边界[②]——边界的外观与多因素在系统内部结构相关，因此呈现为不规则形状——表征着系统在各个方向上阈值的差异，同时阈值的分布保持着内在联系。

想象由社会能量垄断形成的坑状空间凹陷，系统各个层级的、具有自我学习、发展和适应能力的系统组分构成了相互联系的、分布在坑壁的、类梯田状的社会能量储存与转换池。抽象化的社会运行，事实上，是各个能量池间呈网络化的联结，又或者如沃克和索尔克将社会运行想象为在盆状凹陷中上下滚动的球体。缺乏各异禀赋、自主发展型组分及相应的网络联结，社会能量积蓄与转化功能及社会智识水平高度集中，社会横向交往、内部循环以及人际互助网络、情感依赖、地方性知识等濒于消泯。而这些其实是保持系统弹性的"关键性冗余"。社会系统呈现为一种层级弱化、空间"净化"、能量流向单向化趋势。这一方面使得社会系统的边界阈值收缩；另一方面，外界扰动很容易造成系统的整体性崩塌。

在这里，我们也许应该记住电影《霍比特人》中的一段台词：

"Saruman believes that it is only a great power that can hold evil in check, but that is not what I have found. I found it is the small things, everyday deeds of ordinary folk, that keep the darkness at bay, simple acts of kindness and love."[③]

---

① 参见［美］沃克等：《弹性思维：不断变化的世界中社会—生态系统的可持续性》，彭少麟等译，高等教育出版社2010年版，第53—55页。

② 以人类社会而言，对阈值形状有影响的因素包括文化、气候、地理、经济交往、行政区划等。

③ 此段话可以翻译为：萨拉曼（坏巫师）认为只有强力才能遏住邪恶势力，但这与我（好巫师）发现的不同，我发现正是日常的善举、平凡人生活中的爱，才抵制住黑暗势力侵扰。

第三节　系统阈值与多层级信息系统

作为推论二和推论五的一个延伸，讨论一下社会系统阈值一个重要侧面，即由民众与公共事务机构之间共享的多层级信息模式——公共信息模式。公共信息模式是**在社会公共治理机构与社会成员之间交互过程中形成的。(1) 社会成员对治理机构的信任水平；(2) 社会成员对广义社会资源控制、转移（分配）合宜程度的认知和判断；(3) 社会成员对一种权威关系的依赖和归属以及相应的身份认同程度。**

静态的公共信息模式表征着社会系统内在或默会的，或规约的交互性基础上，民众和公共事务治理机构间基于彼此享有的规范（行为界线）的互信；通过对包括公共决策过程的参与和选择在内一系列政治、经济领域广义资源分配制度体现的对合宜的公共治理的追求意愿；以及在此基础上民众对公共权威和自我系统身份的认同。

动态的公共信息模式，作为社会信息处理系统的一种，规定着社会关系中权威关系、公共机构与个体、社会群体信任关系和资源控制与分配关系网络的稳定和运行。特定的公共信息模式是内化于社会行动主体思维和行动逻辑中的，成为一种特有的社会心理，复制着、维持着宏观制度的运行，而其自身也在政治过程的互动中被创造和破坏着。在具体的层面上，这样的政治文化心理是社会成员对广义社会资源①控制转移（分配）合宜制度之程度的认知和判断。

公共信息模式是社会主体间信息模式的一种特殊形态。后者的重要构成包括社会系统内部对于社会交换行为发生的一般预期，或

---

① 这里区分了所谓的狭义资源和广义资源，前者指共同体内成员所期望的、有关生存和发展的物质资源，是后者的一个子集；后者还饱含诸如（在一个共同体内）权威关系、荣誉、价值、声望等物。

者说是权威关系的两端或普通社会成员间将采取一定行为策略进行广义社会资源交换的一般信任（General Trust）。这样的一般信任和相互预期是广义资源交换能进行的必要条件，和社会系统得以存在的必要条件。在作为主体间一般信息模式的社会信任彻底崩溃的情况，即是霍布斯指称所有人对一切人的战争状态。

社会成员对公共机构提供的广义社会资源的**一般信任**为社会体系中基本的权威关系得以存在的必要条件，是公共信息模式有机构成的基层部分。换句话说，如果民众对公共机构提供社会广义资本的能力及行为选择出现普遍的怀疑并以此采取不提供支持的行为策略，即对合法性本身的质疑，随即而来的是层级态、递推性的交换性崩溃，是一般信任和预期的崩溃，是暴力掠夺和反抗的开始。这也就是推论五所指出的社会系统运行状态越过了多因素形塑的系统阈值。

在这个层面公共信息模式作为一种治理结构的社会心理基础，其所依赖的交换过程是在公共权力机构（政府或其他普遍性治理组织）与民众之间进行的，即是在治理的主客体之间进行的。交换的内容是公共权力机构提供公共服务，通常认为意指安全、社会保障、法律裁决等，以及**对社会各领域运行中具有重要意义的若干制度的供给，**而相应的民众提供的公共机构存在所需要物质与意愿支持，并以默会契约的方式在给定的秩序框架内行动。也就是说，信息模式的维系与广义社会资源的配置过程是互为叠加的。

这涉及既往研究中提及的制度通路的交互性。制度通路流向并非单向的，其在任何情况下都至少是双向，甚至多向的。人们往往以制度通路物质性社会资源的配置或较显著的配置方向，来定义其基本属性。但那些被忽视的或**不易发现的资源流向，**却是制度通路存在的重要目的。行政机构面向区域内不同人群、机构、社会功能组织的公共资源配置是行政配置通路的显性流向。而此制度管道的隐性流向，在于社会群体对于公共机构合法性的认可。这样的来自社会各个不同角落合法性认可，犹如一张张分为不同评价等级的收纳回执单。经由社区功能性组织、日常社会网络等千条万条的隐形的"广义社会资源"流动路径，从社会系统底层向上流动的、无形的"收纳回执单"，是"调制"权威性广义社会资源的原材料。只有公共机构收集了足够多的合法性认可，其权威性社会资源才能达到足以支撑制度管道体系建设的目的。而对公共资源配置的均衡性、精准性、回应的迅捷性，即其是否能识别在不同配置目标（政策目标）下，实现最优的资源配置序列和流序方法，决定着不同收纳个体对合法性的认可程度，或者说收纳回执单的评价序列。

公共信息模式的更高一层，是社会成员对广义社会资源控制转移（分配）制度之合宜程度的认知和判断。这里所说的制度可以理解为规范着领域中所有参与者共享的、有关行为选择的决策规则。这样的决策规范被领域内所有参与者接受，其是关于"领域内均衡博弈路径显著和固有特征的一种浓缩（信息）的表达"。由此，制度以一种自我实施的方式规定着领域内参与者的行为决策，并在这个过程中达到自我生长。[①] 在这个层面，**实际上指出了时间和空间及文化维度内不同的"合宜"的存在**。简单地说，其意味着在一个共同体内部对"好""善"的基本认识，是以之前谈到的一般信任和行为预期为基础的、更为自觉的并融入了基本价值性（如正义程度）判断，是之后要谈到的身份归属、情感依赖的生长养液。

斯科特描述了东南亚农民的反叛往往是因为历时长久的村社内部"生存伦理"被破坏，这种生存伦理是"植根于农村社会经济实践和社会交易之中的。作为道德原则，作为生存权利，它被证明是评价地主和政府盘剥农民剩余物的标准"，具体来说，佃户要求提供能保障他们在恶劣的自然环境中得以有稳定生存预期的租地制度，

---

① ［日］青木昌彦：《比较制度分析》，周黎安译，上海远东出版社2006年版，第28页。青木昌彦指出了制度的五个特征：内在性、对于环境连续性变化和微小动荡的刚性、与相关域几乎所有参与人相关的普遍性和多重性。

其检验标准是"剩下多少，而非被拿走多少"。当这样的村社内部的合宜准则被随殖民化而来的现代国家建立及非人格的市场交易准则的侵入而摧毁时，可以认为，村社得以稳定的公共信息模式遭到摧毁。

公共信息模式的更高层级是社会成员对一种社会共同体的归属感、相应的身份认同程度，以及由此成长的情感依赖。在经过了一般信任和价值判断两个粹化抽象的层次后，公共信息模式进入其身份归属和情感依赖状态。政治文化出发于某种方式上相互的利益实现的预期和信任，并在这个过程中对社会共同体广义资源分配制度做出合宜程度的价值判断。而重要的是，在这种合宜性的认识中，包含着参与主体对自身尊严、可行能力发展水平的感知，以及基于对制度规范的决策和运作过程以某种方式实现参与，从而实现一定程度互动规制的主体感。这种在利益互惠、价值认同过程中形成的参与者主体感是个体心理上归属感的本源。归属感的积极意义在于它的个体社会身份认同感和积极参与感，从而形成某种建设性的集体意识。同时，很显然地，社会归属感及情感依赖在根本上是信息多重属性的一种显现。

在现代国家，公共信息模式的归属感层级化地源于天然的认同、政治社会化下的认同和公民身份的认同这三个方面。所谓天然的认同，是对生于斯成长于斯的土地、国度的天然感情和记忆而自然孕育的认同。所谓政治社会化下的认同，是指政权通过传播媒介、教育等手段以政权合法性、爱国主义的符号对民众进行政治身份认同的塑造。

所谓公民身份的认同，是在政权以系统有序性原则进行广义社会资源的配置、维持社会高质能量循环过程中建立起来的，个体对国家的正义性的认同，以及由此产生的个体对自身属于此国家的主体感。具体来说，当且仅当国家代表系统理性的集合体而非局部的、偏颇的利益时，个体对国家的服从才是对抽象的系统理性的服从。

所谓"公民",实为系统中人（person-in-system）。此处"公民"之"公",可认为是系统理性的至高境界。

与源自古希腊传统的,以个体相对于公共机构的独立、对政治生活的参与为表现的西方政治文明相对应,在有着古老集体农耕文明的中国,在中华民族心理中存在着一种发端于家族、社区内部互助、合作关系,并经由后世儒学发展和维系的,独特的倾向于朴素的系统理性的、关于善治的思维逻辑。本研究将其称为"公"的至高境界。

> **大道之行也,天下为公**。选贤与能,讲信修睦。故人不独亲其亲,不独子其子,使老有所终,壮有所用,幼有所长,矜、寡、孤、独、废疾者皆有所养;男有分,女有归。货恶其弃于地也,不必藏于己;力恶其不出于身也,不必为己。是故谋闭而不兴,盗窃乱贼而不作,故外户而不闭,是谓大同。"①

这种"公"的境界在如上大同篇中,通过社会价值的公平分配而最终是要实现一种共同的善,这种善包括财富、物质的社会成员的共同的增长,更有信任、依赖和爱的分享,是一种自由而内心充实的生存与彼此信任、合作的、能充分发挥共同体内每个个体潜能的状态,这与本研究提出的系统有序、协同网络、互为增能、差异化最优等原则是一致的。

以现代政治哲学的观点来看,这里事实上体现了罗尔斯有关"正义"理念两个原则的一体性。第一原则所秉持的"每个人"拥有的平等自由体系与第二原则体现的"符合每个人利益与向所有人开放"在价值内涵上都是对现实生活中处于不利弱势的关怀,而保障弱势群体的最根本路径是实现其政治、经济参与机会的平等。其在认知的层面上也就形成了社会公众依据如上"公"的原则（公理）做出的对于公共机构供给的、规范社会政治、经济权利分配的

---

① 出自《礼记·礼运》。

制度体系的价值认知和判断。

在大同篇中蕴含的"公"的至高境界不仅是传统中国世代追求的治世理想，同时体现了系统有序性原则的思考，是中国派的治理哲学在民众深层心理结构中的暗藏。这可以从三个角度理解：

以系统有序性（共同的善）的增减作为评估标准衡量的社会运行效率。人们"各得其所、各得其用"，可以充分发挥自在的潜能，而这种潜能的发挥是以有利于各方生存、发展能力增强的方式（互为增能）进行，这就形成一种共同的增长。"矜、寡、孤、独"等社会最弱者"各得其养"。在"系统理性"的逻辑中，追求一种"共同的善"的增长，而非以一部分群体或组分的可行能力增长而导致另一部分的减损。[①] 实现了一种以弱者的福利为衡量的社会福利，如公式：

$$W(u_1,\ldots,\ u_n) = \min(u_1,\ldots,\ u_n)$$

系统理性作为社会成员共同选择和认知的共同的规范体系，可以达到一种成本最小化的社会运行状态。在这里包含了信息成本最小和共同期待下的互信关系。在大同篇建构的理想社会状态，由于免去了对因资源占有不平等之下的以及以功利性的欺诈、剥夺为特征的虚荣或恐惧、奢侈或焦虑等对社会资源的浪费和减损，从而进行社会交换和合作关系是互利、坦诚的。

在"天下为公"的治理状态中，重视了精神财富，和对爱的需求与共享。罗尔斯提到，差别原则体现的互惠观，相应于博爱原则，如果不是有助于状况较差者的利益，就不欲占有较大利益；那些处境较好者只在一种促进较不利者的利益结构中占有他们较大的利益。在功利主义的对增长的理解中，只限于对物质财富的获取和满足，

---

① 实际上在这里区分了对谁是有效率的这个问题。丹尼尔·W. 布罗姆利（Daniel W. Bromley）在《经济利益与经济制度：公共政策的理论基础》中对此进行了探讨。

这导致的一个实质的后果是人的异化，人对其思考、行动、关系甚至友谊、情感的考量皆以物的增损为尺度，人间的关系成为物利的关系，这是对人类本身社会性存在的否定①。而在中国自上古时期具有"系统理性"倾向的群体思维逻辑中，发端于个体相互间的情义、社会是非判别标准的公允构成了连缀从"天理"到"人间情谊"的统一连续体②。

---

① 如前文，在这里假定了社会价值的公平的分配最终是要实现一种共同的善，这种善包括财富、物质的社会成员的共同的增长，更有信任、依赖和爱的分享，是一种自由而内心充实的生存与彼此信任、合作的、能充分发挥共同体内每个个体潜能的状态。

② 吕程平：《"理"的逻辑：认同、交互与抗争——基于 A 省网民拆迁类留言的分析》，《管理世界》2015 年第 2 期。

第四章
发展型网络：社区综合性合作组织

在既有研究中，笔者提出发展型网络概念。所谓发展型网络，是指一种具有发展和保护双重属性的社会联结网络。通过这样的网络，个体之间协作性增强，可以为网络贡献自己差异化能力，外界资源与能量可以得到更充分的利用；同时，个体因为网络的联结，不至于由于个人或环境扰动，而被大浪吞没①。

事实上，任何组织化现象都在不同程度上具有网络化特征，而发展型网络则指向如下特征：

整体目的性。兼具发展性与保护性的发展型网络一方面最大化存储、转化、利用高质能量，提升网络整体的生存—发展能力；另一方面，具有自我学习和发展能力的各个组分在能量、信息的多层面联结与协同，使得网络获得了一种面对内外环境扰动的适应力和可恢复能力（弹性）。这样的全局性或局部性的侵扰，可以令构成组分单位乃至系统整体，陷入功能性缺陷乃至生存危机境地。可以认为，互为增能的网络结构提升了系统阈值水平，避免由系统功能结构彻底坍塌带来的不可逆损失。而从微观的、社会意义角度考虑，上述可恢复性意味着发展型网络为陷于不可预知的、偶然性或结构性困境中的个体提供保护性机制。

---

① 吕程平等：《深度贫困地区农村改革探索：大宁实践》，社会科学文献出版社 2020 年版，第 106 页。

对于生态系统而言，网络化结构，通过更多的联结产生更多耦合或循环增加能量，形成了系统对物质和能量利用的巨大的优势①。就人类社会而言，网络化发展与更具整全观、系统理性的机制设计有着内在一致性。发展型网络并非在道德意义上重申"Each is a piece of the continent, A part of the main"，而是将具有活力的局部组分"互为增能"的充分联结视为系统提高自身能量和信息的吸收、利用水平的根本途径。换言之，个体的或局部的在系统过程中或所处交换结构中持续发展机会、权益显在或隐蔽的减损，最终将削弱高质能量利用水平及系统长期稳定性。

识别—发育—转化—协同—包埋的系统功能。系统识别功能的实现，意味着发展型网络的环境内自主智能，能够自我监测、自我学习和信息模块扩展。在具体实践中，发展型网络需要识别环境能量分布，哪些领域是可以进入的，包括广义社会资源配置市场，以及具有稳定或垄断收益的，且与发展型网络既有资源和能力结构具有相对优势的领域。发育功能，从整体层面来看，由分散个体态，成长为具有组织化、网络态特征，并呈现为某种功能载体的过程本身就是组织发育。这样的过程，是社区内部游离态资源聚合成长为外部与内部功能体；是从一种高度随机性的、"无机汤"状态，逐渐展现为某种确定性和耗散结构的特征；是从某种浑浑噩噩的状态，逐渐成长为网络的、可协同的、具有"精气神"的状态。

发育功能是人类组织化过程的特点之一，正是通过价值型信息模式的扩展，激活成员的愿望型信息和智识信息、发育其精神生命，而自觉的、智识的、具有较高精神生命水平的人，本身就是组织内的高质能量生产者。抑或说，多维整合的信息结构呈现出能量态特征。也正是在这个意义上，正如将在下文综合性社区合作组织考察

① ［丹］约恩森：《系统生态学导论》，陆健健译，高等教育出版社2013年版，第193页。

中发现的，发展型网络可以成为人的全面发展的蕴发平台。

如果说，发育功能旨在内向视角，则转化功能为外向视角。转化，是将外界呈低质态分布的能量转化为其可以利用维系生存的高质能量，本质上这也是发展型网络核心功能。与生态系统相似，人类社会的发展型网络如一把张开的"环境能量吸收网格伞"，尽可能吸收、留住环境能量，并将其转化为高质能量。而所谓"包埋"功能，是指借助网络内部各个功能组分和差异化禀赋的个体间协同与能量循环，扩展网络内面积，深化资源利用程度，提升高质能量转化效率，实现网络的乘数效应，最大可能地将输入能量存留于网络内部，促进网络结构发育。20 世纪末期，日本提出以三产融合为核心的六次产业化，其核心就在于，通过包括农协、农企、职业农民、留守农民多种主体合作，延长本地产业链，将农业附加值更多地留给当地民众，使得原先流入城市的价值内部化①。作为发展型网络的综合性社区合作组织在更高水平上重新认识、整合社区内部包括人际势能、分散资金和资源承包权等广义社会资源，使之成为组织功能得以发挥的高质能量，使农户由此可以进入更高层级市场，获得更高水平的发展机遇。需要指出的是，与牺牲个体选择自由和市场交易权益为代价服务国家工业化目标的集体公社运动不同，发展型网络重视发现和培育构成组分和个体能力、禀赋的多样态分布，并使其在功能化布局中得以发展，正是差异功能间的耦合，才使得能量流在网络中更加充分地循环和利用。

在最理想的情况下，即组分间多层次联结的充分开展、信息模式与信息控制在组分间均匀配置；亲近或遥远、边缘或中心的区分不再具有意义，每个节点能感知到、联系到每个节点（包括自反的）的信息与能量；系统意义的"VIP"被较均匀地分布于网络的各个

---

① 马超、高建梅、何得桂：《日本六次产业发展经验及其对我国农村产业兴旺的启示》，《生产力研究》2019 年第 3 期。

节点；网络中的生命不再因社会能量"空间扭曲"而被赋予非生命意义的权重评价；"网络中分室间关系趋向于均质化"，并在迭代中实现兼具多向性、全局性与系统性的意志模式，以此实现类似"群龙无首"的分布式控制。在社会空间扭曲趋于最小的情况下，对于人类而言的真实"自由"才可能实现。此时，网络状的人类联结与生态系统有着结构上的相似性，但却是依赖于对于"内在关系"的"自觉"与"他觉"的自动。

虽然已经能望见点点星光，但还是让我们回到现实。本研究将二十年来，在主要以民间组织推动的乡村建设运动期间，在中国传统农区发育、生长的综合性社区合作组织作为发展型网络的一种类型，并依据第二章提出的基本概念，对其本质的信息——能量组织化过程进行考察。

"夫风生于地，起于青蘋之末"，此类起于民间的发展型网络对于生产关系、社区生活关系、市场关系乃至人与生态关系的重构尝试，虽然是微观的、乡土的或"山沟沟里的"，但笔者相信它同样是有活力、有适应力，并指向人的更高水平的发展的，提供了一种增进系统有序性根基的解决方案①。

在当代中国，以村社为主要构成的基层社会，缺乏主体性代表，完成社区层面信息逻辑与能量转化机制的建构，从而使微农户直接面对外部环境。也就是说，在系统底层缺乏具有中层结构意义的组织化主体和相应的信息逻辑系统完成对外部信息的吸收、处理和转化能力，大部分农区技术能力的改善、市场经营能力的提升、经营管理能力的培养乃至对外部信息—资源的吸收引入等，都交给了户均只有几亩地的微小农户；而如上每一项能力无不意味着大量社会能量的投入方能形成，这显然是微小农户根本上难以支付的成本，从而如上能力也就基本处于粗放而原始的状态。让相对贫困地区的

---

① 特别是考虑到此类社区组织20年前兴起时，"三农"问题严峻化的背景。

农户，可以通过公共力量的适当倾斜，经由广泛的、具有发展型网络性质的功能性合作组织，成为积极的、具有开创意义的市场参与者，使其凭借自身力量可以摆脱"可行能力陷阱"，补齐中层结构缺失，使国家的发展获得坚实的、具有活力的、能带动最大多数人潜力发育的基底，是提高社会发展有序性的真实要义。

本研究主要以 21 世纪以来民间乡村建设运动及较近期的乡村振兴政策话语下，在各地出现的综合性社区合作组织①作为发展型组织的一种代表类型②。进入本研究考察范围的综合性合作组织一般具有如下特征：(1) 合作社发展的业务至少在 3 项以上的，一般指联合购销、合作金融、生产性联合、村社文化活动、村社养老、幼儿教育等公共服务；(2) 合作社发展的时间 5 年以上的；(3) 合作社服务的区域范围主要以当地社区为主；(4) 合作社坚持以小农户社员的利益为主、坚持民主和公开原则③。

需要再次指出的是，发展型网络概念最开始提出是在我国贫困农村地区脱贫攻坚的研究背景下，因而更侧重于经济层面。但究其完整的含义，"发展"最终指向"人的全面发展"，是包括智识信息模式、愿望信息模式与情感信息模式在内的人的多结构信息系统的发展，是精神生命的成长。这里所说的网络也不仅仅是指具有共同

---

① 此处对于作为研究对象的合作组织的限定语是重要的。应该看到，自 2007 年《农民专业合作社法》出台以来，出现了大量以套取行政资金为目的的空心合作社，实质由个别大户控制，偏离了合作社社区性和小农户利益指向，并实际造成"压缩普通农户利益"。参见农民专业合作社法实施十年，民主与法制网，2017 年 4 月 19 日，http://www.npc.gov.cn/zgrdw/npc/lfzt/rlyw/2017-06/26/content_ 2024386.htm（最后访问日期 2020 年 11 月 15 日）。

② 发展型网络的其他类型还包括以民主管理、经济参与、承担村庄公共事务等为特征的新型集体经济组织等。

③ 梁漱溟乡村建设中心举办 2016 年综合性合作组织案例研究营为本研究提供了社区合作组织案例的梳理和筛选工作。此案例筛选由汪维行提出，编入时笔者做了必要的修改。梁漱溟乡村建设中心及其前身在过去近 20 年的时间里致力于推动中国当代乡村社会综合性合作组织建设与农民教育工作。

体性质的农村聚落或协作组织，而是指向一切符合有序性原则推论的人的网络态联结方式。在整体层面，其展现出系统理性、整全多维的发展观；同时，在构成层面，具有自我学习、协同变化能力的组分，通过互为增能的网络设计，实现差异化最优的发展。而将组分联结成整体的，是系统各层级的广布性、交互性和多样态信息处理系统及其外化的制度形态。

第一节　信息模式、组织成型与乡村文化重建

纳入本研究视野的综合性社区合作组织，从其发展历程的自主程度可以大致分为抗压型、外推内合型、自主发展型。其中抗压型社区合作组织的早期凝聚力和组织基础，与过度税费压力下形成的群体性农民上访自组织有很大关联，一些综合性社区合作组织的早期领导人和骨干本身就是曾经的"上访精英"，而抗税自组织内部紧密的人际信任，事实上支付了合作组织早期成立的信任成本，或者说一种特殊的社会势能被综合性社区合作组织吸收。从上访组织蜕变为乡村建设性组织并非偶然。

参与早期综合性合作组织支持工作的白亚丽认为："新世纪第一个十年的中期，……基层矛盾与群体性事件大幅度减少，当初曾经的上访农民精英在乡村的身份以及其所代表的农村内部的利益诉求群体的角色在新形势下势必有新的转化。与此同时，在无法逆转的以城市区域发展为核心的现代化背景下和在以强势精英为主体而构筑的发展主义话语下，农村赖以发展的资源通过本质上不公正的制度设计被源源不断地吸取到城市和强势部门，农村的发展危机呈现的是人才、资金、基础设施等资源的多重瓶颈和困境。农村社区的主体在三十年的农村改革不断去组织化的过程中对所有外部交易主体和内部治理需求都呈现出的高度分散的原子化状态，其结果是庞大的小农群体无力抵抗强市场的介入和对接政府对农村的支持政策。

在这样的形势下，无论是关注社会民生的青年知识分子抑或是在税费冲突中所凝聚的农民精英，都会努力探索新的实践方向和内容，而这本身也是从历史中寻求经验的过程。新乡村建设运动的开始就是以青年学生动员村民重建农村文化为切入方法并试图通过恢复合作文化进而推动农民组织化的一系列探索。"①

合作组织转型的方向，往往与其可动员的既有资源结构和成员构成有关。早期抗争型组织，成员多以老年人为主，虽然大家都有在经济发展上干一把的想法，但面对种种不确定前景，结构转型期的初期组织大都经历了或长或短的犹豫期。

组织的自我创新的爆发期，往往是在其发展空间的临界地带产生。因此自组织现象②可视为一种相对无序和混乱状态的，具有明确边界和内部结构的能量与信息集合形式，也就是说将组织视为一种确定性。犹如在一个充满了各种样态能量和信息的空间内部，自组织的每一步发展都是将无定向的低质能量、信息转换为组织有机构成的过程。它需要寻找、甄别、吸纳这些能量和信息。而这样的寻找、甄别、吸纳过程中最激烈的部分就发生在组织的边缘地带。

不同组织的信息处理系统（"内在序"）决定了其寻找、吸纳外界自由能的方式差异，这样的方式差异表现出不同的组织样态。在高级的组织层级中，这样的样态展现为特定的组织功能。所谓"组织功能"可看作组织与外界空间之间的一种反馈结构。当组织与外界无法形成稳定持续的反馈，组织要不做出功能方向上的调整，要不就会自行分解、重回无序。这就在其发展时序上形成了一

---

①　白亚丽、吕程平：《蜗居时代的乌托邦——当代青年的乡建运动》，《文化纵横》2011 年第 3 期。

②　伊·普里戈金（Ilya Prigogine）和伊·斯唐热（Isabelle Stengers）指出，自组织化过程，如湍流的形成，是属于分子热运动的那部分系统能量逐渐传递给宏观的有组织的运动。参见［比］伊·普里戈金、［法］伊·斯唐热：《从混沌到有序：人与自然的新对话》，曾庆宏、沈小峰译，上海译文出版社 2005 年版，第 185 页。

个边缘体，或者称之为"临界区间"。正是在这样的临界区间，组织将最大化其信息和能量的搜寻和处理能力。D. G. Green 等指出，"临界（状态）增强了复杂自适应系统适应环境变化和高效利用资源的能力"。

从另一个角度讲，每一种组织功能的实现，由其内部看又是制度通路得以建构和运行的过程。由此，**功能现象与制度现象实际上是一类过程的对外与对内两种视角的观察结果。功能所要完成的是组织的某一外向广义社会资源的回馈相应，制度是任一功能组分内部广义社会资源生产、配置、输送、储存机制。外部功能的实现，有赖于组分内部浓缩信息、权威资源、物质性资源以特定组合在特定流向、流速和频率下的交互运动。**

一、信息模式建设

观察基层社会组织创新与制度创新，初始推动者长期的实践与思考沉淀，为社会创新提供了核心信息模式。这些构成制度创新内核、改变微观主体行为方式的信息模式，当然并非推动者闭门造车、凭空构想。考察每个具有创新意义、与实际紧密切合的信息模式的产生路径，基本体现了一种内在信息模式建构的开放性。这种开放性既体现在信息模式持续对外在信息的吸收和转化，也包括与环境变化、实践进展之间的交互性。

长期推动吉林梨树地区社区信用合作的姜柏林，因在中国人民银行四平分行工作，他利用工作便利长期从事农村金融政策和合作运动研究，在 20 世纪 90 年代末期就对"恢复农村信用合作制做了深入思考"，通过对基层农产品市场和农资市场的考察，他逐渐认识到只有农民组织化，才能使其摆脱被市场盘剥的处境。其间，一次建设农民服务组织的尝试，让姜柏林更深切认识到农户现金支付能力的缺乏，直接促进了"合作经济模型"的成形，其 1999 年撰写的《21 世纪中国农村合作经济模型》中勾勒出后期创设资金互助的基本思路：以农民合作组织同农资厂商议价，形成了消费积累转变为合作社社员股金，从而推动合作组织进入信用和生产领域。

而对于处于"转型犹豫期"松散的抗税组织，其早期的"信息"和"能量"注入，则与外界乡村建设力量的推动有关。一种通常的方式是通过培训，促使群体心智模式的拓展。培训可以视为集中化的信息输入和心智模式内部建构过程。本研究聚焦的有着较长时期发展历程的社区合作组织，在其发展的不同阶段，合作社骨干都参加了不同主题的由外界推动力量（多是面向乡村振兴的公益社团）操持的培训活动。培训内容涉及乡村建设理念、农业与农村发展的新动态、具有典型价值的案例和做法等。特别是合作组织发展早期的培训，给合作社骨干极大的震撼和触动。这样的培训往往是密集和半封闭的。培训结构由外界推动组织，根据培训主题设计，并根据各板块需求，邀请有实践经验或有相关研究成果的学者做讲座。持续多天，各路专家学者对包括综合性合作组织价值性信息、组织模式性信息在内的理念的持续灌输，具有相似经历的学员之间的分享与交流，都强化着参与者学习过程。

这样的学习活动，不论综合社区合作组织具体形态如何，抑或所处任何阶段如何，都是非常重要的浓缩型价值信息输入。组织作为一种构建远离热力学平衡状态的尝试，保持信息与能量的开放性状态是其存在的基本前提。因而需要持续从外界获取特定指向的浓缩型信息，完善组织内部建构能力，应对环境变化。

第二种形式是综合性合作组织持续进行的自主学习机制。在本研究考察的社区自组织案例中，通过自主性学习建立、强化组织内部共享的信息模式，是颇为常见的做法。吉林梨树闫家合作社早在2004年就提出建立"学习型合作社"，成立学习互助小组并带动家人学习；蒲韩社区农民协会更是建立多层次定期学期机制，合作社法、政策取向、生态农业知识或更具有通识性知识谱系都成为协会骨干带领小组成员学习的经常内容；简阳市新天地水稻种植专业合作社成立的第一年是各种学习活动最密集的时期，除了关于水稻生态种植技术方面，传统文化知识、礼仪知识也是合作社推动者们热心的课程；在这些合作社，每一个来参观调研的学者、官员、同行，都会被"雁过拔毛"，给社员做讲座分享新知和见识；同时，利用各种途径举办学习班和外出考察。在初始阶段，自组织的信息模式大多只有一个大致的架构，粗略界定着组织的功能与价值，而且此时信息模式的分布也极不均衡。组织的小部分核心成员是信息模式的主要掌控者，大部分社员仅有懵懵懂懂的认同，或根据既有的经验理解新组织的意义及与自身的联结。新生的社区合作社需要通过持续的信息交流与广布，建构、明确组织信息逻辑系统。

在组织化过程中自主建立的学习空间，其信息模式塑造作用、组织定位作用与社区参与作用是合一的。在蒲韩社区的实践中，社区学习的方式并非中规中矩，辩论会是经常使用的形式，辩论的话题则与社区生活密切相关——也折射或预示着社区自组织未来的定位，诸如"家庭矛盾是谁的责任?""环境卫生重要还是赚钱重要?"。埃莉诺·奥斯特罗姆（Elinor Ostrom）在对世界各国公共资源使用案例进行考察的基础上，强调在维持制度持续性和保证世代遵守方面，要"让绝大多数受操作规则影响的个人应该能够参与对操作规则的修改；要有低成本的地方论坛，解决成员间的冲突"[1]。进言之，只有组织内利益相关的成员，能够通过参与公开有效的辩论、争论，进而认识到新组织信息模式或规则是在更高水平上符合自身利益的，这样的规则指定和执行才具有现实意义。

第三种信息模式建设方式则与更富感召力的动员活动有关。致力于乡村建设的公益团体，与高校涉农学生社团合作，支持经过前期培训的大学生利用假期到农村从事支农支教和文化宣传活动。这

---

① ［美］埃莉诺·奥斯特罗姆：《公共事物的治理之道——集体行动制度的演进》，余逊达、陈旭东译，上海三联书店 2000 年版，第 8 页。

是通过学生群体到村落，进行文艺动员、文化更新等活动。20 年前，大学生往往还带着某种光环，开拔到农村的大学生社团支农队伍，在寂寞多年的村庄，实在是新奇的景象①。虽然不如专向培训来得深入，但其作用是在村庄形成一种新的舆论和文化氛围。北方很多村镇在集体公社解体后就再也没有以村社为单位的群众文艺活动。静寂了 20 多年的村子在一群娃娃的带动下一下子热闹起来。"评选十佳儿媳""成立腰鼓队、秧歌队""节日文艺联欢"等活动，在很短时间里在村社内形成了一种大家都可以参与的公共空间。相对于在抗税期间，村中紧张、仿佛冲突一触即发的氛围，文艺活动形成的公共空间是柔性的、容易被接受，并在人群中渲染和发酵的。这样的公共空间，很多时候表现为舆论评价、社会心理，或是托克维尔所谓的"民情"。然而正是这样无形的社会心理空间，却形成了组织和制度得以运行的信息模式基础。事实上，不仅是上文所提及的高质能量的聚集会形成社会空间的扭曲，被一定社会成员接受的信息模式形成，也会形成文化场域。每个村社中的个体都可以被视为在特定的文化场域中的行动者。而文化场域规制着内在的社会结构运行所依赖的基本规则，并形塑着其中的社会行为。

农民组织化作为一种新的关涉集体行动的制度实践形式，其在普遍的、个体化的农户行为模式间产生、发展，依赖于群体间新信息模式的发育，而这里所说的新信息模式的发育，在根本上是不可能脱离社区内部既有信息存储与交互网络的，社区合作组织诸多实践得以存在的社会信任是植根于上述信息网络，并对其加以适用性改造。而外来信息模式的注入，更是需要借助于社区内部的人际网络。此种人际网络一方面是智识信息—愿望信息—情绪信息的储备；另一方面，则是相互之间人际力的网络。外来的信息只有借此，才

---

① 直到近期，虽然已经过去了近 20 年，笔者访谈一些社区合作组织早期骨干时，她们印象最深的仍然是学生支农社团住在农户家里，组织文艺活动的记忆。

可能与社区内部信息网络和人际力网络对接，从而对社区行为模式产生影响。被称为"合作社思想狂人"的姜柏林在世纪之交，在吉林的乡野之间推行他的合作社构想，但碰壁的事情十有八九，原因很简单："老百姓不认识他，认为他是骗人的。"[①] 而其信用合作社思想能在闫家村落地，要归功于他的亲戚姜志国。姜志国是本村人，村民信任他。

二、在地网络的不可通约性

一些自发产生的合作组织在创立初期，一直保持在较小范围内，形成了较为紧密的小范围合作。发起于联合卖羊的闫家村合作社，从2003年到2005年一直维持在8家农户。小规模农户有显而易见的好处，基于之前的信任基础和共同行动，更容易对合作发展方向达成共识；信息沟通充分，方便监督，防止机会主义行为；由于每家农户规模接近，更容易形成民主管理，防止大户控制。早期核心合作团队，事实上承担起制度探索成本，适合一地的合作模式和合作领域，是一种新生的信息模式，是外来理论化信息与在地信息在实践中交互重构的产物。这样的知识，无论是对于从来没有自组织经验的农户，还是外来的学者、专家等对于合作事业的推动者都是未知的。对于初创期的合作社，适切的合作社运作模式的形成，是在试错中实现的，或者说，是根据环境反馈调整组织的功能构型，寻找或创立属于这个新生组织的生态位。一个有着持久生命力的自组织形态，是环境特征与组织成员共同塑造的结果。正是这样与环境的交互过程，不断充实着组织的集体"知识库"，形成了组织成员的共同经验。如果不能有效控制组织试错的范围，那些低适应水平的策略，可能让组织在开始阶段就一蹶不振。先期核心团队较密切交

---

① 俞宏霞：《咱老百姓自己的"银行"——梨树合作金融发展记录》，参见温铁军等编著：《我们的生态化：二十年转型辑录》，东方出版社2020年版。

往水平和较高的信任水平，提供了一种应对模式探索失败冲击的韧性之网，或者说组织面对外来冲击的修复能力。即使在合作组织扩展阶段，由核心成员构成的内部韧性之网，依然在某些关键时点发挥着重要作用。

由于在地化组织所面临的内外复杂性，社区自组织的信息模式也不太可能通过外在者提供的宏观性理论架构或抽象化原则推演获得。从外部来讲，一地的资源禀赋、优势产业基础、区域市场特征等制约着在地化组织的功能路径；从内部看，组织成员的技能储备、集体记忆、信任水平等，塑造着组织的可能性边界。特定时空农民自组织适宜的形态、制度设计和组织文化是以上两方面历史的相互作用的产物。概略地看，抽象的、自洽的原理性的知识与关于在地组织的可适性、操作性的知识，具有某种受制于多元隔膜的不可通约性。后者不可能通过前者的迁移、化简而自然产生。实践中指导着发展型网络的信息模式，不完全是老生常谈所谓"新与旧的杂糅"，而是依靠着一种**社区未曾有的见识，打破了束缚在旧有信息模式构成要素上的"茧"，让智识信息的各个单元在新的结构中重组，让愿望型信息敢于憧憬一种未曾体验的生存的可能，让被压抑的情感型信息迸发出一种前所未有的活力**。它不再是学者书斋中的冥思苦想、不再是文人的孤芳自赏、不再是冠冕堂皇的决议或城市人的幻想，它也不向"在地知识"、惯常认识和"狭隘经验"屈服，它是尊重的它是开拓的，它是谦逊的它是骄傲的，它是被塑造的它是自我创造的，它活生生地流淌在一个新生社区合作组织每个构型中。

2006年到2007年，合作社法出台伊始，寨子村核心成员在一家公益机构的支持下，来到北京接受了非常规范的合作社培训，回到村里就搞了七个合作社，如蒸馍合作社、涂料合作社，结果这些严格按照《专业合作社法》成立的合作社不到一年就纷纷以失败告终。经过一年痛苦反思，郑冰她们体会到一件事情：急功近利地成立合作社，是以经济利益作为唯一的考虑，放弃了她们之前将文艺娱乐、生活需求、农民组织化的综合手法，"城市人把城市的发展方式带到农村，城市的发展方式和农村的发展方式不是一种概念。城市的发展，所有都按非常细的流水线的标准化，可是在农村，本来生活和生产是融为一体的"①。

三、起于文化突破的基层社会创新

马克思说："理论一经群众掌握，也会变成物质力量。"② 美国学者戴维·S. 兰德斯认为，国家的进步与财富的增长，首先是体制与文化③，其次是钱。但从头看起，越看越明显的决定性因素是知识。历史学家汤因比认为，人类的关键装备不是技术，而是他们的精神④。哈肯则认为，身体与精神终究是相互依存，序参量就是我们的思想⑤。

人的行为具有改变物质世界的能力，而那些改变既有的能量利用方式，产生更大效益⑥，或摆脱现有条件束缚提升生存概率和可行能力水平，或改变生活现状提升人类精神状态，满足更高层次需求的行动，则具有突破性创新意义。这样的行为具有涌现的特征，或者说具有了"底层次所没有的特性、功能"，并具有非加和属性，即不能通过低层次的属性、功能累加实现。乌杰认为，涌现机制是世界多样性的基础，是系统自我优化、自我创造、自我适应的根本属性⑦。具有涌现特征的创新性人类行动的产生，本质上在于一种新的信息模式激活了分布态的理性智能系统、情感状态系统和愿望本能

---

① 引自 2017 年郑冰在清华大学社会学系的演讲，引入时有整理。笔者认为，这位农村妇女的普通话语中蕴含的哲理，实在胜过很多长篇累牍的论述。

② 《马克思恩格斯文集》第 1 卷，人民出版社 2009 年版，第 11 页。

③ ［美］戴维·S. 兰德斯：《国穷国富》，门洪华译，新华出版社 2010 年版。

④ ［英］阿诺德·汤因比：《历史研究》，郭小凌等译，上海人民出版社 2016 年版。

⑤ ［德］赫尔曼·哈肯：《协同学：大自然构成的奥秘》，凌复华译，上海译文出版社 2005 年版。

⑥ 乌杰：《系统哲学之数学原理》，人民出版社 2013 年版，第 29 页。

⑦ 乌杰：《系统哲学之数学原理》，人民出版社 2013 年版，第 27 页。

系统，从而形成了新的、持久性、指向外界环境改变的行为模式。最开始，只是极少数个体的新信息模式萌芽，而具有社会创新意义的变化，则需要更加被群体广泛接受的信息模式的出现。

吸引子是指一个系统的时间运行轨迹渐进地收敛域的一系列点集，是系统在不受外界干扰的情况下最终趋向一种稳定的行为形式。斯泰西认为，吸引子可以分为"稳定平衡吸引子"、"不稳定吸引子"和"奇怪吸引子"三类，特定的控制参量往往决定着系统运动的类型①。在社会系统中，作为一种共享的信念信息模式及其行为表现的文化是一种控制参量，真正的微观社会创新的出现，可以从打破一种文化控制参量开始。

山西永济蒲州镇农民协会（注册为山西永济市蒲韩种植专业合作联合社，以下视情况简称蒲韩社区或蒲韩社区农协）有着 20 余年的发展历程，目前为周边两个乡镇的 43 个村的近 4000 农户提供生活和生产方面的服务②，占所在区域农户总数的 60% 以上。协会还为其骨干会员的近万亩耕地实行有机转化，从下种、施肥、耕地、技术指导、资金互助到产品统销一条龙服务；合作社内部按照国家规定内设了为社员服务的资金服务部门并实行统一管理。目前，该协会已经形成了集供销、信用、生态农业、农机推广、社区商业、社区福利、村容环境、文化教育等经济、社会、文化等功能于一体，服务内容涉及农业技术培训、土壤改良、农机耕作、日用品统购、农资统购、农产品统销、合作金融、老人互助养老、农耕乡土教育等 X 项目的新型农民合作组织。基本实现了用经济事业的盈余补充社会事业，通过社会文化事业来巩固经济合作事业，形成了经济事业与公共服务事业互助互补的综合性农民合作组织的格局。

---

① ［英］拉尔夫·D. 斯泰西：《组织中的复杂性与创造性》，宋学锋、曹庆仁译，四川人民出版社 2000 年版，第 48—49 页
② 《山西蒲韩乡村联合社实践：创造乐在其中的森林社区》，澎湃新闻 2019 年 9 月 24 日。

蒲韩社区农协最开始起于村里妇女"想像城里人一样"跳舞的念头，并未有更宏大的构想，也没想要成立"合作社"。然而，即使是如此简单的想法，仍要突破村中无形的"文化压力"，最开始连练习跳舞一个下午，几乎是在村里人的围观、讥讽中度过的。这种"文化压力"如此明显，以至于带头人郑冰不禁产生了疑问："我就很难理解，打麻将没有人笑，**那么多人围观赌博没有人笑，为什么跳一个健身秧歌就造成那么多人笑**？"绝大多数的基层自组织尝试，会像池塘中涌起的水泡一样，在一种被锁定的文化、资源和制度环境中，自生自灭，转瞬而逝。蒲韩社区一位骨干曾这样表示，"过去这么多年走的每一步都是在与各种流言蜚语和农村各种恶势力斗过来"。就当下情形来看，在这样的环境锁定中，文化的锁定是最为分散而薄弱的，毕竟唱歌跳舞不涉及利益分配和制度格局。在永济蒲韩社区的案例中，发起人特有的个体愿望信息模式发挥的作用即使在初始阶段也能有所展现。最开始跳舞的 6 名妇女最终坚持了下来，到了一个月后，已经有 80 多名本村妇女参加跳舞，而在之后不长的时间里，在寨子村的影响下周边 43 个村有了妇女跳舞小组——这与后期经济合作的延伸范围高度重合。虽然还会有人说"这群人是邪教的"，但村里的旧有文化阻力已经不会对这个新兴文艺自组织活动构成太大威胁。这种文化阻力，源于一种村社内共享的行为范式：应当做什么事情、不应当做什么事情，其形成于村社与外界长久的互动过程，并经由民众在日常生活中持续习得并强化。甚至置身于其中的人，在平时都很难说清楚其究竟是什么，而一旦行为稍有破格，则立刻会感到无形的阻力。

跳舞有声有色开展了一段时间后，寨子村的第二项活动是"收垃圾"，同样是源于细微间的"无心之举"。想跳舞的念头是在城里街头上看来的，要"收拾村里垃圾"则是因为来观看跳舞的北京老师的一句"村里垃圾真多啊"。长久以来，在中国农村地区（其实不只是在农村），形成了一种如此根深蒂固的观念，但凡有一点具有公共属性的事务，都该是政府及政府的延伸机构——村两委来负责。全责型政府的另一面，是民众自我服务意识（且不说"能力"）的极度萎缩。我们知道，城市社区很多看起来很美的"社区治理"案例，其实往往得到各层级政府背书与集全域合力的资源投入。因而，蒲韩社区"收垃圾"倡议一经提出，得到的来自"文化势力"的反馈是可以预料的："这是村委会该做的事情，为啥我们来做？"这样的反应如同跳舞遭遇的"冷嘲热讽"一样，无外乎是试图恢复系统吸引子状态的负反馈。郑冰她们所遇到的吸引子，是一种"稳定吸引子"，或者说是系统处于基本静态状态下，系统的所有运动轨迹趋向于一个单点集，或周期圆环吸引子，并呈现为一种十分有规律的、可以预测形式的原型行为。

对文化控制参量的突破，起于文化势力的边缘地带。这里所说的边缘，并非文化地理意义上的，更强调一种"对特定文化范式的接纳性程度"。那些个体的信息模式与特定群体文化信息模式存在程度性递减或质性差异的情形，即可认为是一种"边缘"。而当这样的差异化的个体信息模式，与个体动员能力和威望相重叠的时候，一种新的文化信息模式的产生就具备了重要条件。在一起跳舞中形成的几位核心成员的想法直接而明确："垃圾不是村委会放的，为什么要村委会来收拾？"

其实，这些逐渐形成的"核心成员"应该庆幸对村社"文化"势力的挑战始于唱歌跳舞而非"收垃圾"，正是在唱歌跳舞中形成的人际联结、威望和动员能力的锻炼，让这个社区已经与那个坐看"城里人热闹"的社区有所不同。"我们开了动员会议后，向全村发出倡议书，全村245户，198户都参加了，用了3天时间，把村里的垃圾收拾干净"，这还不算，她们又趁热打铁把村里路修了，并成立了村民理事会，并从村子8条巷道的居民中选举了24名理事会成员。需要注意的是，虽然在此时寨子村的实践已经受到当地政府的关注和一定程度的肯定，但如上活动仍主要为村民自发组织。郑冰将这次公共服务的成功，归结为"几年跳舞形成的凝聚力"。但这用语高度日常化的所谓"凝聚力"究竟是什么呢？几年来持续地交往、互动、共同活动，使得社区内部形成了一种人际的有特定可辨识方向的、可预期的力，而这样散布于社区内部的人际力，之所以是"有特定方向、可预期的"，是由于一种共享的信息模式的存在——即使目前仍然是较为模糊的。这样的人际力持续几年的持续自组织"做功"，所产生的内能量，逐渐将村社由低级的内稳态向高级的"内稳态"转变。

农民自组织化，作为一种涌现，其突破了旧有环境的闭锁，呈现出个体层面不可能出现的功能。正是这样更高层次功能的出现，使得个体在离散化分布时，难以发现和发展的潜能被激活。永济几百名妇女跳了两年舞蹈，让组织者郑冰感受到"农村有的是人才"，那些整日围着锅台、孩子转的农村妇女不仅发现生活原来还可以如此，更发现自己原来还可以是组织者、领导者，在跳舞过程中涌现的核心成员，在之后近20年的村庄发展历程中，一直是社区的骨干力量。

需要注意的是，上文记述的另一层实质是，黄河边古蒲坂的普通农户们一次自组织的精神生命的成长。正如第一章记述的，精神生命关乎个体被认可、被尊重、被欣赏的快乐，关乎创造的自我实现，也关乎生命意义的探索。本研究认为，生态文明于"人的发展"的意义是，作为多重信息结构互动态外观的精神生命的成长。其与此处考察的在当代乡村建设中涌现的综合性社区组织的联结在于，农户经由发展型网络在一定程度上突破了经济层级、社会阶层、文化积习等对人类发展水平的限制，即使是处于"底层"的民众也可以憧憬并有尊严地实现多重信息结构定义的人的全面发展需求，也可以通过参与到差异化最优的网络结构中，有机会将自身能力特质结合于创新性事业。"创造的快乐"和"自我实现感"不再是少数处于较高财富和权力阶层人群的专享。也正是在这个意义上，虽然是

"起于青蘋之末"，虽然多是兴起于民间，规模尚小、虽然尚有诸多的不尽如人意，在中国阡陌间开展的农民自组织尝试闪烁着更高文明形态的光亮。

四、内稳态与信息共享模式

"内稳态"由法国生理学家贝纳德（Claude Bernard）发现，是指生命组织的内环境在外界变化时能保持稳定性，"内环境的稳定性乃是自由和独立生命的条件。一切生命机制不管怎样变化，只有一个目的，即在内环境中保持生活条件的稳定。"美国生理学家 W. B. 坎农，则认为内稳态也适用于社会组织①。总体来看，内稳态有两种层次，一种是较为低级的层次，体现为一种"本能性"的回复性，即当组织系统偏离某种平衡时，通过一种负反馈机制对目标值回复和纠偏。第二种则体现为更具智能的目的趋向性，此时组织系统能够根据内环境交互动态确立、调整目的，并通过对内部组分的调整适应新的目的性，以保证在新环境下的生存概率，这使系统获得了一种动态学习机制。以人类组织系统而言，是否具备高级内稳态机制的关键在于，组织内部信息逻辑系统的成形。需要注意的是，一个具有智能化发展能力的组织系统，其信息逻辑系统的边界应与组织系统本身的边界高度重合，或者说，在这种情况下，"信息逻辑系统"的成形，并非指组织系统的环境资源识别与环境干扰应对能力完全依赖于某个信息处理的中心内核，而是广泛分布于系统的各个组分和个体。当系统内部组分与个体在不同程度上具备了系统核心信息的共享、识别与能动应对能力，一种高级的内稳态才可能真正实现，而这种情形，也可称为组织系统内部共享信息模式形成。

组织内部的共享信息模式形成。没有共享的内在信息模式形成，人群的集合是不能称为"组织"的。很大程度上，信息模式的发展

---

① 金观涛：《系统的哲学》，新星出版社 2005 年版，第 171—183 页。

程度、被成员的内化程度，决定着组织内稳态的实现程度与组织功能的实现程度。而这套组织信息模式中最核心的部分是对组织目的的界定。与简单生命体局限于特定行为模式的目的性不同，人类社会具有从初级组织形态向更具复杂性学习、调节、适应模式的组织系统演进的能力。而要实现这样的演进，组织系统信息逻辑系统是否能在内外环境的交互过程中实现迭代升级尤为重要。一个人类组织，其形态可以自始至终是定时聚散的"广场舞小组"、因各种时兴议题引发的讨论小组，或在中国漫长传统历史中周期性消长的流民抗争队伍。基本上，可以不费力地发现这些初级人类组织内被大多数成员认可的"信息逻辑"——虽然在这种情形下是有点堂皇的说法，大体只有简单的信息回路："跳舞很高兴""对议题感兴趣""受不了了，要反抗"。此时的信息回路如此原始而模糊，事实上，如果不是有研究者好事去主动探询，大部分组织参与者根本不会想要将其概括出来。

马克思是对的，"理论一经掌握群众，也会变成物质力量"。这里的理论，首先是指一种更复杂和"彻底"[①]的信息逻辑系统。而这里"被理论掌握的群众"或"掌握了理论的群众"（这两种说法其实有着相当不同的延伸），无论如何已经不是初级组织形态意义上的"群众"。

提升组织系统信息模式的一种方式是主动的内部学习，在本研究涉及的农民自组织案例中，集体学习活动成为重要的团队活动。在蒲韩社区常驻研究者的一个感受是，"这里开会真多，外出学习、考察回来的人，来参观的老师、朋友都要给大家分享"。在组织化的开始阶段，这样的学习空间，同时也是新旧两种信息模式较量的空

---

① 引自马克思《〈黑格尔法哲学批判〉导言》。原文为：批判的武器当然不能代替武器的批判，物质力量只能用物质力量来摧毁，但是理论一经掌握群众，也会变成物质力量。理论只要说服人，就能掌握群众；而理论只要彻底，就能说服人。所谓彻底，就是抓住事物的根本。但人的根本就是人本身。

间，属于社区旧有的文化模式和属于初级组织的文化模式都会或明或暗地阻挡新的信息模式成为主导力量。组织内部一些个体会成为旧有信息模式的代言人，此时组织的核心成员的个体信息模式（智识信息、愿望信息、情绪信息）能否转为对互动空间的指引、操作和管理能力，从而掌控文化交锋的方向至关重要。唯有如此，一种新的组织内信息模式才可能逐渐形成。观察人类历史进程，我们都不难发现核心人物在组织转型关键期的扛鼎作用。某种意义上，可以将此核心人物视为自我扩张的信息模式的人格化。1806 年 10 月 31 日，黑格尔在给朋友的信中，这样描述从窗口看到征服德国的拿破仑巡视全城的景象："我看见拿破仑，这个世界的精神，在巡视全城。"他将拿破仑称为"马背上的世界精神"，认为其不过是"世界精神的代理人"，他们的活动不只是完成他们的特殊意图，而是完成世界精神的目的。[①]

五、社区公共服务

(一) 做熟"社区"

对于农村诸如垃圾处理、环境清洁、养老护理、儿童启蒙教育等公共服务，无论是学界还是政策界，更倾向于以"项目制"的方式去思考实施办法，政府购买服务、招标或引入外部服务供给机构都是惯常的做法。这些方式无疑从短时期看似乎是便宜的（和村民之间的交易成本最小）、高效的、立竿见影的——尤其对于应付层级化的"检查"而言。这种项目制的公共服务方式，本质上是一种外向的功能循环，是将特定的公共服务独立于社区本身。在政府购买服务的情况下，实施主体、购买主体与服务对象各自相对隔离，特别是在一些具有政绩属性，或满足"上级要求"的公共服务方案的

---

① 贺麟、王玖兴：《译者导言：关于黑格尔的〈精神现象学〉》，载黑格尔：《精神现象学》，商务印书馆 2017 年版，第 5 页。

设计和实施上，本来应为这些"服务"直接利用者的社区民众，其真正需求和参与却是最为缺位的。这就使得一方面，政府需要投入巨量资金、人力或兴办、维护各种工程，或应对各种新政策要求；另一方面，民众却成为冷眼旁观者甚至奚落者。而更深层次的思考线索则是，过度行政化或项目式介入，事实上削弱着社区内在自组织能力，或者使其根本无从发育。而这样的能力，实质上是任何学界热衷讨论的"参与式治理""基层民主""基层活力"等制度架构或设想的真实基础。没有通过广泛的自组织活动发育的、体现公共精神和参与意识的信息模式与自主能力，那些舶来的制度只能是无源之水、无本之木①。

在一些基层社区发展案例中，可以发现另外一种基于整体观的基层公共服务的提供方式，不孤立地看待社区公共服务供给，而是将其置于社区整体发展的图景中。著名导演科波拉（Francis Ford Coppola）说自己创造的方式类似于揉一个大面团，有时候会拿点做比萨，有时候会拿点做面包，这样"你磨炼技艺和创作的过程并不是只服务于一个项目过程，而是可以（富于变化地）应用到其他项目上"。整体观的公共服务方式也类似于此，其着眼点是将一个社区"做熟"而并非拘泥于单个项目。

事实上，在初始的几年里，蒲韩社区的农民自组织没有开展任何功能性经济活动或公共服务，而是通过文艺活动、道德评选、辩论赛、集体学习等，希望形成新的文化信息范式和行为评判氛围，从而一种更基于独立、自主人格的个体合作信任互利的价值理念也逐渐形成。

这样的文化、学习活动，为组织功能性活动的开展和后期组织

---

① 2015 年 8 月笔者在参加一次社区合作组织的培训期间，发了这样一段朋友圈："从敢站起来发言，到拉着姐妹去敬老院演出。从学习开会，到组织合作社种生态菜蔬。来自阜阳农村的刘姐说，妇女不该只是带孩子。那些宏大叙事中家国的真实进步，总该发端于阡陌间个体精神自觉。"

结构复杂化提供了几方面的准备：

首先，以更加自主精神准备进入公共活动中的村民，开始有意识并有机会重新审视自己的生活，开始思考日复一日生活的意义，不愿浑浑噩噩做生活的奴隶，开始思考什么样的生活是更值得过的。既往的一切，不再只是必然接受和一成不变的，她们已经隐隐觉察到自己拥有改变的能力。对自身的觉察和意识，是使一切社会集体行动成为可能的出发点。正是在公共生活中，"自我服务、自我管理"不再是一个空洞的倡导，它甚至可以自发地从觉悟的民众口中说出来。终于有妇女开始提出，"我们整天跳舞、学习，是不是也能做些事情？"这样"想做些事情"的感触、想法，不是任何人事先抛给她们的，而是自然而然的偶然与必然。如果是在几年前，她们中的任何一个人想也不会想到这样的提议；如果是在几年前，这样的话语一旦在人群中被提出，一定会被奚落、嘲笑或鄙夷。而这次，在公共生活中更加勇敢和自信，并愿意和学会相信同伴、欣赏同伴的农村妇女们没有"奚落、嘲笑或是鄙夷"，大家开始一起思考究竟能做点什么。也可以说，这是一种前于"社会资本"的精神状态，是一种更加独立、自主，更愿意参与公共生活，并在其中重新发现自我的精神状态。如果没有基于个体自觉的精神状态，社区合作组织所需的、指向"合作—信任—自主—进取"的、作为一种核心价值共享状态的社会资本也就不可能实现。

这里有个值得再次强调的现象，在组织成长初期，新的信息模式往往只存在于极小的范围内，只有在组织系统内部对核心信息模式进行创造、传播、拣选与接纳等步骤，转变为各个构成单元、个体所吸纳和内化的，广布及共享状态的信息态——一种分布于广阔网络中的信息态，才能成为一种组织系统得以成长、复制、进化的准备状态。这样一种分布于组织成员网络中的信息态，是一种相对开放的信息态，是一种有着自主扩展、复制、自我发展内质的信息态。组织系统正是在微观上具备了这样一种信息态，才能在宏观上呈现为一种涌现。

社会资本作为社会势能与共享价值型信息的结合，是组织功能性能力呈现和集体行动展开的基壤，并在日常公共活动中加强。具体而言，通过成员之间的互动，成员彼此间个体信息模式的认知和行为预期，以及基于特定价值指向的信任，在每一次活动中实现增量，并在整体层面上增进组织系统信息水平。

同时形成的还有组织系统内部的权威性资源，这是社会势能的另外一种形态，即核心成员实践中展现的具有领导特质的个体信息模式，组织内部形成对其能力的认定和权威性认定。

先期公共活动还为后期功能性活动提供了群体能力上的准备。一些活动，如辩论、筹备和参与活动等本身就可以锻炼成员的表达能力、逻辑思维能力、组织能力和纪律意识。早在七十多年前，平民教育家晏阳初先生将之概括为"团结力"的贫乏。然而即使在今天，不只是农村，这样的通用性社会能力在中国基层社会仍是极为缺乏。在蒲韩社区的实践中，通过公共活动，不同成员的能力特质得以彰显，一些成员表现出良好的组织工作潜质，在跳舞活动中就被分配到周边村落教妇女跳舞，这样的成员后来多发展为农民协会各个功能组织或外派机构的骨干。而从宏观角度观察，这样的被逐渐"做熟"的组织系统显现出一种分工协作、自我发展、自我探寻、自我修复的整体能力，它不再是由诸多杂乱冲撞行为表现的混乱，而是呈现为一种"类生命"的形态，而其发育出特定功能只是时间问题了。

（二）自主型公共服务的"难题"

在蒲韩社区寨子村由唱歌跳舞发起的妇女协会，用了三天的时间组织村民把村里的垃圾全部清理干净。而这第一项由寨子村妇女协会开展的公共服务进行时，妇女协会的带头人郑冰外出，并没在村里。"有个村子村民义务将全村垃圾清理了"，这件事情很快传开，让市领导们也吃惊不小。然而，此事的更大意义不仅在于此，郑冰在一次访谈中，这样描述当时的情形："全村兴奋得不得了，这个村里立马感觉像穿上新衣服，那个震动太大了！"这是一次精神的更新。我们常说很多基层民众有"等、靠、要"的思想，却很少深入剖析这等精神惰性更深层次的根源。如果能将更多的基层发展自主权和政策空间交给基层，让作为利益相关者的普通民众切实参与到一些方案、制度的设计和执行中，也许一种更具活力和创造力的发展态势将会呈现。

"那个震动太大了"，是什么样的"震动"呢？也许是村民们对自己能力感到震动。这里可以将"能力"理解为特定信息模式参与和指导的、将能量转化为力行实践的水平。这样的能力转化水平，很大程度上是对个体或组织系统信息模式对环境适应程度或生存发展水平的一种表征。特定信息模式与特定能量的结合，形成能力。这次"收垃圾"的公共活动，不是一个孤立的、突发奇想的事情，也不是某个人"振臂一呼，应者云集"。没有几年来寨子村通过持续的公共活动，形成新的社区内共享的信息模式，形成一种新的社区人际间的社会势能，这样自主性的公共服务是不可想象的。而"问题"也正在于此，这样慢慢地将社区"做熟"，形成扎根于社会微细主体和人际网络间的社会资本的过程，需要细致入微的"群众教育和发育"工作，细碎、繁杂，弄不好就陷于"鸡毛蒜皮"中不能自拔。对于迫切需要政绩的基层干部来讲，这个过程实在太慢了，太不能"立竿见影"了。

同样成为"问题"的还有一个更重要的原因，通过焕发社区自主能力进行公共服务建设，太过于"低成本"：依靠"项目制"方式进行基层公共服务供给的一系列制度设计和相关利益主体都可能在某些领域显得不再必要。而这实实在在是涉及利益格局的事情。寨子村借着清理垃圾的热火劲头，成立了村民理事会（后改名为"生态家园建设理事会"），不仅动员村民用很低的成本把村里的道路修了，还组织大家维护日常环境卫生，"那时候（2005年前后）大家都能自觉收拾垃圾，参加义务劳动"。但到了2006年全国开始新农村建设，这个理事会却被"清理"了，原因很简单，上级有了清理垃圾的专项拨款。然而，村内卫生状况并没随着"项目式"公共服务而变得更好，却走起了下坡路。

应当指出的是，虽然由综合性社区合作组织提供的"公共服务"为其他更具经济性的业务提供了有益的社会资本，但前者不应视为单纯工具性的存在。正如前文所述，在本研究中，当代乡村建设中孕育的综合性社区合作组织之所以作为"发展型网络"在中国实践的重要原型，在于其（也许是无意间）对于"发展"意义的扩展。在这些合作组织独特的发展历程中，将普通农民"精神生命"的成长，或者说建设更有尊严、更有智识、更有自信、更加自主表达自己生命的能力与平台，作为合作组织的核心价值信息模式。这也就使其指向一种更为全面的人的发展观。

在南塘合作社创建人杨云标，这位法律专业毕业生、曾经通过集体维权揭露村内贪腐的农民带头人看来，合作社的梦想是每个父老乡亲都能生活得有微笑、有尊严[1]。南塘合作社2009年开始的资金互助业务，面向社员的贷款利息成为之后合作社运作重要的收益来源，而合作社也通过多种股权设计（养老股、资格股、流动股、成员股），一方面，"增强老骨干的向心力"，另一方面在村社内部发展其影响力与认同感。相对稳定的经济收益与社区影响力，也成为这个合作自组织实现其"梦想"的高质能量。经过20年的发展，南塘合作社由"为民鼓与呼"的维权组织，逐渐成长为社区民众生活的综合载体。这里有敬老文化节、为60岁以上的老人集体过生日、为平民举办追悼会，合作社利用自有设施推动亲子阅读节、乡村图书馆、耕读讲堂等项目的落实，由小朋友志愿者管理图书、维持纪律，还每周

---

① 杨云标：《古老土地的光明梦想》，《南塘合作简报》2015年10月。

派人去本村小学组织读书活动。合作社还联络外部资源，近年来连续举办"大地民谣音乐节""南塘好声音""广场舞大赛"、纪录片放映节等活动，让普通农民成为舞台主角，让农活农具成就情节小品，让民众有机会表达自己的独特的生命。也可以说，社区合作组织为农户提供了精神生命在更高层次呈现与自我实现的机会①。

(三) 社会势能的生产

社会势能包含通过人际交往形成并强化的"人际力"，在社会治理的不同形态中，其可以展现为经常提及的"动员力""凝聚力""权威关系"等形态。这种"人际力"一般并非依赖正式制度形成，其往往为一种基于自愿的行为约束。社会势能与信息共享机制一起形成了正式组织得以运行的内部结构，也就是说，人类社会的正式组织与非正式组织密切地交织在一起。著名的早期组织科学研究者巴纳德发展了埃利希（Eugen Ehrlich）关于法律与社会关系的认识，认为"在人们被社会地组织起来后，所有法律都产生于人的正式的，尤其是非正式的理解"。在巴纳德看来，正式组织与非正式组织不论在哪里都是共存的，非正式组织为正式组织提供了沟通功能，并通过调控服务的意愿与客观权威的稳定性来维持正式组织的凝聚力。按照他的看法，与其说权威是自上而下的，还不如说权威取决于下属的接受或同意。或者说，一个命令是否具有权威性，取决于接受命令的那个人——较低层次群体的共识认同是必需的②。一篇研究"非典"时期基层治理的文献发现，社区积极分子之所以参与社区事务，并非因为可以获取微薄的物质报酬，"更重要的可能是居委会干

① 2018 年 7 月，笔者在南塘调研期间，看到在合作社办公楼走廊墙壁上展示的社员剪纸和绘画作品，记下这样的朋友圈：村里九十多岁奶奶自创作品和社员拍摄的美。每个人的禀赋和潜能是如此不同，我们却总习惯单一的评价。如果没有这样的综合社区组织，这些可能的美终将湮灭。
② ［美］奥利弗·E. 威廉姆森：《治理机制》，石烁译，机械工业出版社 2016 年版，第 33—35 页。

部平时进行的节日拜访、生病看望、年终联欢等，与积极分子建立的基于情感、信任和互惠的人情关系发挥了重要作用"。[①]

不仅仅是基层治理领域，根据对山西、河南等地农村资金互助合作社考察，利用社会势能构建风险防控机制往往在资金互助机构开展业务的初期就开始了。这不仅体现在新成立村级资金互助中心，要求对申请参与中心的准社员进行评估，更体现在一种对群体内部社会势能的加强与再生产机制。如前所述，在乡土社区，社会势能为社会日常生活的必需，是一种未被言明却时刻发挥作用的非正式制度存在。这样的非正式制度存在是松散的、不精确的和难以操纵的。社区合作金融组织的一个基本功能就是对这样的非正式社会势能进行可操作化改造，使之效能增强，适应正式化制度建构，这样的强化过程也伴随着社会势能的再生产。

于农村贷款互助合作社而言，被建构的微型社会之所以能够运行，社会势能之所以得到强化和再生产，在于一种基于"股金认购"的社员制度。村社成员通过资源认购一定数量的股金成为互助社基层组织成员后，一种对互助社贷款资金的认识也随之形成，"大家借款时都很清楚，所用资金是乡亲们的血汗钱，不是依靠权力取得的。在人们心中，公家的钱等于是无主的。欠公家的钱，不会在乡亲中产生道德压力，甚至认为拖欠公家钱的人有本事、受人羡慕。然而，乡亲们的血汗钱到期不还，从心理上就说不过去"[②]。这也就将借贷关系纳入一种社区原本就有的，内在的道德评判和社会监督机制里，并通过入股制度强化了特定小群体内的社会势能。

永济农协第二次尝试在周边村收垃圾的做法也与此类似，农民协会让几个工作人员挨家挨户收两块钱的垃圾处理费。其实，相比

---

① 耿曙、胡玉松：《突发事件中的国家——社会关系》，《社会》2011年第6期。

② 吕程平等：《深度贫困地区农村改革探索：大宁实践》，社会科学文献出版社2020年版，第215页。

于两块钱，更重要的是，在走街串巷中，与村民建立起一个人际联系（相互之间的人际力）。花费几个月时间，在村里反复周折收取微不足道的一两块钱，毋宁说是为了加强一种"力"的不对称性。

"一个月、两个月、三个月收下来，你会发现你和每一户建立的感情绝对是钱不能比的！那你和农民建立的这个关系，所以和农户建立的那种信任关系就是在向一家一户收两块钱的垃圾处理费时建立的，他发现这些年轻人为了两块钱一个月跑一趟，这么辛苦，不容易。这种情感是彼此感动的一个过程，农民被感动的时候，你说什么他都跟着你走，农民不是很难引导。"①

收垃圾当然需要运行成本，但是蒲韩社区农协拒绝了有些村干部提出的，怕去收钱麻烦要直接给补助的做法——我们的基层干部有时候太习惯于用人民币解决"人民内部"问题。农协实质上是期望在实际的人际交互中，重建社会势能，抑或可以说"重建社会"。这些去实际收垃圾费的人，在每一家都要和农户聊上一阵子，"为什么要收这钱，用来干什么，为什么要收垃圾"。当这件事情完成后，收垃圾费用的人，与村里的每户人家都建立起了"人际力"，一种不可见却能微妙感受到的细细的线。之后，"收垃圾费"的农协工作人员很自然成为之后各村推进各项工作的负责人。

六、社会资本与社区自主选择能力

本土优秀的综合性社区合作组织，不仅有意识地利用乡土社会网络，还通过植根于社区的多功能性业务塑造着、修复着、再生产着社会资本。这样一种立足于社会资本再生产的模式，构成了社区合作组织在地化的相对不可替代性。基于这样的在地化优势地位以

---

① 原载于公众号"人民食物主权论坛"，原文为《对蒲韩社区骨干采访实录》，发布日期为 2016 年 8 月 26 日。

及在内源式发展中逐渐形成的具有社区理性的行动策略①，使其有可能将社区主体性保持、社区发展持续性等作为考量之重要因素，进而对不同的社区发展策略予以选择，即赋予往往处于层级化资源与社会机会分布体系底层的农村社区以主体化的选择权利。

国内诸多社区综合合作组织内部，会成立合作金融部门②，其不同于一般商业性农村信贷机构的一个根本要点在于前者的社区本体性，即利用乡土社会网络，实现社区内源导向的③、低成本的、不以营利最大化为目的的运行。蒲韩农协组织合作金融是蒲韩农协的组成部分，而后者则代表着山西永济蒲韩社区地区有着 20 年发展史的农民综合合作实践。正是看中了蒲州农协扎实的农民组织工作，2005 年北京一家商业金融机构提出希望和农协开展小额信贷合作。这项合作在三年内就扩展到了 35 个村子，并创造了无一笔坏账，还款率达到 100% 的惊人成绩。

然而，外来商业信贷公司对利润的追求造就了其偏离社区协会"为农民服务"宗旨的信贷策略。这家公司逐渐提出取消农协农民素质培训部门，将之改造为信贷员培训班、提高利率、对提前还款农户施加违约金、迅速向外社区扩展等一系列举措。农协主要负责人越发感觉到，这与农协合作金融部门成立之初服务农民、增进社区福祉的想法愈行愈远。另外，本来对农协有很强归属感的社区农户，对信贷公司的看法也发生了很大转变——从之前将之视为农协的机构，到将其看作"叛徒"。在社区活动中，一般社区成员与原本来自农协的信贷员分成了明显的两拨。这都显示出，不同的发展策略在

---

① 吕程平等:《共同体理性的重建与新经济社会学范式》,《学术探索》2017 年第 8 期。

② 在不同的应用场景或语境，其又被称为农村资金互助、内置金融等。参见汪小亚:《新型农村合作金融组织案例研究》, 中国金融出版社 2016 年版; 王曙光:《农村金融学》(第二版), 北京大学出版社 2015 年版。

③ 联合国教科文组织编:《内源发展战略》, 社会科学文献出版社 1988 年版。

社区里显现出的越发明显的裂痕。2012 年 9 月，农协终止了与信贷公司的合作，恢复了自主的信贷业务部，开始了农协内部资金互助。回归自主信贷后，农协迅速将贷款利息降回到月息 1.5%（年息18%），并对低收入小额贷款户实行阶梯式优惠利率。对 2 万—3 万元的贷款，执行月息 1.5%；1 万—2 万贷款的利率下调到月息 1.3%（年息 15.6%）；5000—10000 元贷款的利率下调为月息 0.8%；2000—5000 元贷款的利率下调到月息 0.5%；对 2000 元以下的贷款免息，由农协贴息。农协还制定了信用合作利润计划，即将利润的60% 返还给入股的农协会员，30% 提取为公益金，服务社区农民，只留下 10% 作为对业务人员团队的奖励。[①]

蒲韩农协的合作金融策略，体现了社区理性的基本原则，这些原则包括超越个体理性、对社区发展生态、经济及社会可持续性的重视，以及让发展成果更多惠及社区内初始资源不足的群体等。很大程度上，农协代表了社区整全的、长远发展的利益，并通过十几年的农民组织化实践，在社区内部形成了强烈而明确的社区主体性意识及其组织基础。对发展策略予以选择的意愿和能力，既内化着社区理性的农民自组织的功能，也是内含着主体性意识的社区文化表征。现利用进化策略理论[②]，对上述不同信贷策略博弈加以分析。将两种不同的小额信贷策略分别记作 A 和 B。在不考虑社区选择能力的情况下，A、B 信贷策略的适合度 $(f_i、g_i)$[③] 仅与 A 和 B 的期望支付 $(F_i、G_i)$ 相关。引入社区选择参数 W，则 A、B 信贷策略的适合度为：

---

① 王小鲁、姜斯栋：《农村合作金融模式探索——山西永济市蒲韩农协合作金融调查》，《银行家》2015 年第 7 期。

② ［美］诺瓦克：《进化动力学——探索生命的方程》，李镇清、王世畅译，高等教育出版社 2010 年版，第 81 页。

③ 在生态学中，适合度（fitness）是表征生物群体对环境的适应性及在进化中传续能力的指标。

$$f_i = W + (1 - W) F_i$$
$$g_i = W + (1 - W) G_i$$

选择参数 W 介于 0 和 1 之间,体现着社区对发展策略的自主选择能力。当 $W=1$ 时,社区对不同贷款策略有极强的掌控能力,不同信贷策略的适合度与各自的期望支付无关,为选择参数;当社区选择参数为 0 时,社区对不同的发展策略无任何影响力,不同策略的适合度直接为其期望支付。

社区自主选择能力是社区理性的功能化体现。在抽象的、理想型的"传统村社"内部,可以发现传统型社区理性的具化。这样的社区理性根植于共同体性质的村社传统,源于相对闭塞环境中基于血缘、家族的,抵御生态系统及外界风险,以及传统农技对社区内部合作的需要。可以说,是在长期的社会实践中自然形成的。另外,共同体理性也可以是被建构的,并在建构过程中完成人格化或机制化。这样的人格化或机制化,可以为保守社区内部公义的克里斯马型权力,或者为某种公共事务管理机构。永济农协的社区自主选择能力就是后者的代表。

虽然本案例中,永济农协本身就是社区信贷产品的主要供给者或合作供给者,但在更高的层面,农协又是作为具有相对独立性的社区理性的机构化存在,在其近 20 年的农民组织化过程中,将"服务农民、服务社区"作为核心价值属性,也是其社区理性内核的一般性表述。选择自己独立经营,或选择与外部机构合作经营,服从于如上价值定位。在前述经历中,农协选择与外部机构合作,又在若干年后选择退出商业信贷公司独立经营,基本上是遵循服务社区、维护和发展农民利益的社区理性内涵的。

应该看到,随着几十年的工业化、现代化进程,基于宗法制的传统社区已然少见,而由于集体资产瓦解和人口外流,我国传统农区相当一部分村社基层组织涣散、治理能力低下,社区选择能力也在很大程度上失去了所依存的文化基础和组织基础，社区事实上失去了自我保护和选择发展策略的能力。外向趋利的城市资本长驱直入，社区民众在极化的机会主义与无所适从间摇摆。在此背景下，永济蒲韩社区农协组织能够坚持"公益的、服务社区农民"的发展导向，选择有所为而有所不为，切实表现出有效的社区选择能力，对我国基层发展具有深刻的启示意义。

第二节　综合性合作组织内部功能

组织内部功能的实现，是在特定智识信息和价值型信息的参与下，一套广义社会资源的产生、分配、利用活动。早期，因抵制过度税费负担和基层贪腐形成的对抗性组织中，其初始功能的出现，是对所面对外在压力类型的反映。同时，又受组织推动者的价值型信息、愿望型信息及广义社会资源分布制约。当外界环境改变，特别是那些塑造组织形态的外部条件改变，外在压力撤销或减弱时，组织发展进入分叉期，社区组织往往要进行结构和功能的调整。

一、联合购销：最初尝试

社区合作组织的根本职能之一是对社员经济生产提供服务，与一般市场交易寻求利润最大化的关系不同，从合作组织自身价值来讲，对内（社员）应以服务社员为宗旨，是通过各种手段满足成员生产生活需求或者为成员提供便利的组织。农民经济合作自组织的开始阶段，往往从与农户生产生活关系最密切、最容易操作的领域入手，或者说从组织方式、信息模式、技能要求最简单的层面入手。

通过对各地乡村建设实验区长达十余年的观察，在农民合作组织创立的初期，面对高度分散化、兼业化，且缺乏合作训练的小农户经济状况，加之缺乏经营人才和劳动力成本不断攀升的因素，如果贸然投入大量资金搞规模化生产性项目，往往会面临创业失败的窘境。

从惨痛的教训里总结出的经验是：生产在家，服务在社。合作组织在初始阶段应该做的工作被总结为"服务，服务，再服务"，即为社员提供在生产过程中需要的技术、资金、农资、销售等配套服务，通过生产性、社会性服务凝聚人心、积累经验、锻炼人才。初期较为简单的经济合作行为，同时也是合作社内部信息模式训练、社会势能发育阶段。

联合购买农资是社区合作组织成立早期最常见的经济联合形态。通过组织社员联合购买农资、强化生产标准、联合销售，既有效适应了分散市场需求，也将经济运营项目的风险降低。统购统销由于其操作比较简单，一般是合作组织在经济上最初的"试水"。这个来源于曾在农村地区活跃了20余年的人民公社的词语，现在代表了一种力求以团体实力增强交易地位的方式，改善个体农户面对庞大农资市场的弱势处境和信息不对称位置，提升合作社盈利空间，防止假冒农资坑农、害农的事件的尝试。当20世纪70年代末期开始，作为现代工业化学农业技术代表的农药化肥越来越多地被引入农业生产的时候，农村社区发挥一定整体经济功能的生产组织载体几乎同时宣告解散。这也就意味着，农户要以个体为单位应对以大规模工贸组织对市场结构的介入。极度分散化的农业生产态势与趋于集中控制的工业化的农资技术体系和层级产品代理体系之间，存在天然的异质性和不对等性。

在现实情境中，通过农户之间的自发合作出售农产品，提高市场议价水平，并非罕见的现象。但这样自发、零散、短暂的行为，成为自觉的、持续的和稳定的组织形态，并发挥特定持续功能，却并非易事。本质上，这个过程需要持续的信息模式建构与社会能量输入。基层社会的既存常态，同样是具有吸附力的自稳定的状态，根深蒂固的利益分配格局、认知模式和错综复杂的人际力网络，构成了强劲的自我维持倾向。它实质上代表了一种固化的能量—信息结构。任何打破这样自稳定的尝试，比如企图尝试新的广义社会资源分配路径、重建认知模式和人际力网络的组织化探索，都将面临来自既有结构的回复力。来自文化势力的阻碍本书已经有所涉及，来自市场势力的阻力，下文会进行探讨。然而，在社区自组织合作社推动者对早期境况的描述中还可以发现回复力的另一种形式，则更难以抵抗，就是旧有状态的信息模式、行为规范"渗入"到新的组织形态，一种声称的"创新"不过是旧模式的变种，所谓的新生组织不过是既有状态的延伸。正如诸多以"共同致富"为幌子招揽起来的合作社，实质上异化为个别人牟利的工具。

在既有市场结构中，各种不同规模的经销商，长期盘踞其中，形成在信息、渠道、资金等方面的垄断。这样一种垄断，实际上规定了广义资源的分配路径，形成了自我维持的系统。社区自组织通过基于社会资本的团结实现市场对话能力的增强，在理想的情形下得以直接和厂商或直销商对接，实际上削弱了中间商利润空间，直接产生了对既有农资市场结构的挑战。

于是，社区自组织对于摆脱市场垄断结构的尝试，就像一异物扎进有机体，必然会引起后者的剧烈"排异反应"。作为环节垄断者的经销商，往往会形成卡特尔般的价格同盟，有意降低所售农资价格，试图早期就摧毁自组织建立替代性供给机制的尝试。价格同盟的成员有足够的实力和积蓄，暂时放弃一定利润，抵制新生力量对市场结构的"挑战"。这对于初生阶段的自组织确是很严峻的局面，它没有足够的储备抗衡价格战，甚至也不具备足够的能力来完善相应的服务链条，增强客户黏性。这也正是同样处于东亚小农社会的日本、韩国的综合性农业组合皆由政府强力启动而非市场自发孕育的原因。

由于是和农业生产中最广泛的需求对接，社区合作组织对统购统销的尝试，很容易得到一般农户的响应，起到了扩大组织在农户中的吸引力的作用。通过农资购买，新生的合作组织迅速在村社扩张了影响力和知名度，在此阶段，合作社成员数量，常会出现迅速增长。合作组织在这里也为农户搭建了一个保护层。不同于更为常见的行政力量和商业性力量提供的服务，所谓"保护层"的本质在于通过联合一定程度上改变在市场中的相对弱势地位。虽然合作社成员在加入组织时，只是出于对其承诺提供的更廉价也更高质量的农资服务的兴趣，却并没有意识到他们的每一次加入和对合作社服务的利用，都增强了合作组织提供这样服务的能力。

最初的"统购统销"尝试让农民获得了一种新鲜的体验，通过面对外界市场"微不足道"的个体的联合，在整体上改变不利处境，合作组织从而展现出一种整体功能。而这样一种功能同时又是特定范围的公共品，每个成员不仅以微弱的联合促成了功能的实现，还可以在路径上无差别地对其利用，从而提升个体的生存水平。如范冬萍所言："突现是指在复杂系统的自组织过程中出现的、新颖性的和连贯性结构、模式和性质，相对于它们所出自的微观层次的组成部分和过程，突现是在宏观层次上出现的想象。"[1]

不需要任何外界的指令，个体农民仍然遵从个体理性的"指示"，行为方式上微小的转变——一种极简单、粗糙却有着涌现意义的个体协同得以出现。这样的行为协同依赖成员间共享的、初步的信息模式。此种组织早期信息模式如此简单，也许仅包括一个直白的逻辑链条，情感型信息和愿望型信息根本无从谈起。组织归属感、以及对这个组织"到底是要干什么""以后能给我带来什么"这样的认识难觅踪迹。事实上，这样一种初期联合的行为状态是相当脆弱和不稳定的。在一些社区合作组织早期历程中，当周边农资经销商注意到合作组织引发的市场波动，开始压低价格"反击"时，出现了大量社员"反水"现象。

二、功能发育与协同

组织新功能的出现并非组织初始内在序（价值型信息和组织模

---

[1] 范冬萍：《复杂系统突现论——复杂性科学与哲学的视野》，人民出版社 2011 年版，第 197 页。在本书其他部分称为"涌现"。

式信息）所规定的，也有功能组分与之对应。一个成功出现，并长久维持的功能组分，实际上代表了一种持续的广义社会资源和信息的循环。这样一种功能组分的出现，扩展了自组织的边界，并将功能组分的内在序结合到组织本体的信息模式，使得社区组织的信息模式随之嬗变。

在社区组织与外界互动中，关于组织高质能量生产与运行的新型价值型信息和组织模式型信息得以进入核心成员认知模式。后者则力图通过推动组织内部的社会化学习，将新的信息模式融合到组织自身规定性。无论如何，只有形成新的组织高质能量生产循环及相应组织内部知识库，并设置能被组织成员及既有行为模式接受的资源分配、交换、占有机制，才可能作为成熟功能得以固定。在实践中，诸多外在信息注入形成的新功能，难以与组织既有智识信息储备和组织技能相契合，也就不能发展为相应的、与外界交互的、有效的能量循环，从而难以为继。这常常表现为依据外界信息确立的新组织功能导致的组织内部结构及信息模式调整，相对于原有组织结构来说是全新的，这就意味着其将很可能不能有效地利用组织既有的能量—信息通道，需要耗费能量重新确立与外界的交互通道。另外，组织内部的功能性建设过程，同时也是组织内部结构深化过程，包括内部制度通路建构及相应功能性信息模块的广布性配置，也就是一般来讲，更加趋于专业化、完成特定功能的组分得以确立，提高组织高质能量的转化水平。

起源于抗争性组织的南塘兴农合作社（以下简称"南塘合作社"）早在2004年就曾尝试发展减少化肥农药用量的种植方式，这次尝试最终宣告失败，就此次不成功尝试本质而言，一是没能与外界形成可持续的能量回路，以抗争起家的合作组织缺乏生态农产品的销售渠道，组织成员也缺乏相关的社会资源动员能力，而生态农产品如果通过既有的普通农产品通道，则必然面临巨大损失。同时，替代性市场的形成，需要相应市场意识形态（一种共享的价值形态）

的构建。也就是说，在外界没有形成对新类型产品普遍认知的情况下，是不可能出现新的作为能量回流的市场架构的。二是转型期的组织内没有充足的资源支撑新制度通路的运行成本，同时新功能组分的核心技术信息模块在当时也并没能完全建立起来。

而比较几乎在同时期开展并很快取得收益的资金互助业务，由于资金信贷在农村地区有着长久历史，且在大型银行难以覆盖的农村地区有旺盛的生产性或消费性资金需求。这就使得，一方面，新功能组分的实际推动者可以较方便地学习、利用和转化一定程度上作为地方性知识存在的信贷技能，将其转换为自身或组分成员的多样性技能存储。另一方面，合作社资金互助部门成立后，很快就可以与当地农户或企业资金的需求对接，形成新的组织高质能量生产、循环及增量渠道。

组织的新功能与既有功能间是否能形成正向反馈，实现协作，关系到合作组织整体的低成本运行。所谓正反馈在这里的含义是，新功能的广义社会资源生产、循环、分配过程，有助于既有功能所代表的广义社会资源循环的实现。新功能产生的正外部性，被组织内其他功能组分吸收。在社区合作组织的实践中，一些合作社发展出复杂的内部结构，其中包含多种样态的功能组分，这些功能组分有其所对应的广义社会资源增量循环，一般可以分为资源生产、配置、分配和存储等环节。通过协调，这些不同功能组分的环节之间得以在不同层面上相互配合，从而使得合作组织整体以更加低成本的方式处理资源流通中的耗散，并在组织整体层面上构建了对外部风险的内部化解决机制。在河南兰考胡寨村的案例中，合作组织在生态农业等领域产生的收益，并不完全分到社员账户，而是兴办了诸如幼儿园、老年协会等公益性组织，合作组织成员可以自由、免费地利用这些资源，提高了其福利水平。

关于综合性合作组织内部各个生产性功能部门之间的功能协同与资源循环，一个更加有趣的实践来自南塘合作社的"酒厂案例"①。社区资金互助部门为生产性部门提供资金供给，酿造部门的"废料"酒糟，可以成为生态养殖部门上好的"肥料"；而生产性部门的产品——高粱酒等又可以是社区内外广受欢迎的流动礼物。如此初具形态的发展型网络内部循环，扩张了网络内联结面，实质上提高了物质和能量的"再利用和循环"水平，增加其利用效率。正是由于合作组织内在网络存在，各个部分之间的协同性得以实现。

酒厂项目有助于理解合作组织与一般经济组织的不同之处。酒品主要在合作社内部流动，使其很大程度上不依赖外界能量通流，而形成组织内部市场。扎根于社区信息网络的内部市场，具有高度信息对称性和需求稳定的优点，从而具有低风险的特征。

此外，合作社的理事部门可以作为统一的协调机构，来分配各组分间的资源流动，优先得到内部资金资助。不同组分生产的产品及副产品（如酒糟），优先用于满足组织内部的需求，从而获得较优惠的价格，并节约了交易成本。事实上，如酒糟这样的副产品，很大程度上得益于组织内部交易的低成本特性，才可能被较充分地利用、进入新的生产性循环。而如果合作社生产了一种有广泛需求的产品，则可以将此种产品作为一种"社区货币"，用作合作社内部分红的替代物。这样的社区货币不仅节约了稀缺的外部货币，而且其每一次运用，都事实上提高了合作社成员的福利水平，与利用外部货币不同，如上交易双方的收益都留在了组织内部。进一步讲，如果将发布通货的能力，视为一种深层次上的对使用者控制的话，社区货币无疑有助于摆脱这种符号的控制。

内部循环的实质在于组织内部组分之间局域合作网络的建构和微型生态系统的初步形成。在这样的过程中，资源和信息在各个

---

① 杨帅：《社区网络组织：小农户组织化的路径分析》，人民出版社 2020 年版。

组分之间流动，并通过进入不同制度通路，使得资源利用效率得到提升。而在单一组分内部产生的低质资源，在另一个功能组分内部成为有效投入资源。资源在组分间多向、复合流动，强化了组分间的互利共生（+，+）的协同关系。内部协同关系及内部市场实现的另一重意义在于，组织的环境韧性或者说外部独立性的强化。相对外部独立性很大程度上定义着组织本身，也就是说，组织在一定程度上不因外部环境变化而发生线性变化，而是以较为自主的方式运行。

经济合作给社员带来的不仅是收益的增加，还有在个体状态下难以触及和想象的可能性空间，或者说在联合层面实现的发展的自由。这里的逻辑在于，农民合作组织作为一种新生耗散结构，必然随着交易量的增加，获得更多的组织内高质能量积累，即在维持既有组织内部构型之外，尚有持续性能量积累。当这些组织内积累的增量保持一定稳定性时，会出现内部结构复杂化的趋势，即出现更多的功能构型。这些新生组织构型产生的目的，是更多地获取外界能量，或者说使组织在更高层次上远离热力学平衡状态。在一定意义上，合作组织从初期的懵懂混沌状态成为一个类生命体。

在突破了初创阶段的各种环境阻力，实现稳定的能量流增长后，社区合作组织的成员会发现自己面对的是一个多元的行动可能集合。这个集合中的选项包括向生产领域、信用领域、社区服务领域拓展。然而，组织内部能量积存量的增长，如果不能与信息模式的发展以及作为信息模式外化形态的制度建构同步，则过量的能量同样可以带来组织结构的塌缩甚至崩溃。俞宏霞在观察"梨树合作社现象"时，精辟地分析道："农民群众的觉醒和探索是基础，当老百姓在现实生产生活中体验到合作比单打独斗能做更多事情，获得更多收益时，在有觉悟的农民带动下会进行合作的探索和尝试，希望把这种偶然性的合作长期化、制度化，这种思想的萌芽和探索的开始是梨树合作社在世纪之初蓬勃发展的基础。"①

三、先期资源基础与自发性合作组织成长

在自主性社区合作组织成立的初期，一个社区内部已有的社会资本、广义社会资源的存储和分布情况，对成立合作组织的难度、发展路径选择、合作组织对社区资源的动员程度都有很大影响。在对既有综合性合作组织发展路径进行梳理后，会发现拥有一定广义社会资源、对村庄发展有一定的价值认识的社区能人，是推动合作组织发展的中坚力量。而这些社区能人所拥有的不同信息储备和广义社会资源类型，会对综合性社区合作组织的后期发展有深刻的影响。

在一些案例中，社区发展的带头人有时候就是村委会的主要成员，这给他们的社区合作组织的发动、组织工作提供了诸多便利条件。四川简阳新天地合作社是这方面的典型，合作社的主干成员就是两名主要村干部，两人有十多年在村委会共事的经历。长期的共事，彼此熟悉，容易在决策中了解彼此的初衷，减少了沟通成本。

外在的资源介入一个村子，很少是随机和偶然的。在外推内应型社区合作组织情形下，外部推动组织成立的关键任务，往往会选择那些有长期的合作或互动关系，或至少通过其他"旁证"途径获取较充分信息的社区。当然，最好的情况是，外界推动者已经与这些潜在的合作者建立了初始信任。2004 年前后任河南兰考协管"三农"事务的副县长的何慧丽，这样说明当时选择乡村建设的综合性试点的考虑：是利用各种机会在全县范围里物色有一定乡建基础的村子，如有参与乡建的愿望，也有一定的能力和条件的村两委成员，村积极分子②。以简阳新天地合作社来看，乡镇农业技术推广站的工

---

① 俞宏霞：《咱老百姓自己的"银行"——梨树合作金融发展记录》，参见温铁军等编著：《我们的生态化：二十年转型辑录》，东方出版社 2020 年版，第 369 页。

② 何慧丽：《新乡村建设在兰考》，《开放时代》2005 年第 6 期。

作人员袁勇经常到农村推广农业技术、销售农资，这使得他很早就与当地村委会主要成员熟悉。长时期的交往经历，使他形成了对潜在合作伙伴丰富的信息储备，成为后期社区合作试点筛选的依据。

从广义社会资源的类型来看，社区合作组织的发起者或实际负责人，在既往实践中积累起来的组织技能（一种多样性技能存储）、"在村里做事情"的经验，对于后期社区合作组织的动员和管理工作开展起了很重要的准备作用。有意思的是，很多社区合作组织的带头人往往都在早年经历过农村创业方面的失败和挫折，他们无疑从这样的经历中受益良多。或者说，早期经历中汲取的对乡村经营复杂性的认知信息，成为其认知结构和经营技能结构的一部分，并直接应用于后期合作组织的创建和运营。

永济蒲韩农协的创始人郑冰，曾经通过农资店给农民做免费培训，并为农户创业贷款提供担保，结果农户创业失败后不履行债务，郑冰只得自己垫付，使得很长时间处境艰难。也正是这样的经验，既让郑冰体验到农村做事情的艰辛，更让她悟到农民之间信任文化的培育：

"接连的打击使我不得不静下心来思考出路，我发现农民不是没有钱，而是把钱存入了信用社，然后又想尽办法从信用社获取贷款。至于欠款农民，少部分人确实是因为贫困而还不起贷款，但也有相当大的一部分人觉得其他人都不还而自己还，心理不平衡，所以才决定不还。

"我就想不通在农村做事怎么就这么难。最后，最大的认识就是如果没有一个利益共同体，农民联合不起来，农村根本没出路。也意识到诚信的重要性，如果没有相互间的诚信，虽然刚开始一点小的利益把大家联结起来了，但遭遇一点困难马上就散了。"

以简阳新天地合作社的情况看："东溪镇农业技术推广协会起源于2003年袁勇在乡镇农业技术推广站工作，当时工作的时候，针对简阳市东溪镇各地区种植柑橘的农户比较多，想在东溪镇推广柑橘种植的相关农业技术，协会当时曾吸引很多的农户加入，在镇上各地区建立了4个农业技术推广协会的分站，其中双河村是一个，其间也是李显俊村干部任职期间。可是在做了3—4年时，发现很多农户对技术问题也越来越没有兴趣，很多农户在学习技术之后就不再参加协会了，没有凝聚力，持续不了，渐渐地协会也就散了。"这样的经历，让合作社带头人对农村组织的发育和发展有了更为贴切的认识，不仅如此，早期共事经历又让关键人物之间具有了初步的信任基础。

在一些社区合作组织中实际运行的规则，也与带头人早先对乡村组织建设过程中形成的价值型和组织模式型信息相关。在简阳新天地合作社，带头人村干部李显俊曾在2007年左右组织农民成立水果种植专业合作社，主要是要从外引进柑橘的新品种，并提供水果柑橘方面的技术。但是由于团队人员本身在技术和管理上经验不足，提供的服务也比较单一，恰逢此时柑橘价格走低，合作社仅维持了不到3年的时间。这段经历给李显俊最大的认知是，做农民组织，只是依靠一两个带头人是不行的，很多工作需要与农户共同协商。对社区组织民主管理的价值型认知，是新天地合作社较为重视内部协作和合作文化工作的认知根源。

四、"合作"在社区组织中的实现

以综合性合作组织的价值设计和制度设计来看，其最重要的部分，在于通过成员的参与、合作达到在经济上对其个体利益的保护和发展，并提供个体自主精神与尊严的成长机会。发展型网络信息逻辑系统建立过程，同时也是合作社成员对特定价值理念、行为模式认知、学习、模仿的过程，这套模式指向并规定着组织中应当如何行动，以及组织内部广义社会资源的生产、流动和分配。

在诸多综合性社区合作组织发展中，基于生态农业的生产合作，体现了如何通过组织成员与组织构件之间的合作，达到组织整体高质能量的增量与扩展，提高成员收益水平和生活质量。无论是小规模的城乡之间的生态产品的供应，还是跨越十余个村镇大范围耕种实验，都能在其中辨别出"合作"元素。合作得以实现，是以社区组织内部发育形成的社会资本为基础。这又与生态农业自身的属性相关。一方面，从生产条件上讲，在中国式土地极度细分的情况下，不可能在一个地块上少施用农药化肥而不受周边施药地块的影响。另一方面，城市社区支持农村生态农耕生产（Community Supported Agriculture，CSA）方式，客观上要求农户间的差异性合作满足城市居民对多种农产品的需求，而在经营管理、技术指导、配送等方面的统一、协作与分工在平滑生产成本的同时，发挥了农户间个体的比较优势，提高了生态农耕的耐风险性。

山西永济蒲韩社区生态联合社是以当地已开展十余年的农户多方位合作组织及文化为依托的。经过多年发展，蒲韩社区确定了围绕社区公共需求和专业经济合作两条主线提供服务，根据社区内现有资源和实际状况，确立多个独立项目实施互助探索，包括这里考察的农户生态联合社。

蒲韩社区生态联合社在经历波折的摸索后形成统分结合的大规模生态农业种植模式。联合社现有十余名主要工作人员，每个人负责50—150户不等。主要工作包括：信息收集反馈（农村调研）和提供技术服务。工作人员定期查看作物的情况，统计相关信息。联合社将农户生产涉及的土地纳入统一规划，由农户自行经营，联合社下属专业合作社在种植种类、农业技术、农机使用等生产各环节提供细致服务。蒲韩社区将管理模式概括为"五个统一、一个独立"，即在同一个地块上由联合社统一使用农资、统一提供机耕，统一技术培训，达标后统一销售，生产则由各家各户独立进行①。在销售环节，由于前期对农户种植情况以及农作物长势进行了跟踪调研，

---

① 汪维行：《山西永济合作社考察报告》，梁漱溟乡村建设中心，2012年。

得以把控收购的农产品品质。由于收购的规模性，能够与一般的外来客商在价格上进行谈判，提高收购的价格。

应当指出的是，生态种植联合社之所以能在永济大规模地开展实践，有赖于蒲韩社区自21世纪初以来发展起来的蓬勃向上的农村组织化。十年的农村组织化进程为生态农业合作提供了组织、文化、人才和思想上的准备。生态农户的联合内嵌于社区整体合作文化与机制之中，减少了农户先期的组织成本（在分散了几十年的农村，这项成本常相当高）和文化阻力，增加了生态合作组织的柔韧性和生产能力。同时，生态农业的尝试从一开始就在成员与机制上配合于社区其他合作部门。

该乡村社区综合发展规划，是围绕社区公共需求和专业经济合作两条主线提供服务，根据社区内现有资源和实际状况，确立多个独立项目实施互助探索。在服务体系之下的社区各板块之间也是相互配合、相互协调进行工作。

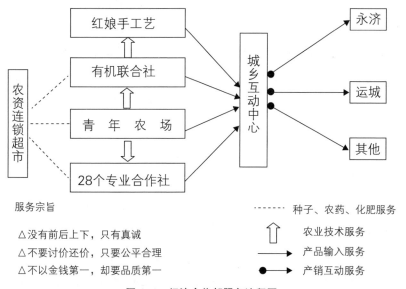

图4-1 经济合作部服务流程图

需要进一步指出的是，生态农业施行过程中对社区范围内人与人之间关系的再构，更应从卡尔·波兰尼的经济历史的视角来理解。如果说，与分田到户和化肥农药式的工业化引进相伴随的是，守望相助的农村社区的逐渐解体和社会资本的涣散，那么，在生产技艺角度天然依赖社区合作和互助的生态农业则是在一定区域内对生产过程——社会生活的互助、合作的唤醒。这样的唤醒并非一种扁平化的过程，而是从生产关系—社会关系—劳动者精神等多层面的重构，从而也内在地达到对农业——村社关系共同体的价值回归。经由社区合作组织推动的生态农业对农村村社和农耕劳动者的身份重建与捡拾体现在很多卓有趣味又耐人寻思的细节中。

在蒲韩社区生态种植联合社一个"入会须知"中除了做自耕土地等技术规定外，还特别对入会会员提出：

"1. 户籍在本社区或长期居住在本社区（三年以上），并有自耕土地的农户方可加入。2. 家庭邻里都能和睦相处的农户，没有或者彻底改正以前偷盗赌博的不良嗜好的农户。3. 自愿参与社区的各项公共服务活动的农户。4. 爱惜土地，愿意以自家1—5亩土地做有机土壤转换，并以土地参股合作社的农户。5. 要有精耕细作种庄稼的良好意识，需认真做好种养殖生产过程中的田间记录。6. 自费参加每季度和冬闲时的集中技术系统培训和交流。7. 只有具备以上条件方可联系合作社辅导员，填写入社申请表和家庭详细基本信息表，审核不通过者，辅导员需退回家庭信息表并转达不合格说明，也愿保持良好的社区互勉关系。"

这份须知中在指明了参加联合社的基本条件之后，花了很大气力强调类似"社区和睦"、参加公共服务之类似乎与农业生产关系不大的条目。紧接着，又用很多笔墨叙说诸如"爱惜土地、做好记录"这样在当代化肥农药式农业中已经绝少见到的要求。联系到广大农区中"打药施肥—外出—机械收割"的农业方式，的确让人感慨。

这里更深层的含义是，社区经济活动与农户精神生命的提升相耦合。也就是说，在上述简短的文字和社区实践里，不只是将人视为"片面"的存在，而是因着社区组织本身的综合性与在实践中尝试一体化地看待农村社区"生活—生命—生计—生命—生态"相互关联，而重新定义组织中人的应有样态。实际上，这是对农村—农业深深卷入市场浪潮以来的，对人的片面属性的商品化强调的静悄悄的变革。而如果考虑到其内在自觉的自愿化、民主化和生态化倾向，这样"静悄悄变革"的意义则更加深远。

五、组织化的信息与能量实质

系统理论学家保罗·韦斯提出，"系统中能量是如何被引导以致各种从属形式的联合作用能量齐心协力地保持系统的完整状态？"这个问题用更加"社会科学"的提法转换即是：集体行动如何成为可能？将个体行为基本取向假设为在自身信息处理系统指引下寻求生存—发展能量（包含精神能量）获取最大化。通过对新乡村建设社区自发合作组织的内部机制考察，本研究认为集体行动并展现出组织化现象的本质在于信息运动与能量运动在特定边界内的整合与互构。事实上，这也同样是生态系统内组织化现象的本质。

正如本研究强调的，对于人类社会，信息与能量都涉及更广泛内涵与运动形态。就社区合作组织而言，这里的信息或信息模式，包含经由持续的再社会化过程，成员内部分布化形成的关于组织模式信息及自己与组织联系的内在信息。当内在信息通过成员行为模式表现为一定程度身份认同和可预期的行为范式，则一般称之为"组织文化"；当成员以自身技能属性（生产技术技能、各种管理技能）在一定的先期规约或默契内参与组织特定功能的实现，则被认为是制度化行为，也可以说在组织内部出现的制度化现象。后者还表现为组织（乃至系统）内部各种构成机制之间的整体协作，从而出现更为宏观的外显功能。

上述各种类型的信息（组织模式信息、组织功能信息、技能信息等）与各种类型或层级的能量运行互为整合。在个体层面，成员对于组织模式信息的接纳以及个体与组织间内在信息确立，是由于其相信通过参与组织化行为，个体福利水平（具体而言指经济活动收益水平、精神状态等）将有所改善，或者说其用于生存—发展的能量水平有所提升。因而个体愿意将其信息—能量过程（生物过程）调整到与组织信息模式具有一致性，从而表现为在文化上与制度上的可预期性。

就社区组织而言，其存在的根本是在与外界多对象的资源—能量循环中实现功能，获得所需的社会能量。在经济活动中，组织将自然资源或广义社会资源通过集体技能或生产技术（如下文涉及的生态农业技术）转化为进入一般市场或替代性市场的商品，并获得收益（社会能量的一种形态），形成组织成员收益，实现组织功能深化与扩张。在社员生活服务或文化活动中，组织功能供给社员（具备多结构信息体）生活、精神乃至尊严提升方面的需求，提升其福利水平。由于人类个体多结构信息系统的内在联系，即精神信息处理系统、情感信息处理系统与智识信息处理系统（所谓"经济理性"考量的发源地）间深远的联系与互动机制，个体在非经济活动中的福利提升同时，其对组织的归属感、认同感得以加强，其对更加理性化的规则与制度的依循意向提升。这就使组织在与外界不断进行的能量、资源交换中保持总体稳定性。

在社区合作组织具体的制度实践中，为了在组织模式的基本架构下吸收、激活并充分发挥成员差异化社会资源禀赋及个体能力，深化组织功能，需要对组织决策权与收益配置权做相应设计。从而形成了国家通行合作社原则与中国乡村现实间不断地进行勾兑和调和。一份对 J 省 A 资金互助社的考察报告中，这样记述内在制度的选择：

"资金互助社关于投票权先后有两种制度安排。第一种是，在投票权上按股金种类来安排。股金分为四种：资格股、投资股、流动股、国家社会股。其中资格股仅有一个投票权，农民每股 200 元，非农每股 500 元。第二种是也是按股金种类来安排，但是具体的安排不同。社员参加社员大会，享有一票基本表决权。入股金额前 3 名的农民社员、前 3 名的农村小企业社员在基本表决权外，共同享有本社基本表决权总数 20% 的附加表决权（享有附加表决权的农民社员、农村小企业社员合计一般不超过 10 名），并按照农民社员和农村小企业社员的入股金额或比例进行分配。其中大户的份额还可以在社员内部认同基础上做进一步的调整。"

后一项制度选择显然是在公平与效率、民主原则与决策效率的调和，一方面按照国际通行的合作社原则，A 资金互助社强调在决策过程中的民主原则，保障中小参与者在决策中的发言权，有意识地限制大股东对合作社决策的垄断，并在初始阶段限制其所占份额。这其实是合作社作为人的联合，而非资本联合的属性的体现。另一方面，为保障大股东的利益，保持合作组织的经济动力，防止在分散化中小股东决策时的低效率，制度赋予了大股东相应的赋权激励机制。

该合作社另一项具有特色的内部机制是，资金互助部门作为内嵌于综合社区合作组织内部的金融机构，其与合作组织其他功能及社区建设活动间的互动关系。事实上，一些合作社资金信贷部门的产生，就与统购统销过程中对预付资金需求相关。而该互助资金部门产生的收益，除了按参与激励原则以交易量返还和按股金分红外，还经由公积金、风险基金支持其他部门扩展与提升合作组织抗御风险能力。此外，A 资金互助社提取专项基金用于帮助困难社员，体现"参与、互助"的合作社基本原则。对生活服务或文化活动的强调，又能增进成员间彼此行为模式和行为预期的认知，即强化共同利益基础上的信任关系。

笔者从该合作组织的负责人那里了解到，资金互助社每年都会拿出一定的资金投入到社区的公益活动中。对于这项一般营利机构看来不可理喻的措施，此负责人的解释是，这其实是一种社区"好评"的建立。依靠村社内部信用机制存在的小微金融机构，就宛如社区信用网络上的小船，需要通过有意识地对社区服务的反馈来巩固自身存在不可或缺的社会资本。

本研究将综合性社区合作组织视为一种发展型网络，一方面其可以承担动员、激励、结构化广义资源，发挥其经济功能，将之转化为用于组织发展的社会能量；另一方面，则在系统内部提供了一种确定性，补齐"中层结构缺失"。国内一些社区合作社，在信用社和农户间承担中介功能，以社员股金在当地信用社以存定贷，成为贷款的零售商，一方面以合作社法人作为承保主体降低信用社面向分散农户的交易成本和风险，增加小农户获取贷款机会，凸显与农户利益相关的话语权，促进农信社内部管理结构改革；另一方面，借助合作社及社区内在人际网络和社会势能，形成包括人际压力、多次博弈、横向监管在内还贷动机的保障。

在中国农村基层的综合性社区合作组织内部功能模块耦合，及其与外部经济主体互动、参与社区建设的正向反馈机制，让人联想起在日本高速成长阶段的财团制度。日本六大财团的企业都拥有自己的主银行，企业从主银行借贷大量资金。系列融资是日本财团或企业集团所属的大银行较固定地向集团成员企业发放的优惠巨额贷款，主银行制度是系列融资形成的重要前提。大银行通过系列融资、相互持股、派遣高级职员等方式加强与企业的结合，巩固其金融资本的地位。主银行资本和产业资本融合生长、系列融资与相互持股相辅相成，不断强化财团成员企业间的联结关系。通过主银行制度，主银行能监督和参与企业的重大经营决策，实施金融援助，双方结成稳定的伙伴关系，信息透明度较高，融资成本较低。研究日本财团多年的白益民则更为形象地说明作为日本产业组织"母体"的财团内部，三个核心部分组成——主力银行、综合商社、大型制造企业的作用。

"在这个财团家族中，主办银行扮演父亲的角色，通常决定家属成员的血缘关系和姓氏归属，以企业法人之间的资本关系形成新型的命运共同体。而综合商社扮演了母亲的角色，它负责生儿育女（众多的制造业），对孩子的教育和成长施加影响，并为儿女长大后外出求学与发展谋划（获取情报），甚至为子女选择对象和操办婚嫁（创办合资企业）。"

通过这样的链接与相互配合，实际上形成了一种共生互惠关系，各个系统的组成部分达到了资源、信息和技术的互换、共享与共同促进，并达到了一种相对稳态的正向反馈环。而在中国乡村腹地的自发型互助组织虽然在规模上与财团组织有着天壤之别，在运行机理上却有着异曲同工之妙，或可以看作系统层次中"全息化"的一种体现。

组织的稳态实际上是信息与能量持续、重复叠加构型的结果，或者按照普里戈金的说法，是（能量与信息输入与整合）"超过了临界值，某些涨落被放大，并出现宏观的流动。新的分子的有序性出现了……这个有序性的特点即是耗散结构"。这种有序结构，是被某种正反馈机制加以放大并稳定下来，成为一个新的占支配地位的有序结构。从这个意义出发，稳态的组织获得了弹性或可恢复性，即受到非破坏性干扰后趋于恢复期完整构型[①]。事实上，弹性现象源自一种高层级的信息与能量互构的稳定态势，是信息与能量持续输入、做功、叠加、构型的突破层级区隔，同时也是突破均衡异质分布的热力学倾向或"降级"倾向，使其既不同于高度随机的热力学平衡状态，也不同于高度对称性、周期性与极性的机械化构造，而展现为一种具有灵性的适应力的类生命体态。在这种情况下，所谓

[①] 假如一个单元在受到相似的干扰后仍能保留或重新获得它原有的状态或构型——它的平衡状态，那就要把它列为一个系统。系统作为一个复杂的单元，可以由亚单元通过"系统的"合作来保存其结构和行为的完整构型。系统的某一组分无论何时在某一方向上偶然偏离或被迫偏离其标准路径太远，其余组分都会自动在相反的方向上改变路径以抵消对整体模式的扭曲变形。（保罗·韦斯特）。

的"非破坏性干扰",无外乎是指扰动的能量—信息水平小于内筑组织突破层级区隔或形成相应结构的能量—信息水平。

第三节　技术信息与制度的耦合：社区合作社生态农业考察

技术革新，不仅是科学知识的应用化处理，更因其对生产体系的内嵌性，涉及生产体系控制权力及相应社会结构地位的重新分配，这也就涉及个体乃至一个阶层，于整个生产体系中所处地位，及其生存能力的发展空间。马克思注意到："在机器劳动制度下，手工业者的技艺就日益为看管机器的简单动作所代替。……现代工厂的最大目标，就是通过科学与资本的结合，将工人的作用降低到仅仅使用他们的注意力和灵敏性。"[1] 曼海姆则指出："如果理性的社会控制和个人对自身冲动的驾驭没有与技术发展保持同步，那么当代社会秩序必然要崩溃。"可以说，在社会稳态天平的左边，是现代技术对自然控制力的发展，而右边则是人的道德力及社会控制力的进步。[2]技术与制度具有某种相似性，本质上都是一种信息与能量的结合、生产或配置状态，并规约着人的关系与自我发展程度。

当代乡村社会解体过程，在一个侧面上，可视为现代技术体系对传统技艺—社区的侵入过程。这里说的技术体系，不仅仅涉及诸如关于终端产品农药、化肥的构成及使用的技术型信息，更是将技术型信息整合于组织化的能量扩张过程。也就是说，将一套技术型信息确立为社会系统完成某项社会功能的基本范式，特定社会功能组分依此存在，并通过此技术型信息在系统内应用的深度与广度，

---

[1] 《马克思恩格斯文集》第 1 卷，中共中央马克思恩格斯列宁斯大林著作编译局译，人民出版社 2009 年版。

[2] ［德］韦尔·曼海姆：《重建时代的人与社会》，张旅平译，译林出版社2011 年版。

获取最大化社会能量。

从这个角度观察，资本主义发展的本质正是在于特定技术型信息与功能组分能量"攫取"的紧密结合。如果说，在理想化的村社共同体的情形，以农耕技艺为代表的技术型信息是包裹于人与自然关系、社群关系和权威关系之中，或者说，人们的生产性知识与对自然的认知、对社会关系的认知、对权威关系的认知相互纠缠，并不存在明确的、精准的、实践的技术型信息的自我扩张运动，而只是具有与社区自然法相互嵌套的，模糊的，杂糅的、低度复制的地方性知识。这是一个相对封闭的生态—社会系统，社群对内源低质能量施以低信息密度的开发，获取有限高质能量维持系统构型维持。而16世纪以来的资本主义文明，从一开始就是与开放系统相连接，在由海盗式开拓从美洲的白银与亚洲的市场获取巨量财富的刺激下，低度环境能量下自我遏制的教条终被抛弃，"最大化能量获取"成为唯一的关键的指导原则，抑或更直白地说"利润或死亡"①。

根本上讲，资本主义文明下，"能量最大化"原则通过两个互动的"结构复杂化"过程实现，其一是市场或市场替代（企业）的契约结构；其二则是主导型生产技术结构。**两者本质上都是信息结构的复杂化，并共同制约着特定时代可获得的社会能量容量与层级，以及内部的社会阶层区隔**。这两个后果是如此重要，其共同构成了资本主义存在和发展的基础。就后者而言，其意味着持续区分的资本方与劳动方、生产方与消费方，突破性发展的方面与结构锁定的方面。每次主导型技术革新，则突破了既有的资本主义体系能量循环范式，重构功能性组分及其在系统中的位置，甚至重新界定"什么是社会能量"以及"应以何种方式获取社会能量"，从而推动了

---

① ［美］斯塔夫里阿诺斯：《全球通史从史前史到21世纪》（第7版修订版），吴象婴等译，北京大学出版社2006年版，第395页。

资本主义社会进入新更新周期。

因此，社会生产体系的每一次变化，不应简单地视为某种生产投入的增减、替代，也不仅仅是生产技术、管理方式、知识体系的更新，而往往代表着权力与利益分配、可行能力发展水平、劳动者与"器具"关系乃至"人"在其中的价值体现等的调整和重构。此部分研究将对近年来社区合作组织推动的"生态农业"实践进行考察。"生态农业"是在对工业化农业进行反思的基础上，第一，从"人与土地"的关系出发，构建符合生态文明理念的农耕认识体系；第二，重视并构造生产过程、结果及农产品交易的多元属性，有意识地从劳动者自身、社区、环境乃至社会角度看待农耕过程的综合收益；第三，在生产技艺上，传统的农耕手艺与融入了现代技术的手段并用，尝试在更高层次对传统农耕的回归与超越，力图创造生产过程与自然的融洽关系。因此，生态农业不仅仅意味着化肥、农药减量和替代，更代表着对绿色革命以来的农业生产方式、市场结构和社区人际关系的再构。一种重视生态友好的生产方式、重视城市消费者与农耕者沟通的市场结构、强调社区合作的人际关系在本研究所考察的综合性社区合作组织生态农业案例中逐渐呈现，并借助成熟的商业运营模式，实现了多元收益。

本节考察实施生态农业的综合性合作组织案例在地域上跨越中国南北不同气候带，其基本特征是以农村社区农户合作组织为载体进行不同规模生态农业运作。在案例的具体形态上不尽相同，却在以下几方面，形成了其共通的特点，从而共同地归于本节所讨论的"生态农业技术型信息"的范畴。从组织结构上看，作为综合性社区合作组织的重要功能性组分，生态农业与其他的功能组分形成了一定的协作和配合，将农户差异化能力与既有农耕技能的多样性存储结合到生产过程中，提升农户在生产结构中的自主性、创造力与尊严水平。

一、社区生态农业：生产过程的再构

现代技术对于自然进行控制的发展，先于人类对其后果的完整认知、价值评价的迭代，以及相应既有社会秩序维系需求的面向技术的控制性机制发展。世界范围内自 20 世纪 60 年代，依靠由国家或大型企业集团资助而推动的农业增长计划，以农药、化肥、高产品种为代表的农业科技在农业生产中的应用为代表，农业这一古老产业生产范式发生深刻变化。

随着高度工业化的、组织化和制度化的技术体系侵入，加之本文前述"中层结构"的缺失，普通小农户很大程度上成为一个庞大的生产技术体系的附庸，其一个结果即是农户对化肥、农药、除草剂等的无序使用和高度依赖，其背后是一套小农社会所感到陌生的信息体系。农户在农作中控制力、主动性及社区内外联系都在此过程中崩析。缺乏发展型网络类功能组分提供保护性制度设置的农户农民在这样的侵入中，是被动的、失语的，去主体的，原有的社区组织，在这个过程中解体，却没有新的代表阶层利益、高度组织化的、足以掌控如上知识体系的组织出现①。其在经济层面上则处于附属的、低技能的、低增加值存在状态，其在"单向增能的"市场交换关系中，实际处于可行能力的停滞。基于地域长期农耕活动形成的"生产—生活—生态—生命"共同体及作为群体行为模式化认知的文化方式趋于崩塌。

从技术社会学角度看，传统农耕过程，需要农业耕作者掌握诸多参与生产过程的信息变量，如土壤、时令、种子及堆肥信息等。农耕作业中，农家接收材料信息，通过长期经验形成的多样性信息

---

① 在同为东亚小农社会的日本、韩国和我国台湾地区，农协或农会承担了这样的功能。

存储①，做出判断。这也就使农户耕作技能在传统农耕过程中处于关键性地位。需要指出的是，在传统东方农耕生产—信息回流中，作为多样性信息存储掌握者的"农家"并非个体概念。基于族群、血缘网络连接的传统社区，往往根据对时令、作物生长规律等信息的判断，开展协作、互助和信息共享。也就是说，村社是作为社区生产秩序、耕作技艺组织的整体存在②。

随着以化肥、农药为代表的技术体系对农业生产方式的介入、替代，农业生产中一套新生产—信息回流形成。农药、化肥、新型种子等成为这套新型生产信息回流的关键投入要素。而这样的投入要素所依赖的复杂信息体系却是农业生产者陌生的。更重要的是，与技术范式相伴的生产—层级营销体系，形成了相应的社会能量生产和配置结构。

一方面，在这套生产—信息回流中，对生产起关键作用的信息之设计端集中于企业实验室等机构，在这里形成的是一套经过科学话语编码的信息结构。面对这样高度编码化的信息，作为中国农业主要承担者的孤立农户，由于缺乏社区可持续指向（社区理性）的规模主体提供信息解码与在地应用指导，对作用于自己土壤的农药、化肥的构成信息及其对土地、周边生态系统乃至对农家肌体的作用

---

① 多样性技艺信息的存储：意味着柔性生产的可能，或者说是赋予物的生产智能性的信息基础。利用此概念来表征直接生产群体特别是熟练劳动力通过长时期的生产实践大脑记忆系统中积累的对于工艺环节和作业变化的信息存储。

② 白益民在研究日本产业链构造过程中，独到地发现农耕文明文化与现代产业体系间的微妙联系。他认为，日本的经营文化实际上是源自我国江浙传统的农耕文化。所谓农耕，就要播下种子、插秧、施肥，还要除草，而且耕作需要各种工具，这些工具要制造；在种庄稼的过程当中，可能会因为雨水过多而造成内涝或者因为缺少雨水而造成干旱，为此还要建水库、引渠、灌溉。这样一来，就需要有人专门做种子的事情，有人做工具的事情，有人负责水库，有各种产业围绕着这个主业形成产业链，形成一个系统。参见白益民：《三井：永续控制产业链核心的秘密》，《经理人》2011年第2期。

机制几乎处于茫然无知的状态。另一方面，单个农户缺乏面向层级态市场垄断结构的谈判和博弈机制。这就直接导致其在农业生产结构中权位下降，从而在整个农业增加值利益分享机制中地位下降。已有大量经验事实和调研显示，在大田作物种植业，农业生产最大的成本分别由化肥、农药等农资占据。而普通农户一年所得扣除如上成本后，则处于几近可忽略的状态。

经由综合性社区合作组织和城市市民食材保护性组织参与的生态产品市场的再造，在社区层面上，是对农民在生产—消费体系中更高层级权力的争取，并兼具农户在其间实现"互为增能"的发展与本层级指向的保护性功能；是在提供一种替代性安全食品解决方案的同时，尝试重建新型家庭农场或综合性组织在农业生产技艺及农业生产—市场体系中的主体性。

工业化农业以及单维度发展甚至可能引发区域生态系统的变迁。调研中，一些老农户反映，随着周边工业进程的加快和对山林树木的乱砍滥伐，社区整体气候、水文都发生了巨大变化，出现水源地枯竭、旱涝灾害频仍、病虫害频繁、稻田蓄水能力下降等问题。而更深层的影响则与技术的社会性相关，某种意义上技艺本身确实是人的联结方式，并赋予人群的生活意义①。而在单向思维的工业化农业推进过程中，如上人际联结与意义网络都在瓦解。

与此相对，在社区合作组织内部实施了生态农业的农户尝试尊重和利用生态系统的多样性和自身规律，采取友好、安全、生物性或物理性手法，尽量减少耕作过程对生态的影响。可以说，生态农业是生态文明在农业生产方式上最直接的体现，保罗·霍肯设想的"恢复型经济"在生态农业中得到了最朴素的体现。

采用生态农业的技艺并不意味着产量的持续下降。根据对南北方多地生态农户的访谈发现，使用生态农业技艺后，产量在开始一

---

① 央视纪录频道《遇见工匠》，2020年9月12日。

两年会出现30%—50%的下降，而在第三年左右，产量则会呈现恢复的趋势，并保持在原产量80%左右的水平。究其原因，在长时间施用化肥、农药后，土地质量下降，农家肥对土壤来说是一个逐渐恢复其内部微循环的过程。生态农业农户对所采用的农耕技艺做出简单的概括中，"平衡""可循环""多样化"是最常出现的词语，而这也正是强调人与自然和谐共生的生态文明最基层意涵指向。

与社区合作组织产品对接的替代性市场结构中，一些民间推动力量已经在尝试重建农业体系内的循环网络。广西"土生良品"饭店及其推动的社区合作组织开展的农户稻鸭生态绿色种植及生态农业实践，可以透视其中体现的人与自然的关系。所谓农户稻鸭生态绿色种植，即在禾苗初长期间，将鸭子放入田中，直至水稻抽穗、赶出鸭子的生态种植模式。鸭子在田间吃杂草（鸭子不吃禾苗）、吃虫子、排便（增加土壤肥力）、奔跑（防止害虫产卵），有利于水稻的生长、产量的提高，并相应减少了劳动力的投入。水稻耕作采用自留种（非杂交水稻），施用农家肥，必要时采用植物制作的配方杀虫；鸭子不喂养从市场上购买的饲料，而是喂养由玉米、豆子、花生片等混合制作的饲料。

在调查中，采用生态农业种植方法的农户表示，稻鸭种植无须使用农药、化肥。原因在于：采用生态种植，无须除草，虫害很少，土壤肥沃，禾苗生长好，没有使用农药、化肥的必要；种子方面为当地自留种，抗病虫能力强。通过先期引导对因无序农药使用，农村环境、农家健康状况恶化现状的认识，农户自身对生态理念具备了一定自觉意识，一般能够遵守合作社要求，听从相关作业指导。

几十年来，农药、化肥在农业生产中的过量应用，在思维方式上是一种以消灭异己实现单向的利己的效率观；在经济结构上，与农业的市场化、货币化进程相切合；在生产方式上，一方面，农业生产过程全方面市场化过程，农户阶层缺乏利益代表的、具备一定市场势力的参与主体，缺乏市场议价能力，无力遏制农业生产成本上升趋势，从而加剧并固化了微观农户的不利地位。随着从社区观念、生活愿景想象到基本消费品满足日趋卷入商品化浪潮，《四千年农夫》等著作中描述的高度循环态生产—生活形态，已经不复存在。一个基本的事实是，在中西部地区广大传统农区，单纯依靠常规大田作物农业生产，无法满足农户的"现代化生活需求"（医疗、教育、住房等）。

同时，机械化及农药、化肥的投入极大地减轻了农户的生产强度和对劳动技艺的要求，不但使传统村社中的劳动互助关系和传统生产知识体系彻底瓦解，更使大量的剩余劳动力出现。而20世纪最后20年里，大量农村剩余劳动力的出现正满足了工业部门的劳动力需求。随之而来的，是大规模农业劳动力的候鸟式迁移。然而，这与理想的城市化图景却相去甚远。陈锡文曾经表示，"一些地方城镇化推进的方式，基本上还是要'地'不要'人'，把农村的地圈进来了，但是真正的城镇户籍人口其实没增加多少，把农民挡在城门之外。所以，单纯去看这个数字是不是超过了50%，是没有实际意义的。如果农民的土地进了城，但失去了土地的农民并没有变成市民，可能会积累越来越多的社会矛盾。"

与化肥、农药广泛使用相配合的是单家独户各自为战的农业作业方式，农技服务体系在农业税取消后濒于瘫痪，缺乏基本技术指导，加之对品相、产量的单向追求，在生产结果上的体现即是广为诟病的食品安全问题。而这样无序化、分散化的状态也同样映射在农村社区的图景上。周立指出，粮食消费具有明显的公共性和外部性，这使得粮食生产、粮食消费不仅仅是私人的事情，其具有明显的公共性质①。也正是在这个意义上，选择生态农业也就同时意味着对生产过程、社区关系乃至城乡关系的重构。

---

① 周立：《极化的发展》，海南出版社2010年版，第91页。

二、技术与生态农业合作组织的发育

社区合作组织的生态农业实践，是因替代性技术应用而引发组织及市场结构的再造，同时也是生产过程中主体性的重建。这里的主体性特别是指对生产过程技艺性信息的控制性，包括传统种子保育知识、基于本地知识的、生态友好地去除虫害方案和施肥技术等。在组织结构上，从事生态农业的合作组织往往展现出一种综合性特征，即在生态农业技术指导与监督功能外，提供农产品销售、社区公共服务等职能。

在一些案例中，生态农业技术于社区内部的应用与社区自组织发展相辅相成。作为一种有序化形态的社区组织，它的形成需要如下要素：广义信息及高质能量。前者可在不同场景中表现为具有边界的理念性认识和行为方式的共享认知；后者则可以来源于环境资源性的输入与转化，或成员在特定信息模式作用下持续性的、目的性的做功。也就是说，与一般物理学意义上的远离非均衡状态不同，除了从外界输入能量，作为具有特定目的性认识的、组织构成部分的"分子"，可以动用自身广义社会资源以及通过各种形式参与组织运营"正向做功"，释放高质能量，促进组织形态及功能的成长。正如前文所述，智识上觉醒、精神上觉悟的"人"本身就可以成为高质能量的生产者。特别是对于环境资源贫乏的人类组织化行为，这点就显得尤为重要。信息要素规定了组织所展现的基本属性，其与能量要素结合让这样的属性表现出一定的功能或结构。这也形成了人类组织形成中独特有趣的部分：信息和能量的组织输入在这里并非全然是热学意义上外部的输入。

在实际的社区自组织发展的案例中，自组织信息模式的形成，往往是外部输入与内部发育相互结合的产物。可以分为几个阶段：

首先是自组织内部的部分活跃分子、带头人物，通过参加培训、自我学习等方式，接受了这样的生态农耕的技术—文化范式（价值型信息与组织模式型信息）；形成了一种新的自我认知，即对自身处境的认识、如何改善这种处境的认识；以及对于自组织形态和发挥功能的认识，对于组织内部成员互动模式的认识。

第二阶段是上述价值型信息与组织模式信息，在外界力量或内部关键人物的推动下，逐渐成为组织形成和发育的信息基点，以此基点在人群中扩散、产生吸引力。这样的过程是一种由特定人群到"组织"的演化，是人群对价值型信息和组织模式型信息集体学习、认知的过程。而信息模式普及化之所以得以展开，一般是基于先期形成的关于新的更高水平社会能量途径的预期。通过与组织高质能量生产与配置相叠加的、对共同行为范式和价值理念的模仿与遵循，一定的广义社会资源生产、配置、利用、循环的结构得以形成，组织功能得以确立。而在组织信息和能量循环通路发育及外部压力与机遇的共同作用下，更多的功能模块出现在组织内部，互为联结的网络形态显现出来。

三、生态农业技术信息实践化

生态农业技术，其信息结构与在中国实行了三十余年的依靠化肥、农药投入的农业增产方式在信息模式和相应制度通路上有质性差异。因此，这样的颠覆性信息结构在乡村社区的介入过程，事实上是认知范式的转换，必将伴随着不小的广义社会资源的耗费。在简阳新天地合作社案例，袁勇等人最开始在村里推广生态农业的时候，村民是很不愿意的，觉得不用化肥和农药是不可能种出庄稼的。在整整一代人的时间里，依靠农药化肥投入种地的农户，已经不太相信还有建立另外的生产—信息体系的可能。最初的合作社骨干力量，到各个社里宣传种植生态水稻。按照村书记李显俊的说法，2010年那一年是当村干部以来开村民会议最多的一年，也是走访农户最多的一年，还是"说话说得最多的一年"。新天地合作社的一个做法是将认知转换与农户切身体会相结合，最初始的推动者会引发农村中疑难杂症增多、环境污染来说明化肥农业无序使用的危害，并通过将整个生产—信息回流的细节尽可能详尽展现，说明如何在种植水稻过程中，不用化肥、农药，而是可以找到其他的方法来防治病虫害。

早期的推动者和技术型专家，还积极利用社区内部既有的社会网络和社会势能。村内最早接受生态农业理念的李显俊借助自己村支书的身份，利用在社区内部权威资源加速技术性信息在社区内部的形成集体认知进程，他召集双河村的 9 个经济社的社长，到各个社里宣传种植生态水稻。这个过程中也进行某种信任转移，村民将对这位历来有着不错口碑的村干部的信任，转移到其所推动的事情上。以村委会的力量推进合作组织生态农业实践，也为组织的成型提供了很多便利条件。特别是在早期新型生态农业技术在村中推广时，为了免除试种村民的后顾之忧，村委会向村民承诺，会以固定价格收购采用新方法种植的稻谷，以保障收入水平。

村社内部对于一套技艺信息的接收和应用，是从示范到模仿到强化的过程。新天地合作社最开始敢于尝试第一批生态水稻种植的只有 2、5、8 三个社农户的 71 亩地。农户们只拿出一部分耕地谨慎实验。实验结果是，虽有少量减产（每亩约减产 100 斤），但口感比之前种植的品种要好。这样的结果好于农户的预期，加之推动者反复宣传生态种植对健康的好处，村民的认知模式和评价模式已经悄然变化。

伴随着新型生产技术信息，与之配合市场结构的变化也随之展开。早期推动者利用自身社会资源，将新生产的生态稻米面向特定群体以 4 元/斤的价格销售，给农户带来了较一般种植更大的收益。这就完成了一个良好的示范。其他村民，很快加入了生态种植行列，对示范群体的行为模式加以模仿。第二年生态稻米的种植农户增加了 400% 以上，几乎扩展到了全村所有农家。随着种植模式趋于成熟，社区合作组织生产的生态稻米的名气也开始在当地扩散，销售市场逐渐打开，价格也上涨到 10 元/斤左右。

随着生态种植技术信息体系在社区合作组织内部的引入，组织内部协作模式建设也逐渐开展。为了实现优化的生产秩序，生产过程中的职能次序安排逐渐成形。这样的职能次序安排反映了生态农业各个环节的性质，其中最重要的是：哪些环节由合作组织完成，而哪些环节由农户进行。一般来讲，具有较高正外部性、难以在个体农户层面上控制的活动由合作社来统一完成。

在简阳新天地合作社案例中，喷洒沼液、施用沼气残渣由农户根据农时自行安排，而育种工作则由合作社统筹。由于合作社理事长为村书记，合作组织利用村委行政的力量召集 8 个社的社长开会，根据 8 个社特点，统一布置前期育秧工作，之后由各社长统一安排育秧，社长根据社里农户稻田种植规模分配秧苗。病虫害防治方面，合作社在全村水稻田每隔 10 亩左右挂一个诱虫灯。很明显，这样的工作如由单个农户进行在行为激励上是不可行的。使资源更有效率地在组织内部分配和利用，是组织内部结构成形的一个重要标志。而合作组织可支配广义社会资源的增长与有效利用，又意味着作为合作社所有者的农户收益水平的提升。

合作组织的核心成员，作为不同类型广义社会资源的丰厚性占有者和预期收益的重要分享者，有激励动用相应资源，来推动技术信息转化成理性的生产安排和资源配置实践。在简阳新天地合作组织实践中，合作社的骨干同时是村委会的干部，他们充分利用这样的体制内资源便利，为生产技术信息的实践提供组织化支持，如各经济社的社长作为重要的统一性技术服务的实施者，提供统一育种、喷洒沼液等服务。而另一类骨干成员则为外在技术专家，他们利用自身的关于生态技术操作的多样性存储，将技术路线转换为社区内部的结构性安排，整体设计生产安排和技术细节，监督各种生产计划的进展情况，并及时提出相应反馈性信息，以及对技术难题提出解决方案。这样的反馈性信息循环，是保障一种理性的组织形态形成的重要一环，并可将其理解为一种微型的纠偏机制。

与已经形成了一定规模，内部有较清晰分工的社区生态农业合作组织不同，成立时间不长且内部组织结构尚不清晰的合作组织中，合作社带头人既是合作社内部信息的汇集者，同时也自然成为生态农业生产"流程"负责人。在这样细分制度尚未成形合作组织中，强化利益共同体观念，形成一种初步的共同利益认知是很必要的。唯有如此，才可形成非正式的监督和纠偏力量。在老家江西宜丰成立生态水稻合作社的返乡青年姚慧峰这样描述成立初期的生产监督："我反复告诉村民合作社是一个利益体，如果有某一户农民使用化肥农药，所有农民的水稻他都不会要，这样农民自己内部就有了共同的监督动力，有助于保证水稻的品质。"刚开始种植的时候，农民要是看到某个社员拿着药瓶子，就会赶紧给姚慧峰打电话，"某某拿着药瓶子去田里了，不知道是不是给水稻用的，你赶紧看看，要不然大家都得受牵连"。可以说，在合作社内部资源积累还不足以支撑更为正式的制度成本的时期，共同体内部的社会资本，或者说对组织内部行为模式的预期与规范，保证了合作组织成员能够以可预期、可纠偏的行为模式行动，降低了合作组织的运营成本。

四、生态农业中的劳动者精神

在依赖工业产品投入的工业农业中，农耕者本身的精神状态并非一个需要书写的因素，因为农民本质上为技术体系的附庸而非掌控者，其所处的本质上是"单向增能"的交换关系。本研究认为，具有生态文明内涵的技术体系，不仅是指向和谐的人与自然关系、清洁可再生能源应用、碳捕获与封存等[1]——这当然是具有生态友好意义的产业发展的必要技术类型，更应包括生产过程中新型的人与

---

[1] 陈晓红：《生态文明制度建设研究》，经济科学出版社 2018 年版，第 321—323 页。

人之间的关系，以及劳动者在技术运用中可行能力、信息多样性存储乃至精神生命的发展。

资本主义生产技术历程中每一次技术的分叉，都渗透着权力的因素和对商品化的人的单向度的乃至极化的考量和运用。在本研究附录的报告中，消费电子产品生产线上年轻工人的可行能力面临一种被隐藏的剥夺，精神生命的发展更是无从谈起。农业生产过程表面上更加自主，实际上在化学投入品无序使用的情况下，持续地在劳动者与土地之间、劳动者与自然之间、劳动者与社区之间，乃至劳动者与自身之间生产着对立性。即使在实现"农药零增长"① 的今天，走在广大传统农区的田野，冲鼻的农药味、散落于地头的塑料瓶子、被除草剂喷过的焦黄败落草甸仍随处可遇。工业文明对农业的改造过程中存在的内质性矛盾同样在农业劳动者身上体现。作为工业化文明的具体化，农业劳动者要将工业化的意志、手段和材料施加在自然存在上；而作为自然系统的发展产物，对自然系统的限制、压抑和破坏，又不可避免地反作用于农业劳动者本身。以劳动作为其存在方式的劳动者将不得不面对一种"异化"的劳动过程——劳动本身成为劳动者异己的存在。在于生态、于社群、于自身持续制造异己性的情况下，生命的精神状态也只可能萎靡塌缩。

然而，在当代社区生态农业实践中，劳动者对自身有机耕作技艺的信任与坚持，以及在这个过程中的内心满足感，却是不能忽视的。同时，在一些有着较长时期组织文化资源积累的社区合作组织，将劳动者的尊严与合作过程中精神生命的成长，作为合作组织价值型信息的重要组成。诚然，本研究所涉及的社区合作组织推动生态农业尝试就全国范围而言，是相对小众和微观的，然而，本研究相信人类更高文明形态的内核，乃至更值得期待的人与人之间关系的

---

① 参见农业部：《关于印发〈到 2020 年化肥使用量零增长行动方案〉和〈到 2020 年农药使用量零增长行动方案〉的通知》2020 年 10 月 21 日，见 http://www.moa.gov.cn/govpubhl/zzYGLS/201503/t20150318_ 4444765.htm。

"种子"，正是在这样看似"小众"的共同体中孕育。

社区内部组织化价值型信息在生态农业组分上的反映，包含着对工业化农业生产方式的反思，乡村共同体互助文化的肯定，以及更具尊严的市场参与方式的争取，这些构成了生态农耕作业中的劳动者精神，这也正是依托综合性社区合作组织的生态农业区别于目前各地广泛开展的由外界公司推动的有机农业方式的关键。更进一步说，相对于后者，前者在经济效益考量之外，将社区持续发展、生态保育以及劳动者在可行能力、精神生命、尊严等方面的全面发展放在至少同样重要的地位。

对于第一批"吃螃蟹"的生态农业尝试者而言，可以依靠长期思考、对境遇主动地反思来坚持。而要吸引更多的农户参与到社区生态农业的实践中，则要花费更多的工夫。这不仅仅涉及未来收益的预期，更可以看作劳动者的教育过程，既是对一般农户错杂的生活—劳动体验予以解释的过程，更主要的，也是一种对农业工业化以来已经根深蒂固的，劳动者对自然、土地的看法，对劳动过程和劳动技艺的看法，乃至对自身认知的再塑，而这样的劳动者教育过程也是劳动者的主体性和自信力的找寻。

带领农户从事生态农业"归朴农园"的王宁这样描述劳动者的教育过程："化学农业生产方式盛行以来，短短的二十几年，他们已经习惯了农药、化肥和除草剂的使用，根本不相信离了这些能种好蔬菜。为此，我尝试用各种方式把'健康的土地＝健康的食物＝健康的人'的理念带给他们，就这样逐步完成了生产者的教育和组织。"

针对社区合作组织生态农业部门的态度调查也反映了其对农药无序使用于环境影响的认识。在受访农户中，近八成对农药危害有一定的认识，其中近半数认识到农药对环境的较大危害。对于很多生态农业创业者而言，之所以做出与众不同的选择并坚持，很大程度上是对城市消费主义的生活方式的反思和自己真实意愿（初心）的重新认识，生态农业让他们有机会选择了一种更健康而简朴的生活方式①。

为什么要强调农业—农社关系的综合体而非简单地只说"农业"？事实上，脱离地把农业作为一个与其他经济部门并列的言语本身，体现一种割裂与剥离的手法与判断。农业—村社关系共同体价值回归，同时是农户对自身身份的捡拾、重新认识与认同，是一种劳动自信的找寻与重建。从较长的时间轴视角来检视，大略可以把现代性引入与村社共同体解体看作一体两面的过程。而所谓的共同体解体，其实是村社的价值联结、精神联结、人际关系，以及文化与经济活动（农耕）等组成部分的相互隔离。其中的价值与文化，由于失去了赖以生长的经济与生产联结，逐渐地呈现出一种消散、异变和泯灭的状态，农耕活动则表现为一种被日益现代化的国家体系和工业化体系所抽剥、吸纳、改造的过程。或者说，如果把传统农业视为一种价值—文化（人际交往）—农耕统一体的话，现代化中的农业则日趋成为国家体系以及为国家体系所倚重的城市经济和工业经济服务的附庸，农村劳动者在态度和行为上对农业、对生态的疏离无非是这种附庸化在个体层面上的表现。而在学术界广为讨论的青年劳动者身份认同的游离，正是时代大图景中个体身份的"丢失"。也可以说，自我身份丢失与迷失、精神生命的塌缩有着共同的政治经济学背景，即劳动者与整个技术—信息回流的异化关系。

作为综合性社区合作组织功能模块之一的生态农业实践，不仅与新型市场拓展、资金互助等功能组分相协作，更可与社区文化更新、市民互动活动、吸引外出农户返乡等线条相对接。阜阳大申庄社区互助农业合作社，起源于 2011 年在《农家女》杂志支持下成立的农家女书社，这个以村内留守妇女、老人、小孩为主要服务对象的社区组织，参照北京小毛驴市民农园的运作方式，不仅开展生态

---

① 吕程平、谢海龙：《职业农民的兴起：价值观与市场方式的更新》，《贵州社会科学》2019 年第 10 期。

种植，并以市民亲子活动、品尝交流活动，吸引了一批曾经的"打工妇女"返乡，还通过文艺汇演、插花、朗诵会等形式，为普通农村妇女提供了展现自我的平台。得益于内嵌于综合社区组织功能区块网络的生态农业实践，与所在农区普遍的"打药施肥—外出打工—机械收割"农业方式相比，村社不再是春去冬回的旅馆式存在，社区相依相守的传统价值得以在更高层面被重塑。这既不是对旧时小农村社的回潮或想象，也没有"诗与远方"般的矫情，这是立足于新型城乡关系的劳动过程价值重新构建和劳动者精神的再发现。

大申庄农家女书社创办人刘全影这样说："我感觉自己像一座'桥梁'，为农户搭建了一个信息的桥梁，为市民搭建了一个健康的桥梁，我来回穿梭在城市与乡村之中，给城与乡搭建了一座友谊的桥梁。自己感觉很快乐幸福！为农户卖菜，卖蛋，为市民带土鸡蛋，送健康的菜！做新时代的农家女，累着并快乐着！"①

在这些案例中，土地也不再是单纯经济学意义上的生产资料或倾泻化学制剂的对象，而是需要勤恳细致对待的生存依托。回归勤恳、回归村社价值的过程中，一种劳动者的自信跃然其中，经济价值与社会价值和自我价值的找回同时发生着。

身份的找回与自信的重建也体现在对生态农耕价值的坚守，而这种坚守已经超越了一般经济理性的容纳范畴。由于社区生态农业依赖生产者与消费者对生产、交易过程的参与和理解，如果要实现可持续、长期的生态农业过程，生产者就要把对这一生产形式所内置与赖以存在的原则放于短期的经济利益之上。当代乡村建设中，社区合作组织生态农业劳动者熟练和富有创造性的生产能力的培养与自主的生产—生活—市场方式的建设，有赖于对此种生产能力和生活方式的自信、预期和参与，以及更具想象空间的城乡互动方式

---

① 刘全影：《从农家女书社到社区互助农业》，北京梁漱溟乡村建设中心，2013年全国合作社论坛，嘉宾演讲资料。

的探索。在此过程中，劳动者投入精神力、智力与体力，发挥创造力，并获得精神生命的成长。

延伸阅读

南塘敬老文化节！致敬心中有片瓦尔登湖的人们

——摘自"南塘民府"公众号，2020 年 5 月 4 日（原文为诗体）

上周六，4 月 25 日，南塘第七届敬老文化节在南塘民府顺利举行，这是一个灿烂、阳光和清新的周末，表演节目的友人，参加美食节、生态农夫市集的同行者，工作人员和志愿者。

大家早早来到，只愿把最美好的带到这个院子里来，磨炼多时的精彩节目，最拿手、最有乡味的一道菜，最用心、最生态的农产品和最阳光的心态。

老人们也已到场，这天本是他们的节日。

劳动英雄榜，来自年青一代的慰问，精彩的节目演出，参加美食与市集，和所有人一样，他们在这一天里笑脸灿烂。

最受大家欢迎和津津乐道的，莫过于社区妈妈们的美食活动，纯手工、精心制作、极富本地色彩的美食展示。

活动到最后，大家在院子的空地上，围成一圈，带着喜悦、新奇和美满，手拉手跳起团圆舞。

下午，在南塘艺术部落，是关于生态农业、教育和《易经》的交流，嘉宾把属于个人的经验分享出来，成为大家生活和实践的参照。

所有这些，是大家在为美好的生活努力，美好来自不焦不躁。

自信坦然的生活，来自充实的精神，纯粹、简单而友善的人间关系。

美好来自人与环境的和谐，来自健康的饮食，当人们归还自然一片净土，从中汲取适量、简单而健康的营养，这就是美好。

在阜阳及黄山，有一群人，他们一直在为一件美好的事而努力，我们可以简单地说："他们从事着生态农业、养殖和教育的事。"

然而，其背后的人与自然和谐的初心，与所付出的艰辛和努力，是大家不容易看到和体会的。

在这儿，请支持这群可爱积极、心中有片"瓦尔登湖"的人，支持他们努力的成果。

心中有片瓦尔登湖的他们，道之然自然农场。发酵养殖生态猪、生态鸡、生态小麦……

第四节　合作组织生态农业的多元受益

本研究认为，在 21 世纪乡村建设中综合性合作组织进行的生态农业实践，给农户及村社带来的收益是综合性的，这里包含但不仅限于经济收入的增长。由人类个体信息处理系统的多维度出发，本研究将"人的发展"视为具有多重信息模式整合属性的精神生命的成长。如果说，将人的行为模式简化为效益的理性评价，是追求单维度极化的工业文明时代的技术必然性的社会规则呈现，则在具有生态文明意义的生产关系中，需去除生产过程于劳动者（精神生命的发展）、社区（劳动者的社会存在）及生态系统（生产过程的自然依托）的异化属性，从而以系统整全的发展观（以综合性社区合作组织及其组织信息模式为载体），将生产—交换过程纳入互为增能的交互结构。实事上，在笔者看来，这是本研究所考察的综合性社区合作组织真正动人的部分。

本研究除用了一定篇幅讨论农户在实施生态农业之后的收入变化外，还尝试考察农户生态农业过程中可行能力及精神生命的变化，新的生产—交换方式对农村社区环境、综合健康水平及城乡关系的影响也被纳入视野。

一、生态农业与农户增收

"比外出打工要好"，是调查过程中参与生态农业农户的普遍感受。一位返乡推动成立生态农耕合作社的返乡青年这样评价村子里其他人的打工生活："农民就像候鸟一样在这三个时候返回家乡，其他时候多在外面。之所以如此，还在于大环境下农业的收益太低，即农民单纯依靠农业生产的收入不足以支撑现代化的生活、教育和医疗。我村每年都会有十余名学生考入大学，很多大学的学费加生活费一年都在一万左右，而他们的家庭依靠五六亩土地一年只能有几千元的收入。"杜鹰的研究认为，首先，在农业领域，从需求的角度看，在 20 世纪 80 年代中期城乡温饱问题解决后，农产品的供求格局发生了根本性的变化，由于主要农产品的收入弹性下降，农业增产与农民增收之间已经不是简单的正相关关系；而从供求角度来看，随着中国农业从传统农业向现代农业的转变，农业成本（特别是物耗）呈加速上升的趋势，近年来农业净产值平均每年下降 0.5 个百分点。其次，在价格形成机制上，尽管中国农业资源短缺，农产品价格上升看来是必然的趋势，然而随着中国对外开放程度的扩大和外部竞争的引入，国际市场价格对国内农产品价格势必起到封顶的作用[1]。

---

[1] 杜鹰：《现阶段中国农村劳动力流动的基本特征与宏观背景分析》，载蔡昉、白南生主编：《中国转轨时期劳动力流动》，社会科学文献出版社 2006 年版。

在这样的背景下，社区综合性发展组织承担替代型技术信息与替代型市场路径引入成本（不可分割能量投入），从调整农户农耕收益结构，建立一体化的"益农"商业模式出发，以差异化品质突破价格天花板，为广大小农户提供另一条参与市场的途径。根据对全国 90 户生态农户的问卷调查，我们发现随着生态农业实施年份的变化，农户农产品产量水平呈 U 形曲线变化，显示出农作物产量的经历变化与趋向稳定的过程。

第一阶段，施行生态种植后总产量的减产，以位于华北平原的保定为例，小麦每亩减产 100—300 斤（有部分农户报告产量变化不大，并伴随质量提高）。汇报产量增加的农户的耕作年份一般为三年，这时生物肥已经取代了化肥，并发挥出更持久的效益。

实施生态农业后，农产品减产主要发生在有机耕种初期的农户。对于耕种时期较长的农户，产量基本稳定。2012 年开始用生态方法种植小麦的农户陈杏国、陈建奎报告，第一年的小麦亩产下降超过了 10%，与此同时，由于农药化肥的投入量出现了大规模的下降，拉低了总成本。但粮食价格并没有明显的变化。这样的首年下降数量，因不同的作物和地区及劳动者的技能差异而不同，在南方水稻种植区，有农户报告说首年单产下降额达到了 30%—40%。一份来自针对社区范围内实行生态农业的调查报告显示，当地的病虫害在实行有机种植后相对减少了。2008 年，周边地区爆发虫害，唯独实行有机种植的村庄稻田未受大的影响。[①]

另一方面，在主流市场商业资本与农户之间的不平衡地位中，农民一般只获得其产品最终销售给消费者的价格的相对低比例，而相当部分的可能利润被中间商所占有[②]。即使以本研究考察的以社区为单位的综合性合作组织来看，由于并不具备日韩农协的规模议价能力，

---

① 贵州省传统知识惠益分享案例研究，未刊资料。

② 黄宗智：《小农户与大商业资本的不平等交易：中国现代农业的特色》，《开放时代》2012 年第 3 期。

其对形成"益农"式的或者说有益于社区生态农业与农户自身发展持续性的收益空间的影响力仍甚微弱。在这种情况下，下文涉及的合作组织与市民食材保护组织间的"参与式定价"机制提供了推进"互为增能"交易结构形成的替代性路径。

延伸阅读

生态农业的农户收益变化

借助基于广西食材保护性组织广西爱农会的实践，来看其对接的合作社内部从事生态农业农户受益变化情况。爱农户是一个旨在促进城乡互信互助的民间非营利机构，同时开展社区支持农业，推进农户不用农药化肥、工业饲料开展农产品生产，然后组织消费者以双方协商的价格购买。广西柳州爱农会所属的南宁市"土生良品"饭店，所有食材不使用化肥农药，并且大部分食材都为当地土生物种，如水稻为当地自留水稻，即当地以往种植的品种，而非杂交水稻；鸡为当地的土鸡。他们提倡健康生态食品，反对使用化肥农药和转基因食品，也通过这种模式尝试社区支持农户（CSA）的理念，帮助农户。目前，土生良品饭店实现了经济效益、社会效益与环境效益的统一，每月营业额高达三十万元以上。先期调研中考察了为土生良品饭店提供食材的南宁市都安县红渡村合作社及其农户受益水平的变化。

都安的有机耕作农户在采用生态农业方法和当地土生稻谷品种——旺稻后，产量在首年出现20%—50%的下降，与此同时，由于完全拒绝农药的适用、采用自留种以及改用农家肥（未计入成本），参与调查的农户平均总成本有近80%的下降；另外，依靠爱农会较为成熟的销售模式和经营理念，有机稻谷的销售价格有了大幅度的提升，对于使用旺稻的农户来讲，这种价格提升与之前相比达到2—3倍，平均变化率达到154.2%。总体来看，在此项调查中，广西安都地区采用有机耕作的农户，借助商业化运作模式的销售渠道—品牌推广构建，收益率有了大幅度的提升，平均变化率近80%。

此外，这只是稻米本身带来的收益变化，并未加入稻鸭养殖中售鸭收益。平均每亩销售鸭子纯收入为800元左右，加上这部分收入，农户农养结合每亩全年纯收入达到2670.8元，相比于采用生态种植模式前每亩收益1040.8元，农户纯收入增加了1倍多。

据报道，发展稻鸭养殖微循环，改进传统稻为有机稻作，生产有机稻米和鸭产品，有可观的经济效益。浙江省对1.5万公顷稻鸭耕作示范户统计发现，由于养鸭收入与无公害大米加价以及节省成本等原因，稻鸭系统的纯收入比传统稻作模式每公顷增加3500元以上。江苏省镇江市2003年对全市24个基点的统计数据表明，稻鸭工作模式可使农民每公顷增收3000元以上。在湖南长沙市某公司示范推广稻鸭工作系统所生产的农产品，大米在普通优质米基础上加价5%—10%，生态鸭每羽售价24元，生态蛋售价6元/kg，比普通鸭、蛋价高20%以上，每公顷平均纯收入增加2000元。近年来，学界关注到小农户生产中的"一家两制"现象，即出于农业生产中农用投入品使用量逐年增加、农业经营收益十分有限等原因，农户不愿意消费自家生产的农产品——这部分供给城市消费者，而通过小片自留地为自家消费提供质量安全更有保障的产品[1]。可以

① 徐立成：《"半工半耕"、差序场与农户的差别化食品消费——"一家两制"调查与农户"个体自保"行为分析》，《清华社会学评论》2018年第2期；另参见周立、方平：《多元理性："一家两制"与食品安全社会自我保护的行为动因》，《中国农业大学学报》(社会科学版) 2015年第3期。

认为，这实际上是由农户与城市消费者的显性交易，及人类与生态环境的"隐性交易"共同搭建的"多维损害"的锁定：由于农户发展型需求难以通过过低定价的农产品市场满足，短线、粗放和高度依赖投入品的生产方式成为必然，这在加剧食品安全引发的健康威胁的同时，强化了消费者对于农产品市场的不信任感。同时，此种生产—市场结构又在每一次实现过程中加深环境损害。将内置生态循环理念生产方式纳入多维指向的商业模式，事实上以一种新的信息模式组合（生产型信息、商业模式信息以及关于上述生产型信息和商业模式信息的信息——信任基于此形成）和社会能量循环突破了"多维损害"锁定。

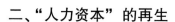

二、"人力资本"的再生

根据世界银行的报告，随着年龄的增长，农村劳动迁移比例迅速下降[①]，如图4-2所示。相对于未迁移的农村劳动者平均受教育年限（7.6 年）而言，迁移劳动者的平均受教育年限更高（8.9 年）。

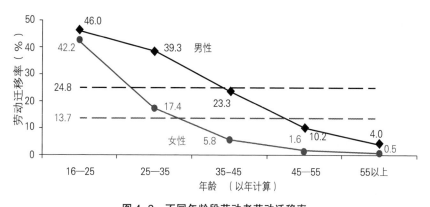

图4-2　不同年龄段劳动者劳动迁移率

---

① 《从贫困地区到贫困人群：中国扶贫议程的演进》，世界银行，2009 年。

约80%的迁移劳动者都具有初中及以上学历。约有70%的迁移劳动者具有初中学历。换句话说，留在农村的劳动力多为学历较低、年龄较大的人群。

按一般的人力资本观点，留在农村的人群处于较低的人力资本水平。但从另一方面来讲，这些年事已高的农业劳动力相比于长期在外的新生一代，有更丰富的农耕经验。如何让这些农耕知识和技能得到焕发，实现"人力资本"的再生，成为值得思考的问题。而活化传统农耕知识中有益因素的生态农业为此提供了一种思路。根据此次调查，生态农业农户中有近85%的人年龄在40岁以上，44%的人学历在小学及以下。传统农耕知识体系不同于现代知识体系，很大程度上依赖感性经验的积累。其习得的过程，可以通过基于社区人际交往的感知、模仿来掌握。而经验的积累和人际的熟稔，恰是这些学历水平低、年龄大的劳动力所优长的。从事生态农业的合作组织，是通过内部协作网络，唤醒并利用了本社区内部既有的技艺储备，将在外部市场定义的"上不了台面"的传统农技和时令知识赋予了新的价值。而如此被弃置的社区内部技能信息存储得以重新焕发生命力的根本在于以组织合力及城乡互动构建了一个不同于被既有市场主体控制的市场体系的替代性市场——一种新的社会能量循环回路，这是在个体分散的格局下不能出现的。同时，这样的"人力资本"再生也体现了作为本研究有序原则推论的差异化最优思想。

三、"益农"式的农产品交易

在商业资本与农户之间的不平衡地位中，农民一般只获得其产品最终销售给消费者的价格的相对低比例，相当部分的可能利润被中间商所占有[①]。

---

① 黄宗智：《小农户与大商业资本的不平等交易：中国现代农业的特色》，《开放时代》2012年第3期。

通过比较成本利润率，可以明显看出目前在中国蔬菜流通中利润在各流通主体间分配不均衡的现象。与农民相比，批发商的成本利润率要高出6—10倍，零售商的成本利润率高出5—7倍，且农民的利润要受到季节、气候、供求、生产资料、生产技术等多种因素的影响，又最不稳定。批发环节和零售环节的价格波动很有限，利润空间相对稳定①。换句话说，受不确定因素影响最大的农户在整个农产品销售中获利远低于中间商和零售商。而后两者一般有更好的经济条件。借用扶贫领域的"益贫式增长"的概念②，可以将其视为一种非"益农"式交易。非"益农"式交易将小农户困于低收益水平，不能完成可行能力的增进，因而可视为一种非"互为增能"式交易。

"单向增能"的农产品销售同时也是财富的相对的"累退式"转移，即财富相对地由面临各种直接生产风险的"不太富"的个体手中转移到"不太穷"的个体手中。或者说，财富的增长率与风险的承担程度成反比，财富的增长率与经济实力成反比。根据达尔顿准则，如果一个收入分配是由一个分配经过一系列的累退性转移得到的，那么前者一定比后者的不平等程度要高。

以"公平贸易"为理论基础的，采用"参与式定价"的城乡农产品直销中，中间商和零售商环节被去除，生态农业农户与城市消费者，在考量有机农产品成本和风险的基础上（包容性定价机制），商议得出能被双方接受的价格。社会财富由城市中产阶级直接向农户转移，可以被认为是一种"益农式"农产品交易。而此种经由城市消费者参与的、具有包容性的市场定价机制的形成，有赖于在食材保护组织的努力下，农户与消费者之间基于互为理解与信任的新

---

① 孙侠、张闯：《我国农产品流通的成本构成与利益分配——基于大连蔬菜流通的案例研究》，《农业经济问题》2008年第2期。
② 这里主要指绝对益贫式增长概念，即穷人获得的增长的绝对利益要等于或多于非穷人获得的增长的绝对利益。参见周华：《益贫式增长的定义、度量与策略研究———文献回顾》，《管理世界》2008年第4期。

217

型市场信息模式的建设。

四、生态农业的外溢效应环境——健康

基于社区综合性合作组织的生态农业实验带来的不仅是经济收益结构的改变，随着生态农业在社区更大范围内的推广，社区整体生产方式有了转变，一种更持续和可循环的资源利用方式逐渐显现出来。

安龙村社区合作组织实施生态农业七年以来，在民间环境公益组织的推动下，由开始阶段的个别农户参加，到在较大范围开展，可以观察到当地卫生状况、环境状况明显改善。粪便得到资源化处理和利用，废水处理后达到农灌水标准、循环利用。截至 2012 年 8 月，安龙村以村民为主体完成 160 户农村生态家园建设，两年间该系统使粪便资源化利用 96 吨，尿液资源化利用 383 吨，节约用水量 11497.5 吨，污水处理、循环利用 22995 吨。安龙村被国家环保部授予"国家级生态村"称号。2010 年，成都观鸟协会在这里发现 32 种鸟类，近百只珍稀黄缘萤在此翩翩起舞。发展生态农业、有机农业，不仅提高了村民收入，通过搭建平台，组建绿色消费者联盟购买村民生态农产品，还促进了城乡互助交流，共同参与环境保护。目前当地生态农业面积 80 多亩，联结绿色消费者 600 余户。

另外，生态型都市近郊农业具有净、美、绿的特色，有利于建立人与自然和谐的生存环境；它还是一种开放型、多样化的农业：它将现代农业技术与传统农业技术有机结合，生物措施与工程措施密切配合，区域开发与小流域治理高度统一，生态保护与建设和环境治理与管理并举，提供了城市文明和农业文明的融合的一种方案，实现经济、生态、社会效益的高度统一和可持续发展，[①] 突破了单向

---

① 石嫣等：《生态型都市农业发展与城市中等收入群体兴起相关性分析——基于"小毛驴市民农园"社区支持农业（CSA）运作的参与式研究》，《贵州社会科学》2011 年第 2 期。

度的发展观，呈现了前文提及的多维度的系统发展考量。

此外，在由城乡居民合作组织对接而存在的生态农业生产—市场体系中，重视城乡之间的参与式认证和公平贸易。以"市民下乡、农业进城"理论为指引，积极推动生产者与消费者、农民与市民、农村与城市的大联合，并发展出不同形式的城乡互助模式①，而此过程在功能性意义之外，同时也发育、激活、锻炼着城市与乡村居民自组织的活力、创造力、团结力与适应力。这些本因特定功能而生却可以便宜地迁移到更广泛领域的组织能力，以及组织间互利共生关系，有可能成为系统面临外界扰动的韧性能力真实基础。

五、小结：以替代性市场实现差异化支持平台

在社区综合性合作组织与城市消费者群体之间的替代性、差异性市场建立，是推进农业供给侧结构性改革，增加绿色优质安全和特色农产品供给的重要选项，是以更加普惠方式实现"把地方特色小品种和土特产做成带动农民增收的大产业"的机制保障之一。

本研究所提出的替代性市场概念，是基于优质、特色农产品购销领域的，集合涉农企业、公益组织、民间团体、社区合作组织等主体的农村发展支持网络。而相较于行政力量推动的"消费支农"，替代性市场机制本身的分散性、专业性特点是提高特色农业发展效率的有效途径。其中，涉农企业②提供生产技术、仓储物流等环节的保障，公益组织在甄别信息③、保障项目精准性和多维指向、对接优质需求市场等方面发挥作用。两者是互为补充关系。后者弥补传统产业强逐利性及实际贫困覆盖率不足的缺陷；前者弥补后者技术性

---

①　《社区支持有机农业——中国人民大学乡村建设中心发展生态农业十年探索》，中国人民大学乡村建设中心，2011年。

②　近来，已经出现县域集体经济联社以特定比例参股区域农业企业，保障商业模式益农倾向的实践。

③　进一步可以考虑的是，具有以公共利益为基本指向的第三平台，发布产品益农性、公平性和环保性的认证。

能力、强资本投入能力不足的缺陷。社区合作组织为前端生产组织者，并以村集体资产入股等方式，保障后期受益再分配环节的普惠性和对顽固性贫困群体的倾斜性。消费者群体主要为对优质、绿色农产品有较高需求和相应高支付能力的城市中产阶级群体。

通过对基于生产方式与市场结构再构的生态农业的多元收益进行考察，可以发现，依托成熟的商业模式，我国南方地区的生态种植户收入较之前实现了倍增。对于已经经营多年、由成熟城市消费者网络支持的生态农业户，其收入结构实现了以生态农业为基础的多样化构成。而对于首年施用生态农业的农户，在城市环保公益组织的支持下，当年实现收支平衡且有盈余。对于"三农"问题的解决，生态农业兼具农户增收效应、社区生态效应、健康效应，同时促进了社区基于规模化生态农业的合作化过程，并突显了其社区重建意义。在分配结构上，面向城市中高端消费群体的生态农业及其销售模式实现了"益农"式增长；而从人力资本理论来看，结合传统智慧与时代技术的生态农业达到了"人力资本"的再生。从社会管理角度来看，包含着公平贸易原则的生态农业替代性市场加强了城乡居民的平等交流和信任，对化解社会矛盾和隔阂、倡导更具系统理性的互利型网络结构有积极作用。

第五节　合作组织与替代性市场

采用生态农业技术生产，意味着生产过程的多个环节密集型劳动投入，虽然生态农产品在安全性和口感等方面都有明显的优势，但面向大众消费市场的普通农产品市场受制于既定内部区块利益分配结构，不会为新型生态农产品支付高于生产区块高线的估价值。这也就意味着，除非生态农业生产主体构建替代性市场结构，否则不可能通过既定市场保障生产的持续性。

仔细观察相对落后地区的经济行为，会发现其是被排斥在有效市场交易（为交易双方带来具有实质性、持久性的福利改善）之外的。或者说既有市场结构不能使小农生产群体摆脱经济低位的困境，中间商及运营商支配着利润走向。而造成经济地位锁定的原因，既有产品本身市场定位模糊、特色不突出导致整体竞争力弱的因素，也有由分布在收购、仓储、流通等环节市场扭曲和垄断造成的高交易成本。

一、市场势力与市场意识形态

一般来讲，农民合作社生产的产品，要想进入城市大众市场，面临着两重市场壁垒，可以分别称之为市场势力与市场意识形态。市场势力，是基于系统论的角度，将特定市场视为由若干端点控制的资源、信息与利益的流通体系，这些端点包括大型商贸集团、大型生产商、仓储单位和广告媒介集团。这些端点处于动态博弈过程，而其结果则为特定的利润分配结构。一般来讲，新的博弈者要进入这样的市场结构，需要投送大量资源，在既有结构中，确立自身的空间，并于既有结构端点建立交互网络。新进者还需要确保它能够分得足够的利润，以保持生存空间并使交互网络持续运行。市场意识形态，则为保证市场体系运行的倾向性认知模式。任何一个消费市场体系都要保证能够拥有足够的消费者进入并依附于这样的体系，唯此市场体系才能够完成能量的闭环。因此现代市场体系要花费大量资金建构一种意识形态，建立这种意识形态的目的在于让消费者相信，使用这样的消费品是时尚的、高雅的、健康的。而市场意识形态的建立，需要动用大众传媒的力量，和高额的广告费用。这同样是小型生产者难以涉足的。质言之，市场体系实质是一套能量运行系统及信息系统的叠加。

从综合性合作组织早期发展来看，它们大都有尝试进入城市市场但折戟而归的经历。胡寨合作社曾经尝试种植一种进口的胡萝卜，虽然营养价值很好，但由于无力做大规模的宣传广告，以高于市场价2—3倍的价格进入本地市场，当地的消费者难以接受；而又因为合作社的规模仍然有限，达不到出口的要求，导致产品滞销。在当时，面对市场困境，合作社也尝试利用社会资源争取市民消费者的支持，但是这样的早期尝试尚显粗糙，缺乏整体设计和后期维持，没法与特定消费群体建立持久的闭环。

二、替代性市场的心理结构

社区合作组织以生态农业开拓替代性市场，其意义不仅在于通过内部化机制解决分散农户面对市场的风险性，更为重要的是，形成了一种将经济行为回嵌于社会共同体内部的机制。自组织在森严等级的一般性市场外，开拓替代性市场结构，重新确立农村社区与外部环境间的关系，将其自主掌握的生态农业生产技术信息体系中蕴含的价值型信息（如健康食材、生态友好、支持小农等），作为扩展外部关系的推介资源。以这样有着价值感召力的信息为基点，合作组织（或第三方民间组织）通过人际之间的信任发育，促发出或松散或紧密的消费者组织。与社区合作组织类似的是，这样的城市绿色消费者组织同样是相对弱者在不确定的和具有风险性的环境中，寻求相互保护的机制。在这个意义上，作为共同认知外化的组织形态，本身就代表着未知中的确定性。社区生态农业合作组织与生态产品消费者群体，这两个具有相近价值取向而在模式形态上互补的相对弱者联合之间，可以称之为"合作的合作"。

如果说合作社统购统销是与现实农户普遍需求相对接，而合作组织生态农产品对接城市特定消费群体的实践，则是一种更具创新性与反思性的实践。如果说新世纪（21世纪）初期综合性农村合作组织是在摸索中探索替代性市场，则晚近成立的以生态农业为基本业务的社区合作组织，从一开始就较有意识地构建替代性市场。这样替代性市场建构中一个很重要的方面即是对既有大众消费市场意识形态的打破，与替代性市场意识形态的塑造。如前所述，任何一种市场结构，都关系到生产者与消费者间关系的维持，需要一种特殊的意识形态，使得消费者相信自己需要这样的产品，并激发他们的购买欲望。更本质来讲，特别是对于生产方来讲，高质能量的循环回路的确立，意味着"包裹"着此能量回路的信息模式覆盖消费群体。在工业社会，大众消费品规模性生产的实现，此种信息模式，或者说市场意识形态的构建成为大众市场结构中一个独立部门。

生态农业的替代性市场，需要在生态农产品生产者与特定消费群体之间建立某种共生关系，其基础在于对食材安全现状反思的消费意识形态孕育。替代性市场意识形态形成的两个背景，其一是近年来频发的食品事故和一般性农业生产对化肥农药的滥用，为新型消费社会心理模式的出现提供契机；其二是随着中国当代城市中产阶级消费群体的成熟，出现了一批更加注重消费品质、注重产品与环境关系的绿色消费群体。本研究将在城市消费者群体中形成的，以寻找安全食材、建立公平的城乡贸易关系为目的的组织称为"食材保护性组织"。正是基于这样的背景，食材保护性民间组织将流动的、模糊的、可称之为"中产阶级焦虑"的社会心理状态，转换成特定的、有明确指向的市场意识形态。下面延伸阅读为近年活跃在清华、北大校园的清北消费合作社（TP/COOP）总群公告①。其实，早在1986年，类似的"食材保护性组织"就在韩国出现了。韩国韩莎琳合作社包括城市消费者合作社和生产协会，目前其消费者会员近70万家庭，共23家消费者合作社，生产者社区120个②。韩莎琳合作社在三十余年间，推动不同形式的城乡交流，并通过构建生产者与消费者之间加深彼此理解的通道，确保更具资源与社会持续性的进程。据韩莎琳负责人介绍，韩莎琳所想象的世界是乡村与城市、生产者与消费者共同生活的"都市·农业"共同体社会，是城乡两

---

① 感谢金海兰老师同意引用。
② 数据来源于根据韩莎琳2019年年报。

端相遇而推动的一项"生活合作运动"实践。经过三十多年不懈的努力和发展，这种想象如今已成为现实①。

延伸阅读 6

清北消费合作社

清北消费合作社，是三年前因偶然团购河南一家有机农场滞销蔬菜而结缘、以清华北大的教职工及其家属、朋友们组成的共购安全食材、支持生态农业、关爱环境土壤的消费者组织。我们每周两次送货，本周是周二和周五，对应的是每周一和周四中午截单。一般新鲜蔬菜类：周五配送的部分会在周二下午上新，而周二配送部分会在周五下午上新。我们的菜品种不如外面其他电商平台丰富，我们唯一可以保证的是无农药、无化肥的安全食材。我们给大家找到的初级农产品、生鲜蔬菜等，都是由合作基地提供。我们对合作基地的土壤环境有实际取土检测。对于产品，我们也每个季节随机抽测农药残留。我们是送到指定检测中心检测。结果都会向大家汇报，出现不合格的产品，也会向大家汇报。关注食品安全的朋友都知道现在在我们的食品生产、运输、储存及销售各个环节都存在不安全因素。很多人关闭了这方面的认知，其实，就是我们的生活世界严重异化。大家身不由己地忙碌与焦虑，食不知味。生活的过程和细节被忽略了。咱们清北合作社，就是大家一起提倡：**过有滋有味的生活，对他人、对环境有情有义。我们通过公平的购买，把农民的给农民，把土地的给土地。**100 年前，北大

---

① 源自社会生态农业 CSA 联盟（中国）与韩莎琳合作社联合会线上经验交流会。

的 60 多位老师曾组建过中国历史上第一个消费合作社。让我们一起在北大清华等高校生活圈和更多的朋友共同实践消费合作社模式，从守护家人餐桌开始。

我们这个组织为半自助性质。专职员工忙于日常事务和售前准备、售后服务，对自己产品的宣传不够。消费合作社的主体是各位参加购买的社员朋友，大家有意见和建议可以在群里找我或者私信我以及与客服交流，我们会不断完善我们的产品和服务。

三、化学农业的另一面

20 世纪 80 年代以来，随着"绿色革命"在中国展开，中国农业生产方式发生了巨大变化。"绿色革命"一般是指以农药、化肥、高产品种为代表的农业科技在农业生产中的应用。自 20 世纪 60 年代，依靠由国家或大型企业集团资助而推动的农业增长计划，实质是农业这一古老产业生产范式的深刻变化。根据合作实践者们和农村创业者在基层的观察，农户对化肥、农药、除草剂等的无序使用和高度依赖，导致了三方面不容忽视的现象[①]。

第一个方面是对农业生产环境造成危害。虽然化学农技对农作物增长有着显著的作用，但缺乏科学指导的无序化肥使用致使土壤板结现象日益严峻，庄稼根系生长受阻，保持水分和抗倒伏能力大大下降，遭遇异常天气，动辄造成大面积减产。由于化肥过量使用，破坏了土壤原有微生物等构成，当地一些优良的果蔬品种抗病虫害能力下降。而国家早已明令禁止使用的农药，在农村地区仍是大行其道，导致虫子发生变异，抗药性增强，又加剧了更多农药投入的

---

① 游睿山、吕程平：《新农人看农村：37 位基层创业者访谈录》，社会科学文献出版社 2017 年版。

恶性循环。此外，访谈中一位农村创业者认为，专用性除草剂固定了土地种植品种的生产能力，造成土地使用该除草剂后再也不能种植其他作物，对一地种植结构的深刻影响令人担忧。

第二个方面是对农村整体生态的破坏。化肥过量使用加剧的土壤板结化与除草剂对山区植被的破坏，使得在内蒙古草原向京津冀地区过渡的冀北一带地区出现不同程度的沙化现象。在访谈中一些长期在基层工作的受访者，忧心地描述了土壤的变化："小时候能用脚踩出大坑的土地已经不复存在了，到处是板结僵硬的土地"，益虫益鸟也基本绝迹。而种植水稻等作物时对地下水的过量抽取，使得当地地下水位快速下降，有农村工作者写道："种植水稻的，在灌溉的时候两台水泵几天不断地抽水，一口直径五米左右、深四五十米深的井，经常被抽干。过去打半腰深的井就能出水，现在得平均二十米才能见到水。"

第三个方面是对生产者和消费者健康的危害。在传统农区，土壤常成为各种污染物最终的集结地，90%的污染物最终滞留在土壤内。土壤中的污染物质会向水体中迁移或流失，附着在上边的重金属能够进入大气，并在更大范围对空气、水环境造成污染。从生产端来看，市面的农药一般含有DDT、六氯化苯、六氯苯、硝基苯酚、二氯苯、氯丹等毒性成分的农药，在施药中，农户几乎没有任何防护措施，常会出现皮肤红肿、晕厥等情形，毒性成分潜伏在身体中。在农村地区高发偏瘫、心血管疾病以及各种急病、怪病与此不无关系。

在调研中，生态农业创业者往往对此现状有深刻的反思。一些农村一线工作者指出，基层农户各自为政的生产状态，是导致农业生产化肥、农药无序使用的重要原因。一方面，农资的供应商从自身利益出发，根本不会顾及化肥农药对农业生产的破坏作用；另一方面，农户生产缺乏科学指导和规划，具有很大的盲目性。事实上，农户对化肥农药的投入与带来的边际产出之间的比例，已经很不协调。而在农村推行生态保育工作，更是遭遇了"没人愿意听"的窘境。

延伸阅读

7

生态农业创业者的宣言

一些致力于推进社区合作的公益机构，也在尝试促进生态农业生产者之间的联合。作为北京共仁公益基金会（北京梁漱溟乡村建设中心，以下简称"梁中心"）长达20年合作社带头人培训历程最新的进展，为散落在各地的生态农业小型生产者（包括综合性社区合作组织、家庭农场等）建立联络、协作机制，成为最新的课程内容。而对于参与周期培训计划（目前的名称是"乡村振兴—头雁计划"）的生态农业生产者来说，通过这样的活动"增强了发展信心"的重要性仅次于理念与业务的指导层面的意义。这其实也是促成合作社成员交流网络的另一层含义，罗曼·罗兰在《贝多芬传》初版序中这样写道，"不甘于平庸凡俗的人，那是一场无日无之的斗争，在孤独与静寂中展开的斗争……大多数人还彼此隔离着，连对患难中弟兄们伸一援手的安慰都没有，他们不知道彼此的存在"，这在某种程度上也折射着散布于各地的农业创业者的境遇。也正是如此，每次集中培训或访学之际新朋老友再相聚时的快乐才如此重要。然而，对于项目的推进机构的梁中心，让学员们相识、相聚的意义还不仅于此。如果说，170年前，罗奇代尔先锋社的意义在于个体期望以联合互助的形式抵御经济社会风险的话，当代的乡村建设视野中的合作社推动的价值指向则是与那些历史先声相呼应的，在2017年梁中心"合作社网络推广项目总结"中有这样一段话：

食品安全、环境污染、信任缺失，面对这些问题个人的力量总是渺小的，只有大家一起发声，一起行动，一起改变，我们才能改变这样的现状。2017 年 11 月 28 日，头雁公社在北京顺义区大北坞村梁中心成立了，公社联合乡建中心头雁计划中的返乡青年，合作社组建责任生产联盟，共同推动可持续健康农业的发展，解决食品安全、环境污染的问题。头雁公社不仅仅是生产者的联合，也是消费者的联合。生产者亦是消费者，消费者亦是生产参与者，大家彼此联系，彼此信任，彼此前行。"头雁，头雁，连成一片！"这不是一句简单的口号，是一场为自己，为家庭，为生活，为农业，为国家的集结号。头雁公社，只供全食系生态食材。

看这段不像总结而似"宣言"的话语，也许写作人自己也没有想过其中蕴含的另一层次的意义。170 年前的先锋社止步于劳动者以消费者身份的互济，而乡建基地的"头雁"们的合作社，不仅事实上形成了小农合作组织的合作，而且是劳动者以消费者及生产者双重身份的合作，而这样的"合作聚环"又天然地为与城市消费者群体组织对接铺下了路基。

四、消费者群体的崛起

不同类型的生态农业实践的实施，与社区支持农业的商业模式不可分割。而保障这种商业模式运行的关键之一是所谓的内涵定价法（Hedonic Pricing），即综合考量了产品的生态、健康和环境属性后的综合评价。

$$P_h = f(h_1, h_2, \cdots, h_k)$$

其中，P_h 为生态农业农产品价格，h_1，h_2，$\cdots$，h_k 为生态农业农产品的各种内部特性（包括农药化肥残余量、口感、生态农业所需的劳动力投入等）和环境影响因素。这样的价格的最终确定，在一些生态农业的案例中（如广西爱农会和小毛驴农园）是农产品供给者估算，在另一些案例中（如四川安龙村合作组织）是透过生产者与消费者的价格协商机制。

生态农业产品的购买者相比于一般消费者对食品安全的敏感性更强，拥有更高的边际支付意愿曲线。图 4-3 表示已知两个有机农产品买主的最大效用平衡点的情况。曲线 D_1 和 D_2 分别是买主 1 和买主 2 的边际支付意愿曲线。R 是边际购买价格曲线。A和 B 是买主 1 和 2 的最大效用平衡点。可见买主 1 具有更高的边际支付意愿。

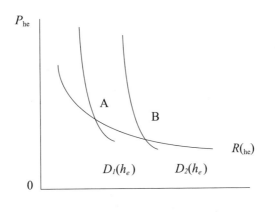

图 4-3　农产品边际支付意愿曲线

针对市民参加北京小毛驴农产品 CSA 实践的原因调查显示，超过八成的参与者是出于吃到安全无污染的有机蔬菜的考虑[1]。

在一些案例中，来自社区合作社的生态农产品之所以能在城市特定消费中打开市场，与城市食材保护组织或公益组织支付先期成本密不可分。在城乡相对隔离的背景下，依赖农产品直销方式建立的合作社生态农业，面临着城市消费者组织的庞大成本，这几乎不可能由小

---

[1] 周华东：《社区支持农业多功能性研究——以北京小毛驴市民农园为案例》，中国人民大学农业与农村发展学院，2011 年。

农户为主体的合作社完成①。而将上述的城市消费者潜在需求变为现实供销结构，则需要政府或城市民间组织的介入。在安龙村和归朴农园的案例中，成都和郑州的 NGO 在组织消费者方面都发挥了主导性作用。在安龙村，生态农业户的沼气设备所需费用的 50% 是由当地政府和公益组织援助的，为生态农业的综合开发提供了先期固定资产投入。在山西省大宁县，党政机关、事业单位与村级合作组织对接，组织部、直属机关事务局等部门，通过层级化动员能力，发挥供需枢纽作用。而另一方面，在河北某大城市周边的生态农业农户，在销售方面面临的突出困境是，该城市内市民自组织和公益力量严重缺乏，农户凭借自身力量难以完成消费者网络的联系和组织工作。

延伸阅读

8

城市 CSA 消费潜力调查

依据一项针对北京普通消费者（指未参加生态农业农产品购买）群体的调查②，分析大城市消费者有机农产品购买潜力。调查显示，消费者每月花在食材上的费用在 500—2000 元之间。其中，500—1000 元之间的占了 22.4%，1000—1500 元之间的占了 33.8%，1500—2000 元之间的占了 20.2%，可见食材支出的比重降低了。价格对消费者来说，影响已经很小。据调查，

---

① 在当前制度架构下，大量出现的缺乏社区充分参与、地域分割、行业限定的小型化合作组织——且不论其往往明显的套取行政补贴倾向，本身也就意味其难以充分承担"补齐中层结构缺失"的功能。在这个意义上，按照《中华人民共和国宪法》第八条的规定，借助村级集体经济架构，在县域或更大范围内成立具有生产、供销、信用、消费等形式的劳动群众集体所有制经济似乎是更具可行潜力的路线。

② 史陇燕：《消费者参与责任消费的途径及可行性研究》，北京梁漱溟乡村建设中心 2012 年。

消费者对食品价格非常在意的达 37.4%，有点在意的为 48.3%。而这些都在经济基础上对有机农产品的购买奠定了潜在可能性。

认为身边食品问题非常严重和比较严重的消费者在受访对象中达到近八成，这为其购买有机农产品提供了心理上的可能。而对于有机农产品相对于一般农产品较高的价格，愿意花 0.5—1 倍价格去购买的消费者占到了 60% 以上，有 14.9% 的消费者愿意花 1—2 倍价格，5.1% 的消费者愿意花两倍乃至更高的价格，同时有 19.6% 的消费者是不愿意去购买的。

相比于施用化肥、农药的农产品，生态农业农产品的品相要差一些。调查显示，消费者对农产品的标准判定开始关注起了更为本质的东西。超过 60% 的消费者表示，已经不再那么注重农产品的品相了。

根据发达国家的经验，有机食品的消费有赖于一种特殊的消费心理模式，而消费者自觉意识到自身消费行为对环境和社会的影响，对这种消费模式的形成有相当的影响。调查显示，38% 的消费者表示很在意食品生产对社会和环境的影响，有点在意的消费者占了 42%。这说明，80% 的消费者意识到，消费不仅仅是自己以及自己家庭的事，也同时要对他人及社会负责。当被问及是否愿意购买对社会和环境有益的农产品时，56% 的消费者表示略微高 5%—10%，还是可以接受的；也有 20% 左右的消费者愿意为此支付更多的钱；不愿意为此多付钱的占了 18.3%。调查同时显示，能准确区分"生态""有机""绿色"等概念的消费者不到 20%，而知道"公平贸易产品"这一概念的就更少了。可见，生态农业市场的形成是一个消费者教育和培养的过程，"公平贸易产品""责任消费"的理念在中国市场上有很大的推广潜力。

不同经济发展水平的消费群体，对于接受生态产品的溢价水平有着明显的差异。在河南胡寨合作社所在的中部城市，在价格的核算上，除基本的生产成本外，物流成本为15%—30%，社员利润为20%，合作社利润为15%，整个产品的溢价为50%—100%，即为一般市场上同类农产品价格的1倍以内，是在当地中产阶层消费者能够接受的范围之内。

五、生态农业的市场结构：产销关系的再构

基于社区自主生态农耕技术的社区合作组织与城市绿色消费者群体之间替代性、差异化市场确立，可以视为技术与市场的"双重解锁"。一方面，通过将内源性"核心技术"掌握在具有农户利益指向的社区组织内部，并进而形成一种依赖并促进成员协作的"集体技能"，使得微小农户借助发展型网络在一定程度上摆脱了工业化农业背景下技术依附性局面，并有助于将市场收益纳入社区普惠性利益分配架构。另一方面，农户借助发展型网络与特定城市消费人群对接，进入更高收益水平的绿色优质安全农产品领域，摆脱了供给侧"中层结构缺失"造成农业收益锁定与"环境—健康—精神生命"的下向循环。

值得一提的是，随着城市消费群体需求的多元化，农业的多功能性特征近年来越发突出。如果说，在社区合作组织推动生态农业的早期，农产品销售仍是主要收入来源，受益于生态农业的市民接待、农家乐虽并不少见，但仍主要服务于"以游带销"层面；而随着城乡互动频繁，消费者网络的日渐成熟，以及城市消费者对亲山近水的健康休闲、家庭体验的产品的需求，基于生态农业的自然属性的服务业成为农户收入的重要支撑。在后一种情况下，农业更多成为一种背景存在，而对其收入贡献最大的部分，则由康养、文旅、教育等产业承担，这种趋势近年来越发明显。

消费者参与合作社生态农业认证实际上是对市场本身进行再构

的过程，市场在更深入的意义上被赋予社会价值，并与参与者权利增进相结合。阿马蒂亚·森指出，"赞同市场交易自由更直接的理由在于这种自由本身的基本意义。在很多情况下，缺乏交易自由本身就是一个重大的问题"。在这里，市场被视为一种自由交换的权利。然而，市场概念却是随着现代性的扩展而加以定义的。卡尔·波兰尼笔下曾经的"典型市场"是这样的：家庭主妇从中获取部分日常所需，粮食和蔬菜的种植者、地方上的手艺人则在其中出售自己的农产品，一般不受时间和空间的影响。这位睿智的经济史学家进而指出，地方市场是邻里市场，并且对社区生活十分重要，它不是国内或全国贸易的起点。而后者与安东尼·吉登斯意义上的"脱域"相关，"现代性的降临，通过对'缺场'（absence）的各种其他要素的孕育，日益把空间从地点分离了出来，从位置上看，远离了任何给定的面对面的互动情势。"从金融市场到超市里的大米，举目所见通过市场交易的任何物件，都早已从"彼此互动的地域性关联和社会关系"中脱离出来。然而，要想进入脱域市场，需要资本的持续投入。而这样的投入不仅是中国极端分散化的小农户难以企及的，即使是由小农户组织起来的合作组织，也往往因为难以支付高昂的进入成本，而在竞争中处于劣势。

农民合作社对生态农业替代性市场的尝试，试图构建基于人际信任的消费者参与式市场，这种参与式市场是对传统社区内部市场的扬弃。一方面，它继承了传统市场中人际信任、面对面交易的特质；另一方面，这种体现公平贸易的理念更加强调消费者与生产者之间的互相理解、配合，形成一种消费者与生产者之间的合作关系。参与式市场不大可能在与产地相隔遥远的城市市场发生，而更多发生于大型城市周边。这样既降低了由距离增加带来的运输和交流成本，又避免了目前阶段中小城市生态消费者容量的不足。合作社农户进行配送的菜品价格、种类、应时变化等一般由生产者、消费者面对面交流的价格认证会确定。然而，认证会能取得效果，却是依赖着"会下"的功夫。消费者实际到种植现场考察、理解生态种植过程，消费者与农户建立对生态农产品共同认知基础上的互信被置于至关重要的地位。在安龙村的案例中，这甚至作为交易能否进行的先决条件。

价格认证会与消费者参访生产现场，也是一种教育的过程。实施生态种植合作社是在食品安全一而再地突破道德底线的时代背景下开始实践的。这也就意味着，农业生产者与消费者之间的社会一般信任水平已降至相当低的水平。这样的背景决定了参与式交易远不是重新回归面对面交易那样简单，其在根本上是建设互信的过程，是打破销售者与消费者处于相互隔绝状态下既成刻板印象（另一种市场信息模式）的坚冰。现代西方经济学中理性人的假设在现实中得以发挥作用的一个前提是：生产者与消费者之间信息的不对称。一方面，一般性生产者绝不会向消费者透露生产成本的真实信息；另一方面，由于对成本信息的严重缺乏，消费者对生产者的嗜利性作了先天的假设，并据理力争地保护自身利益。而生态农业农户的参与式交易则将生产成本、生产过程向消费者完全公开，通过坦诚的交流、人际互动，以期达成双方的理解。事实上，是达到互相进入对方情境的效果。消费者在对农田劳作的辛苦有了深切体会后，一般会对农户应有的回报有自觉认识。而合作社的文化、生态农户劳作本身的精神价值，勤恳的劳作态度和对土地、草木虫鱼的关爱等，会对消费者形成感召和认同。消费者在这样的过程中，从单纯的购买者逐渐蜕化为生态农业合作社的支持者、参与者和倡导者，一些成熟的消费者会积极地对生态农产品和生活方式进行推广和宣传。由于消费者在这个过程中获得的是一种对自我感知其意义与事情参与的满足感和喜乐感，是一种自愿的行为，货币价值的考量的重要性因此降低，一种多维价值的评价方式在互动、交易中形成。

六、食材保护性组织与生态文明的市场交易形态

食材保护性组织是替代性市场建立中的关键一环。整体来看，在从事生态农业的综合性合作组织、食材保护性民间组织和健康食材消费者形成了一种价值上的共同体。清华大学社会学系研究团队对活跃在北京的 17 家连接生态农业农户与健康食材消费者的民间机构做了问卷调查。如图 4-4 所示，在回答"组织最珍重的价值观"问题时，为成员提供安全健康食材占比最大，达到 29%；而保护自然环境、保护农户利益、推动农村社区发展、推动城乡公平贸易这类公益性目标总和达到了 46%。

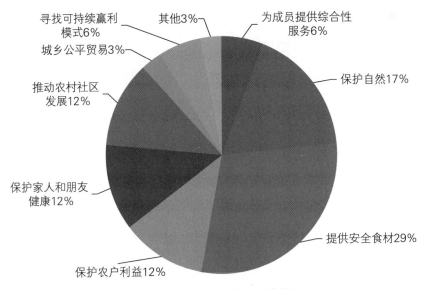

图 4-4　食材保护性民间组织价值观

这类组织是发育和维系生态产品生产者、消费者之间价值性共识的重要力量，并为后两者提供类型化行为信息的沟通。这样的价值性共识对于消费者群体购买活动而言，是一种市场意识形态，并与类型化行为信息一起构成了生产群体与消费者群体之间的信任

基础。

为了构建替代性的市场意识形态，生态农业合作社与城市食材保护类民间组织对接，面向对食材品质较敏感的消费者群体进行消费者教育活动。此类活动一方面是加深消费者对当前食材安全现状的认识，特别是对农药残余、重金属残余及转基因作物对人类健康的危害予以介绍；另一方面则是对社区综合性合作组织开展的生态农业的流程、保障体系、土壤和水文环境进行介绍，并视情况开展生态农业现场参访活动。具有较强针对性的教育活动，本质是一种价值型信息和类型化行为信息输入与扩散，逐渐在本地吸引到一批认同相关理念，并对合作组织运行较为了解的消费者群体，在生态农业生产者与生态食材消费者之间形成信任关系。正是在此过程中，能观察到经济行为纳入基于信任的社会网络内部。

如上市场意识形态与信任关系保证了生产者、消费者间产品—资金流动的持续。不同城市消费者市场生态食材的价格一般会高于一般性食材2—5倍，这样的价格水平保障了生态食材生产者适当的盈利水平，从而可以维持生态农业和综合性社区合作的持续。换言之，通过交易结构的调整，起到促进自组织维持与发展的作用，从而赋予"互为增能"交易结构的自我维系与发展能力。返乡青年姚慧峰，之前是大城市打工者，因为不适应城市生活，在社区支持理念的影响下回到江西老家，做生态稻米种植，"从一个城市白领变成了彻彻底底的农民"。第一年水稻产量不到普通水稻的一半，但姚慧峰在返乡之前与广州食材保护性民间组织沃土工坊已有联系，解决了生态水稻的销售问题。虽有减产，收入仍可观，28亩生态水稻收入6万元。这样的收入水平，不仅改变了家人和村民对其返乡的看法，还成为他能够拉扯其村里其他农户成立生态稻米综合性合作组织的契机。

以简阳新天地合作社来看，作为合作组织推动者的闫勇等人动用自身社会资源，不断向外界宣传，向一些同事朋友、领导推广，现在也逐渐形成了一定量的当地消费。袁勇同时还会在生态农业的圈子里被邀请做一些讲座和活动，一方面也带动了宣传和销售。合作社从 2010 年开始，会在每年年底邀请本地的消费者群体、关注生态农业的公益机构以及当地政府共同来村庄做品尝会。由于该合作社的骨干是村委会成员，这就使其能很方便地联系体制内资源，当地政府以及涉农部门也较关注该合作社，想把该合作社作为发展的典型，所以跟进了宣传推介工作。在公共机构的背书下，来自民间合作组织的生态农业产品，更顺利地通过替代性市场进入寻常百姓家。

在河南胡寨合作社中，生态产品市场的基本信任关系则采用了更加主动的方式，合作社在兰考县城设立了生态产品的体验餐馆，食材全部来源于合作社生产和加工的生态农产品，厨师和工作人员也来自合作社。生态体验餐馆的开办，除了可以增加产品销售量、延伸合作社产业服务之外，更重要的是提升宣传效果，即基于生产者与消费者之间直接的互动，让消费者能更直观地了解到合作社及合作社的产品，在直接的互动中增强彼此间的关系和信任，或者说形成一种"人际力网络"，而处于人际力共同指向位置的合作组织，具有了市场势能。有不少消费者是通过体验店而成为合作社的宅配会员，而同时很多宅配会员也是体验店的忠实客户。又如山西永济蒲韩社区经常组织城市里的消费者到农户家做客，组织城里的老人和合作社养老中心的老人互动，城里的孩子和乡村的孩子玩耍嬉戏。

由此看来，在综合性社区合作组织—食材保护组织—市民间的城乡对接体现的不单单是一个产品的对接，更是在城乡居民之间建立人与人之间的互动，通过彼此生活情境展示与介入，形成一种"身份的互换性"，从而将一种"多指向、交互性"（见第三章有序性原则推论二）注入替代性市场的信息模式，这又构成了新市场结构"互为增能"的内在依据，确保了新市场结构的长期维系与扩张。

有了广泛的人际互动和信任关系，农业的生产者与消费者不是

"一家两制"情形中彼此陌生、互相"戕害"的存在。如前所述，人类信息处理系统本存的"智识型信息""情感型信息""愿望型信息"交互影响。在新的市场结构中，农户有意愿生产更安全的产品，城里人愿意支付更加合理的价格。因而这样的互动通路，并非基于单一资源或单一信息结构，而是智识信息愿望信息与情感信息"打包整合"。从中也能依稀看到更具生态文明的人际关系与市场结构。

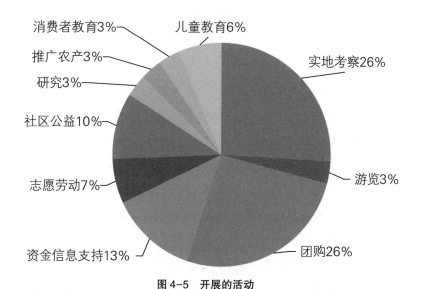

图4-5　开展的活动

第五章
技术型信息、资本主义结构再生产与留守儿童[①]

　　本研究对生态文明的思考，集中体现在第三章给出的系统有序性原则及其推论。生态文明是什么样子的？它应当是人类文明更高层级的有序状态，是"道法自然"的、经生态系统启示的、系统化的信息模式的呈现。但任何文明，必然不是凭空生长，它一定是在我们既有的"文明之树"上延伸繁茂，那些在不同程度上体现着整体理性、多结构信息系统、差异化最优、互为增能的互动关系及更具适应力的组织形态的人类实践——如第四章对于综合性社区组织的讨论，是本研究对生态文明形态思考的重要源泉，个体潜力通过更具活力和想象力的网络化联结得到更高水平的发展，曾经隔绝的群体通过新的市场结构更加坦诚和互为考量的互动，更加重视人与生态系统关系的生产和消费形态，这些无疑都清晰地照亮着生态文明的样子。

　　本研究对于生态文明思考的另一源泉，是对于全球产业及价值分工的考察与反思，本章即将进入这个表面上与"三农"领域迥异，但却有着实质相似性和密切联系的领域。全球制造业产业链（本文

────────────

　　① 本章部分内容得益于中国青少年基金会伴你飞翔项目组、中国滋根乡村教育与发展促进会、中国人民大学可持续发展高等研究院联合调研项目："广东沿海地区制造业职工素养调研项目"（15YZS051）。

所关注的是其中的消费电子产业）在本土的延伸，内嵌于由技术型信息和能量通路构成的层级结构中，并对全球产业链增加值配置、城镇化水平乃至人的发展层面产生深刻影响。当放弃"世界是平的"的想象，不难发现第三章所指出的广泛存在的**社会结构的"二重性"（Duality），同样构成了全球产业系统权力层级的根基。而这里作为"二重性"之一的信息，不再是共同体的文化心理，而是作为产业核心模块的技术型信息；而决定着产业深化程度的各环节产业增加值，则是"能量"的一种形态。**

对于核心技术型信息与产业增加值的垄断性占有，是资本主义世界体系作为一种结构化建构的重要侧面，后者在熵的意义上违反均衡异质分布的热力学原理，因而就需要外界能量的不断注入，诚如资本主义体系的维持需要以对变动不居的利润追求为要务。而此种层级体系是以内在的极不均衡性信息—能量交换为根基的。与生态系统广泛分布的巨大信息量，并以此持续远离热力学平衡状态不同，正如笔者既有研究指出的，资本主义体系利用对于技术型信息与能量的垄断，一方面持续在体系的上层建构有序性，一方面则在体系的底层"生产"无序性①，这两个过程相互依托，从而在整体和长时段上孕育着系统的自我毁灭倾向。在这个意义上，信息和能量，或者说技术与资本本身成为了一种区隔机制。此种区隔机制，通过本研究第三章指出的"单向增能"交易方式发挥作用，交易双方或多方②，可行能力的变化有着显著的质性差异，即至少对于一个

---

① 吕程平：《区隔、分化与集中：日本自动化技术导入的技术社会学考察与启示》，《哈尔滨工业大学学报》(社会科学版) 2020 年第 2 期 (人大复印报刊资料《社会学》2020 年第 6 期)。

② 这里所指的"交易"，是在制度经济学意义上定义，对物的所有权的让与与取得。又如威廉姆森 (Oliver E. Williamson) 所说"交易之所以发生，源于某种产品或服务跨过技术上可分清的界面而被让渡出去，由此宣告一个行为阶段结束"（[美] 奥利弗·E. 威廉姆森：《资本主义经济制度：论企业签约与市场签约》，段毅才、王伟译，商务印书馆 2010 年版，第 9 页）。

交易方，通过交易获得的社会资源（收益、资金等形式），实质上并未增进其系统意义的发展水平或改善其层级结构中的真实处境，而事实上是将其困锁于低度发展状态，如下文所展示的低端生产环节与低端劳动力可行能力水平在信息—能量层级地位上的自我强化、自我循环趋势，并表现为个体生涯可行能力及代际间发展空间的闭锁。

在很多情况下，"单向增能"现象被小心翼翼地掩盖——当然"掩盖"本身也需要一定资源的支付，但在另一些情况下，如下文对全球产业链低端的考察，则相对显化。从资本主义生产体系的结构性动力机理出发，可以发现资本主义体系作为高度封闭的能量—信息层级结构的"结构性再生产"过程，以及其对国家间竞争能力分布、全球市场利润分配，乃至国民发展水平等问题的深刻影响。与泛人格化的阴谋论相反，上述结构自发的自我生产机制，根植于耗散结构系统对自身信息—能量层级态结构的维持属性。

第一节　智识型信息、全球分工与人的发展

智识型信息，作为最易进行逻辑运算与存储的常规性信息，包括组织模式信息、技术型信息、技能型信息等。对于个体来讲，在所谓"知识型社会"里，智识型信息构成了个体智识水平和可行能力的基础。对于企业来讲，在全球技术—价值垄断体系中，产品增加值的国际分配是基于以技术的模块化垄断为内核的利润分享机制。而从产品增加值的内在构成来看，全球分工体系事实上形成了对包括财政资源在内的社会资源的全球配置，并进而形成对教育、医疗、居住条件等城市化要件的作用能力。而就其本质而言，是技术型信息的区隔垄断，在世界生产大循环范围内保证高质能量的独占。

一、从技术信息到产品增加值

在现有研究中把中国城镇化水平与工业增长之间的差距归因于

户籍制度的划分、社会保障水平低下以及城市人口平均权利的制度性门槛等因素。将留守儿童等与低质量城镇化水平伴随的问题，归因于农民工流动性强、收入水平低等。这类研究并没有进一步揭示城镇化落后、农民工发展水平低下这类现象背后原因，而是在倡导政策的适应性、包容性上止步。下文正是从这里提出问题，从依赖于全球分工体系的，聚集着大量低技能劳动力的加工贸易型企业，对国内增加值——作为税收和工资的最终来源的贡献程度出发，通过对日本高速增长时期产业增加值与城市化关系的比较，探讨中国"半城市化"问题背后的深层机理。高质量城市化，就"人的城市化"或者说"人的发展"角度而言，指标化为更普惠的公共服务水平、更高水平的社会福利制度和文教卫生事业的发展，而这些具有再分配意义的互相关联制度系统，又在本质上无法脱离高质能量的持续输入这一根本的热力学定律。下文将产业增加值作为衡量社会系统高质能量的重要尺度，并将探讨其与技术型信息的国际垄断、高质量城市化乃至农民工群体代际发展的关系。

（一）为什么是国内增加值？

中国出口额中有一半来自加工贸易，而加工贸易使用的半成品多来自国外。其中就包含着众多核心部件。根据全球价值链与中国贸易增加值核算小组的估算，2002 年、2007 年加工贸易的直接增加值分别只有 16.6%、17.4%。如果以贸易增加值核算，中国从出口贸易中获得的增加值要远低于掌握着核心技术国家对中国单位出口增加值。如果以增加值来核算，2007 年中美贸易顺差将比按照进出口总额核算的结构减少 60%左右①。

由于加工贸易中的关键组件来自国外，国内工厂只进行低技术

① 商务部中国全球价值链课题组：《全球价值链与中国贸易增加值核算研究报告（2014 年）》，商务部网，见 http：//data. mofcom. gov. cn/channel/zhsj/zhsj. shtml，2015-6-28。

含量的组装工作，加工贸易型出口对国内增加值的拉动作用远低于一般贸易的拉动。每 1000 美元加工贸易出口对国内增加值的拉动仅为 386 美元，比一般贸易的拉动作用低 51.2%。2012 年加工贸易在中国货物出口总额中占比为 42.1%，但其拉动的国内增加值只占货物出口拉动国内增加值的 26.2%。

国内增加值意味着什么？根据一份对苹果产品全球价值链的追踪报告，增加值（Value Added）由以下部分构成，即企业在去除了中间产品输入价值之后的净利润、折旧费用、研发成本、管理成本，而对本研究最重要的是，其中体现着在生产过程中，将输入产品（来自前端企业）通过加工、组合等工序转变为输出产品的劳动过程的价值。也就是说，工人工资来自其中。对于我国来讲，2012 年在包含着货物出口和服务出口的数据中，出口增加值由 45.6% 的从业人员报酬、14.8% 的生产税净额、13.3% 的固定资产折旧以及 27.5% 的营业盈余构成。

表 5-1　苹果产品增加值的构成

销售价格	购买投入	增加值
	直接劳动	
	销售及一般管理费用	
	研发成本	
	折旧	
	净利润	

资料来源：Kenneth L. Kraemer, Greg Linden, and Jason Dedrick, Capturing Value in Global Networks：Apple's iPad and iPhone。

当"人的城市化"成为政策界共识，更应深入和细分地提出的问题是"谁的城市化"。在产业结构的整体背景下，广义生产过程不同环节、不同就业群体，因其所处生产环节的信息密度和对于增加值水平的贡献程度差异（以及其中包含的个人报酬及税净额的差异），在个体理性和财政理性的共同作用下，引致就业群体分野的城市化水平差异。

这里将"城市化"视为就业群体在城市完成劳动力完整再生产（既包含本代就业者主要生活需求由城市满足，也包括下代在城市接受教育和相应公共服务），从而面临两方面的成本，即个人成本和社会成本。前者主要指由个体收入负担的一般消费、各类生活和保障类支出、购房等。后者，则主要由政府承担，包括对各种公共服务增加量的财政投入。不考虑转移支付的效果，则只有当受制于所属产业结构及生产环节对增加值贡献水平的个体支付能力高于相应的个体成本，或税净额高于单位社会成本，城市化在个体和政府的经济账上才是合理的。产业增加值作为从业者收入的终极来源和政府财税重要来源，制约着城市化质量和就业群体城市融入程度。

然而，处于全球范围技术信息层级闭锁链条低端的外贸加工行业，提供的绝大部分劳动岗位是低信息密度的重复性肢体劳作，这就使得直接劳动群体不可能如早期工厂劳动者在生产过程中通过磨炼技艺、提升劳动技能、增进多样性存储水平[1]，并最终以其相对不可替代的工厂车间集体技能，创造性地提升岗位对增加值的贡献水平，并增强劳资博弈中的谈判筹码。从更广阔的背景而言，在战后持续推进的自动化浪潮中，直接生产群体曾经引以为豪的"手艺"与集体技能解体及附之于其上的集体动员能力的逐渐瓦解，直接封闭了跨越大洋[2]和代际的该群体所处生产环节生产信息水平、增加值水平乃至其可行能力发展可能。

这就形成了依据技术信息和能量结构的对人类可行能力全球配置，通过将低技能劳动力在个体生涯层面和代际上升层面的动态发展能力的闭锁，事实上加强了对一国在生产能力和价值分享机制上的闭锁。占据外贸出口相当比重的微电子制造业等部门因在国际技

---

① 吕程平：《日本制造的背后：直接生产群体生态埃三级水平变化及制度设计》，《山东科技大学学报》（社会科学版）2017 年第 4 期。

② 指原生工业国将低增加值和信息水平的生产过程向后发国家转移。

术分工图景中处于末端地位，就其所提供的绝大多数直接劳动岗位而言，不论是在就业质量方面还是在增加值贡献方面对城市化拉动水平呈低水平状态。这也就使得在其中就业的大量产业工人群体（其中绝大多数来自农村地区）难以在就业地城市完成劳动力再生产，从而他们及他们的后代在城乡之间徘徊。

通过对日本高速增长期产业增加值与城市化进程的回顾，可以发现通过开创性地应用熊彼特的创新理论，积极推进以高增加值为指向的产业政策，构建基于技术能力的动态比较优势，可以达到产业能力与城市化过程的良性互动。

（二）技术立国、产业增加值与城市化：对日本高速增长期的回顾

日本产业政策中有一种对产业增加值的热衷。这样的传统可以从 1957 年通产省的《产业合理化白皮书》中找到清晰的描述。在这份著名的文件中，产业政策的主管部门已经明确地扬弃了自由主义概念框架中的"比较优势"的概念，认为以纺织业为代表的依靠廉价劳动力的产业不可能成为国家持续强大的来源，而这种来源是可以通过系统性的建构形成的。或者说，在产业政策中开始有意识地通过资本积累"尽一切努力发展能创造增加值的产业，比如重化工业"。在经济增长的每个时期，将拉动生产增加值的产业称为"主导产业"。从高速增长期（1954—1973 年）的制造业增长来看，主导产业经历了依次由纤维、钢铁、化学工业、一般机械制造业到电气机械制造、汽车等产业交替带动产业结构提升，达到了持续保持推进工业增加值的效果。

战后初期，由于城市工业生产尚未恢复，生产率处于较低的水平，大量城市失业者由农业部门吸收。1945 年（昭和二十年）日本国内生产总值（国内纯生产）中，农、林、水产业所占份额占近40%。进入 20 世纪 50 年代中期，随着工业化的急速进展，城市化进

程也逐渐加快。日本第一产业的从业者所占份额在 1955—1965 年这十年间，就从 37.6% 降到 23.5%。而第二产业的就业则从 24.4% 增长到 38.1%。在这一过程中，来自农村的青年劳动者被城市部门平稳有序地吸收。并且，这个时期正是日本收入分配最为平等的时期，社会基尼系数保持在 0.35 左右的水平①，被称为"一亿总中流"社会。

以产业增加值的视角来看，快速平稳的城市化进程有赖于日本产业结构的两个转型。其一是贯穿于整个经济高速增长期的，由低增加值的劳动密集型产业（如纤维、纺织业）向高工业增加值产业的转型。20 世纪 50 年代中期，纤维制品的出口额占总出口额的 40%。这之后，此比例持续下降。取而代之的是机械制品输出的快速增长。到了 20 世纪 60 年代中期，机械制品的出口已经超过劳动密集型的纤维制品，成为出口的主力。如图 5-1 所示，以工业增加值的分部门区分来看，重工业所贡献的增加值比重持续扩展，逐渐完成由原材料型轻工业和原材料型重工业（以钢铁、石油化学为代表）向加工组装型重工业（以汽车、电机等机械制造业为代表）的转化。

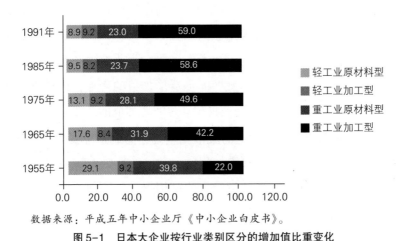

数据来源：平成五年中小企业厅《中小企业白皮书》。

图 5-1　日本大企业按行业类别区分的增加值比重变化

---

① 参见［日］勇上和史：《如何看日本所得差距》，《劳动政策报告》2003 年第 3 期。

20世纪50年代中期，也曾有大量的农村青年涌向城市，成为劳动密集型产业的低薪劳动力。随着城市（包括城镇）工业及其为工业服务的制造业、服务业的快速发展，以及依托独立技术开发能力的产业增加值的上升，第二产业、第三产业吸纳劳动力能力得到抬升。失业率在20世纪60年代呈现出低位运行的态势。

其二，是在第一产业内部大企业与中小企业之间增加值和工资水平的趋近。日本高速增长时期前期，工业增加值的差异主要体现在产业结构内部的大企业与中小企业之间。1957年（昭和三十二年），中小企业的增加值率仅为大企业的46%，工资为大企业的53%。这样的所谓"二重结构"问题，在20世纪60年代最终得到改善。此时中小企业增加值率已经能够达到大企业的60%左右，工资已经达到了大企业的70%。这里固然有《中小企业基本法》等一系列政策出台、对劳动力需求等因素，但起关键作用的就是被称为"日本造物底力来源"的日本中小企业通过对技艺精益求精的追求，达到产品高增加值。这里曾诞生了仅1/100万克的世界最小、最轻量级的齿轮以及得到NASA认可、在航天器制造中采用的超高速切削装置等众多达到世界一流水准的技术①。广泛分布于大城市周边和地方、与大企业紧密合作，且具有高增加值创造能力的中小企业，为地域之间的平衡发展，以及劳动者多元选择的实现起到了不容忽视的作用。同时，不同部门从业者的工资水平的整体提高和差距缩小，奠定了比较稳定的城市化基础，为制造业提供了持续的需求。

通过对20世纪60—90年代日本居民收入弹性（即收入每增加1%，消费需求支出将有多大程度增长）的考察可以看出，在日本高速增长前期，随着以高增加值产业为主导的经济结构逐渐成形，国民从战后阴影中走出，大量从农村来的年轻人进入城市，开始

---

① ［日］木村元纪：《中小企业制造水平世界第一》，洋泉社2002年版。

新的生活。这时被称为"三大神器"的黑白电视机、电冰箱、洗衣机成为家庭必备品，与城市化相辅相成的大众消费浪潮初步形成。可以看到，20世纪六七十年代的收入弹性中，家庭用品、交通、通信相关领域达到了1.5左右的水平。考虑到收入弹性超过1的项目与当时产业动向的密切关联，则从不同时代代表性的高收入弹性项目中也能看出，主导型产业与城镇化带来的消费需求之间的互塑关系。

表5-2 日本各消费项目的收入弹性

时期	食品	居住	取暖照明用水	居家用品	服装	保健医疗	交通通信	教育	文化娱乐
1963—1973	0.73	—	0.54	1.54	0.58	0.92	1.47	0.63	0.76
1973—1985	0.87	0.87	1.29	0.81	0.48	1.06	1.52	1.04	1.11
1985—1992	0.34	2.09	1.36	-0.34	0.66	0.69	1.16	0.73	1.01
1992—2002	0.6	1.66	0.43	0.83	1.57	0.54	-0.12	0.54	0.57

数据来源：厚生劳动省平成二十二年版劳动经济的分析。

(三) 深层次机制简析

日本在产业政策上的成功，与其自明治时期以来的，对外国投资的谨慎态度，以及与对技术和创新的积极态度有着密切联系。而这两点在日本战后发展历程中始终纠缠在一起。在日本战后产业政策中，自然资源和廉价劳动力不再被认为是可以给日本带来持续发展的"比较优势"。要想在国际贸易中获得持续的竞争优势，高端生产技术的掌握被认为是唯一的选择。而技术和创新，连同各种"技术立国"的口号也成为日本产业政策中永恒的主题。同时，技术创新又往往是由与战前财阀有着很深渊源的大财阀旗下的企业推动，在这些企业高速增长期的"重组产业"等计划下，与政府产业政策部门有着密切的合作关系，终极目的就是在国际竞争中保持技术上及产品增加值上的优势。换言之，是以对于高密度技术型信息的追求与内化，完成和保持一国在国际高质能量生产和配置体系中的优势地位，并以此持续提升国内跨行业、跨领域的高信息密度水平，体现为产业升级、国民教育和科技投入等。与此对比，在当代全球化国际分工的背景下，中国国内加工贸易型企业因其低度技术信息密度水平，往往处于全球价值产业链微笑曲线的低端。而与此相伴的低度能量获取水平，事实上使其无法具备高质能量的层级穿透能力，具体而言也就是无力进军高信息—资本密度的能量层级。

体现为全球产品增加值巨大差异的分工体系背后，是基于全球技术—能量控制的内在发生机制，是根植于以国际 IT 业为代表的全球生产体系中内在的权力因素，以及其与劳动控制、资源配置和利益分配制度结合，并造成特定的社会后果，塑造着社会结构，从而形塑着这个时代的形态的必然性。这也在另一个维度展现了，本文前述能量与信息相互纠缠而互为强化的高度集聚，造成的空间扭曲，从而表现为现实图景中福利、收益与财富的极化分布。作为此空间形态的一个侧面，则是以"青年农民工难以在城市真正落户""留守儿童"等为代表的中国所谓"半城市化"现象。

能量与信息绞合链条在当代生产领域的一个具象即是电子消费产品的产业链，也因此才会有下文"在整个苹果产品价值链中中国几乎没做什么"的感叹。如果以出口增加值的角度来看，就意味着在高端消费电子产品组装线上，大量的低技能（一种智识信息模式的别称）劳动力只提供极少量的增加值。这不仅最终使其在收入层面上难以支付正常城市生活的诸多成本，也使得作为公共服务提供者的政府——同时是财政格局中的理性存在，缺乏动力为其提供各项市民服务。近来，在我国一些超大型城市中进行的旨在限制外来低端务工群体数量的政策，其实是如上能量理性的佐证，也很清楚地解释地方政府在城镇化政策中的行为逻辑。

第二节　技术垄断与资本主义结构再生产

本节将从全球技术—价值垄断角度阐释资本主义结构性再生产的发生机制，描述以国际消费电子业为代表的全球生产体系中内在权力因素，以及其与劳动控制、资源配置和利益分配制度结合、造成特定的社会后果，及其对社会结构的重塑作用。这样的技术结构性分工体系，有着强烈的自我建构和复制能力。它通过对价值和社会资源在全球范围内流向的把控，制约着社会群组在全球分工体系中的地位，从而使这样的位置属性具有了结构性循环的意味。在此，以技术型信息的模块化垄断为内核的利润分享机制，通过对社会资源的全球配置，实现了对人类可行能力全球配置。或者说，通过将对核心技术型信息的垄断及对低技能劳动力在个体生涯层面和代际上升层面的动态发展能力的闭锁，而形成了对一国在生产能力和价值分享机制上的闭锁，**其实质在于维持一种结构化的信息与能量的结合、配置与运行**。如果将资本主义世界体系视为一个巨型系统，其基本属性之一就是保持原有的构型———一种信息、物质和能量的平衡状态。当内部某一单元出现偏离原有结构的趋向，其他组成部分——特别是既有高质能量的垄断者会通过改变自身路径等方式，以关系性制约保持结构的完整性。这也就是本文提出的"结构性再生产"的意义。

一、全球价值分工

按照全球价值链理论，全球分工的利润形成机制遵从微笑曲线原则，也就是说在产品设计、核心技术处于掌控地位的企业，由于控制着高增加值的技术型信息，往往决定着产业链的定价、品牌等领域。处于主导地位的跨国企业处于曲线的一端，在营销策划领域处于优势的企业处于曲线的另一端。而依靠劳动密集型的企业则处于利润曲线的下端。进一步看，利润分配背后其实是权力因素，或者说对既有结构性优势的保持能力。结构性优势保持能力，是基于对核心技术型信息的控制能力，本质上是信息与能量紧密扭合的状态。处于微笑曲线低端的企业，依靠低技能劳动力进入低技术含量的生产组装环节。其在全球定价机制中要想分一杯羹，就要参与到一种不对等的交易中，依赖的是一种"竞贱"机制，也就是要不断在直接劳动力环节或非生产性环节压低成本，这就意味着加剧低技能劳动力的相对劣势待遇。据估算，不管是在传统的服装生产部门还是在 20 世纪 90 年代之后成为低技能劳动力聚集领域的微电子领域，处于外贸领域劳动密集型生产、组装领域的企业获取的产品价值均低于 10%。

传统上，将全球生产价值链区分为生产者驱动型价值链和购买者驱动型价值链。前者强调对技术开发、核心部件掌控，以及依赖强大资本的生产体系的构建。后者则侧重于品牌经营、销售网络的运作。但近年来一些国际品牌已经打破了这种分野，以苹果公司为例，其一方面控制着旗下产品的关键部件，并以最大限度控制供货网络为出发点，通过强制性专利转让等形式，控制其供货链条；另一方面，则依靠从别具特色的外观设计到乔布斯的传奇故事，成功塑造了一种紧扣年轻消费者心理特征的品牌文化。

产业分工的不平等性有着与资本主义生产体系同样漫长的历史，在互联网经济和全球模块化生产风生水起的今天，产业链分工依托技术壁垒、专利壁垒和品牌壁垒，更趋复杂化和深刻化，事实上是依托技术信息模式封闭化，保持高质能量配置与占有路径的封闭化。可以说，产品内核技术的复杂化，为壁垒林立的全球分工体系提供了更多的操作空间。

据估算，依靠非核心部件组装的计算机类电子产品的平均利润率仅为 5% 左右，而如果掌握操作系统、芯片等核心技能，则可能达到 50% 的利润率。一个更为残酷的事实是，这样的分工体系具有马太效应式的自我复制和强化能力。由于不管是生产垄断还是品牌垄断，其背后都是依赖着发达经济体上百年乃至数百年的技术优势、科研优势和商业文化优势，如果没有足够的能量去突破这样的壁垒，则利润仍会沿着既有的轨道流动。

这里其实也揭示出作为现代经济学根基比较优势理论的局限性。根据禀赋结构比较优势理论，后发国家应在每个发展阶段，按照比较优势选择产品和技术。在早期发展劳动密集型产业，带动资本积累，随着劳动—资本资源禀赋的转换，向技术、资本密集型转变①。问题是，这个过程是否真能自然发生，特别是考虑到世界分工深深地渗入到由不同区块的能量垄断形成的权力结构。在技术发达国家，技术垄断企业的要求上升为国家意志，并通过知识产权保护、高技术出口限制和技术标准、打压竞争对手等形式在全球化过程中不断维持和强化其统治地位。而当其意识到，原本处于能量层级底部的后发势力，通过能量的集聚（所谓集中力量办大事和"爱国"等价值型信息的认同建构）与核心技术信息的逐次掌控试图冲突层层壁垒，并有可能改变体现着世界范围结构化的信息—能量的结合、配置与运行的主干制度通路时，伪善的面具将卸下，"政策工具箱"中各种诽谤、欺骗、围堵、封锁直至战争都纷纷上场②。**系统内信息—能量整体结构转变，是系统的相变。旧有系统相变会竭力阻止信息—能量的重构，此时信息与能量会纠缠为一种系统势力阻碍相变的发生。这股势力，内在的是一种纠集的系统精神模式。时下，正如黑格尔对拿破仑的看法，可以将特朗普先生视为这种精神模式的肉体化身。**

在这样的情形下，留给后发国家的选择有多少？中等收入陷阱，其实质可以看作是"三来一补"的极限，是一种以低端劳动力"自诩"的比较优势的陷阱。在一些深陷"丰饶苦难"资源陷阱的国家，自然资源的丰腴却往往引致更深的苦难，而日韩等以大企业集

---

① 林毅夫：《解读中国经济》，北京大学出版社2012年版，第89页。
② 近两年来，中美贸易争端及围绕中国领军企业的种种打压举措，无疑提供了更新的例证。

团为依托的起飞阶段发展策略以及德国 19 世纪中后期对于李斯特经济理论的应用[①]，恰恰是在某种程度上对比较优势理论的反论。

在一份针对 Apple iPhone3G 主要零部件供货商和单位成本的数据中，在苹果公司每一台 iPhone 手机中，依靠庞大的低技能劳动力开展的终端外包、组装环节只获得不到 2% 的利润，而苹果公司依赖品牌营销、产品设计、核心技术控制了近 60% 的利润。剩余的中间地带，则被东亚的日本、韩国、中国台湾地区以及欧洲企业依靠部件开发优势分享。其中，日本东芝公司的显示模块、触屏等技术占据近 60 美元的成本。韩国三星公司通过应用处理器和同步动态随机存储装置等技术，占据 23 美元的成本。德国英飞凌公司（INFIN-EON）通信技术、射频发射装置等占据了近 30 美元的成本。这样在一部生产成本为 179 美元的苹果手机中，在中国进行的集合了大量青年劳动力的组装程序只实现了 6.5 美元的成本。正如有评论指出的，在整个苹果产业链中，中国几乎没做什么（China Makes Almost Nothing out of Apple's iPads and iPhones）[②]。在这里"几乎没做什么"是指，虽然承担了巨大的环境和劳工损害上的成本，但在产品增加值上的贡献却微乎其微。不可否认的是，近年来，我国高端制造业取得了长足进步。然而，广泛分布在沿海地区的外贸加工企业，仍是主要处于技术链低端，依靠长时间加班、压低劳工权益，以巨大的环境代价分得微薄利润。要真正实现由"中国制造"向"中国质造"的进步，必须清晰地认识到，所谓"全球中国制造"的终端出口统计中包含了大量来自太平洋两岸（指美、日等国）的低可替代性技术成分。而不以模块内技术能力累积和可持续内在制度构建为

---

① ［德］弗里德里希·李斯特：《政治经济学的国民体系》，邱伟力译，华夏出版社 2013 年版，作者传略，第 10 页。

② Kenneth L. kraemer, Greg Linden and Jason Dedrick, *Capturing Value in Global Networks: Apple's iPad and iPhone*, Brooking Paper Economic Activity, 2008 (6), pp. 110-126.

指向的去内涵的 GDP 追求，事实上形成了一种无发展的增长。或者说，具有层级突破属性的高质能量（高附加值），并未通过连绵的交易过程在本层级内积累，转变为由产业主体各个生产环节分布式能力强化，并整合为产业内生的系统层级突破能力。

全球外包体制与产品技术等级体系的互为重合，并定义着系统能量的配置路径与边界。可以将技术体系支撑的产品应用视为，由核心技术和若干支撑技术构成的有序组合。占据高附加值环节的企业，是通过对核心技术的开发与控制，以及对品牌市场的设计与操作，达到对特定产品运营乃至行业标准的控制，主导部件定价权的谈判机制，并凭借制定产品技术标准，主导整个产业链的生产动向，从而决定产业链的架构设计与利益分配机制。而在技术体系与利润分配机制中间的过渡环节，则是价值创造过程。

信息技术革命以来，消费性电子产品实为复杂性系统的模块化建构。以接触界面标准化、低成本聚合性为特征的现代模块化生产，本身也是自组织的分体系统借助通用语言联结的聚合体。在这个产业聚合体内部，核心技术模块和系统内通用规则根本上决定着系统的总信息密度，而对于两者的掌控，决定着系统内高质能量的最终配置。以后者来看，在模块化分工的时代，整个复杂性系统通用语言和规则的设定、开发、调试，对资本、科研实力有着巨大的需求。而一旦掌握核心技术信息模块的企业完成了作为整个体系"内在序"的通用规则的确立，也就完成了对价值链的绝对控制权。

此时，拥有雄厚资本和技术实力的元开发企业就可以根据利润原则或可控原则自主选择产品模块的分配方式。其中一种较为通行的方式是，元开发企业仅负责对整个模块系统内在序（通用规则）持续地再创新，这就如同牢牢抓住了一个生命体的基因序列。以通用信息序列和标准化交接界面为基础的企业间契约关系，在降低交易成本的同时，也使得各个功能模块的生产环节可以自由地在全球各地切换。可以说，地理因素在成本方面的特殊性，已经让位于市场区位便宜程度、廉价劳动力可获得程度等因素。而处于元开发地位的企业，特别注意发现甚至培养多个功能模块生产供应商，通过降低各个供应商的不可替代性，增加各个分供应商之间的竞争性，防止供应商对某一部分模块技术的绝度控制，保证系统可控性，并强化自身在整个利润分配中的垄断地位。这种在分供应商间的竞争，对于元开发企业来讲，因其是在非核心技术环节，而具有完全的可控性。元开发企业通过其对元序列和各个模块之间标准化交接语言的控制，也就持续保持着处于同业竞争处境的分包企业对其的依赖性。

二、第一层级结构性再生产：模块闭锁与比较优势失效

现有的讨论常把系统模块化生产视为"水平化"或"网络化"的分工，从而与大机器时代的企业内垂直分工相区别。然而正如之上展示的，"水平化"描述中对跨国生产中"权力与控制"因素的忽略，带来一种"世界是平的"般的错觉。虽然不能否认各个功能模块的生产者对本环节的价值过程拥有一定程度的自主性，但这样的自主性实在是依据既定的通行信息序列并在元开发企业的授权下进行的。模块化生产模式的各个分模块的利润空间界限也是受制于元开发企业的由模块系统各个功能层级制定的基本分配格局。

元开发企业，作为拥有核心技术信息和资本优势的强势集团，需要持续保持对关键模块的掌控地位，从而在跨国价值链中把持垄断收益。这就需要其对关键技术信息模块进行不断升级和创新，从而保持对潜在竞争对象的代际差距。其实，切分与垄断一直是资本主义生产模式对利润控制的基本方式。早期家庭手工业的消失与成熟的商业资本隔断手工劳动者与市民需求之间的联系有关。而当代高度复杂化的分工体系，从设计到制造诸环节，再到营销与流通，每个分组都内含着特定的区隔信息块。这里所指信息既包括以技术专利、技术标准等可编码知识，也包括市场偏好、公关网络、工艺理念等默会形式存在。这样的浓缩信息块构成了垄断企业的核心竞

争力，并决定着其根本赢利模式。

如果说，工业史的中前期，后发国家尚可能通过先期以低技术的、劳动密集型环节作为切入口，来进入分工体系，并积累资本，从而逐渐完成设备革新与升级，向价值链的高端前行的话——这也成为比较优势原理产生的历史逻辑与基层技术基础。那么，在如上描述的当代技术闭锁性控制的模式下，形成的一个更深远的命题是，作为比较优势原理所依赖的现实基础已经在技术层次上丧失。

走在阳光灿烂的加州硅谷，已经很难想象这里与160年前，马克思笔下的那个烟熏火燎的工业革命有任何联系。然而，当初这位青年作者笔下的分工体系，仍以某种更加隐蔽的形式塑造着世界的秩序："机器生产摧毁国外市场的手工业品，迫使这些市场转变成它的原料产地。一种与机器生产相适应的国际分工，使得地球的一部分转变为主要从事农业的生产地区，以服务于另一部分主要从事工业的生产地区。"一份关于中国在全球制造业中所处地位的文献指出，2000年至2008年，中国出口中，国内价值增值比例有显著的下降，从78.8%下降到66.7%。另外，反映对国外中间品依赖程度的国外价值增值部分，在这9年间，却从21.2%提升到33.3%。研究显示，在代表着当代先进制造业基本面貌的装备制造、先进微电子等领域，中国仍处于中低端地位。由中国依赖廉价劳动力参与的终端组装环节出口价值数据中，其实包含着大量由跨国企业控制的核心技术带来的中间环节的价值增值。以"比较优势理论"为依托，依靠低技能劳动力进入的全球价值链的装备和电子设备制造业，基本闭锁于一种低技能劳动力陷阱。在通信、电子设备制造业行业2007年的出口值中，有88.3%是加工出口，而其中就有93.4%是由外资企业完成①。

---

① 王岚：《融入全球价值链对中国制造业国际分工地位的影响》，《统计研究》2014年第5期。

表 5-3 2010 年富士康主要客户的回报及财富世界 500 强排名

	回报（美元：billion）	世界 500 强排名
Hewlett-Packard	114.552	26
Samsung Electronics	108.927	32
Hitachi	96.593	47
IBM	95.758	48
Panasonic	79.893	65
LG	78.892	67
Sony	77.696	69
Toshiba	68.731	89
Microsoft	58.437	115
Nokia	56.966	120
Dell	52.902	131
Apple	36.537	197
Cisco Systems	36.117	200
Intel	35.127	209
Motorola	22.063	391

数据来源：Jenny Chan and Ngai pun, The Asia-Pacific Journal. 37-1-10suicide as protest for the new generation of Chinese migrant works：foxconn, global capital, and the state。

得益于模块化技术的特性，消费电子产品核心部件实现着关键功能并能十分方便地完成高端技术闭锁，而各配件间的链接界面高度标准化、模式化及低干扰性，内在地为环节可替代性提供了技术准备。对于消费电子产品的组装环节而言，一方面，掌握核心设计技术的产业上端，因其可以轻松地更换组装服务提供商，而握有绝对化的命令权。这种权力又与技术信息指令本身相结合。在 EMS（电子外包式产业系统）生产中，每个动作、每个工序、每个指令、每次流水线速度的提升，都渗透着上游企业最大化市场效果的追求。正如简·哈代一针见血地评论道："（富士康的手机组装流程）在一系列重复性动作进行分工的基础上，几乎不存在进行任何智力活动的空间，因为这会动摇这一模式的根基。"另一方面，低端代工企业难以通过本环节技术信息的积累，获取高端技术优势，只能通过不断削减劳动力成本和更加严酷的管理提高生产率、获得订单。

交易过程的"控制—权力因素"在日益模块化的消费电子产品开发领域尤为明显，一方面，开发企业通过对模块核心序的调整、"突破性创新"，在不确定的时间间隔内推出在功能体验上的新款设计。而这样在设计层面的推陈出新，有一种不断向下的成本放大的趋势。一个微小的技术改进，往往给底端制造企业带来巨大设备调整压力。从另一个角度看，这也达到了一种吸收生产环节利润存储的效果，从而制约其利用资本聚集、加强产业信息密度而向上演进的可能。而在流通领域，这种成本逐级加大的策略是通过掌控着终端市场信息和销售网络的企业，以操作订单、转移库存成本等方式，增加底端制造企业在固定资本方面的投入。①

即使是在发展中国家本土进行的合资研发型企业中，这样的控制—依附机制仍广泛存在。跨国集团通过技术协议、共同开发合同等方式，掌控外围研发机构所能接触到技术信息的范围、层级和质量。在这样的企业中，控资比重被严格设定，又通过种种"内部要求"限制本土开发人员与元开发企业的核心研发团队的接触，防止有关工艺、流程、开发技巧等隐性技术信息的流失。并以定向输出协议等方式，将外围开发企业技术产品出口的路径扎死，明确其只能将技术产品卖给母公司②。而对于那些"小荷才露尖尖角"的优秀本土技术开拓型企业，跨国集团借助其强大的资本渠道和对国际

---

① 袁俊：《富国愈富，穷国愈穷？全球产业分工体系与企业科技创新》，《机电设备》2005 年第 4 期。

② 李文东：《全球化中的技术垄断》，《世界经济与政治》2004 年第 9 期。

资产购置规则的熟稔，动用软硬兼施的各种手段力图将其收入囊中或干脆"一举干掉"才善罢甘休。以比较优势为代表的西方经济学理论，一直强调政府对于经济活动的不作为，是防止"要素价格扭曲"的第一要务。但在保护本国企业竞争和利润优势的博弈中，发达国家政府绝不会视垄断集团的请求于不顾的。当核心企业企图斩断后发国家本土企业技术上升渠道的努力不能完全奏效时，以西方国家政府首脑为代表的游说和施压集团就出马了，动辄以违反某某"贸易规则"、"技术协议"或"国家安全"为借口，威胁或实质采取各种形式的制裁、封堵①。一般来讲，在发达国家政企联盟公文包中所有工具用尽之前，在这场不均衡博弈中明显处于弱势的后发国家企业早已就范了。

如上是本文提出的结构性再生产第一层含义，即利用技术信息壁垒与体系"排异"机制，控制后发国家产业链的层级上升空间和产业附加值水平，从而达到全球资本主义生产体系结构性再生产（垄断地位的永久化），并在事实上形成了一种产业结构的自我复制和维持。

三、留守儿童：作为第二层级结构化再生产

对于留守儿童成因的研究，基本可以分为两种类型。一类研究者把农民工子女教育问题归因于城乡二元体制和户籍制度问题，认为农民工子女的留守化或流动化，是因为无法获得与城市人口平等教育权利，而这背后则是户籍制度的二元划分。另一部分研究，把留守儿童现象的产生归结为农民工流动性强、收入水平低等原因。本文则将研究焦点对准全球消费电子产业及参与其中低端产业工人，探讨可行能力的结构性闭锁，对特定产业及其从业人员产生的影响，进而从劳动力再生产角度看待留守儿童问题。

---

① 最近的把戏是所谓的"全面技术脱钩"。

与产业高端环节在发达国家本土进行相对应的是，技术信息水平低、去技能劳动密集型的组装线向中国沿海地区转移。其生产过程排斥直接作业群体人类智识信息水平的发展，后者不可能通过长期劳动过程发展劳动技能即多样性存储水平。如果说，机械加工等有着悠久历史行业的自动化作业过程，本质上是曾经在技能工群体中集聚的信息库转移到工业自动化机器，这个转移过程同时意味着产品信息密度的决定因素从技能工群体向机器的转移。而对于消费电子组装产业而言，则从来就不曾存在一个在生产过程中发挥至关重要作用的直接生产群体。

同时，去技能劳动密集型的组装线向发展中国家的转移，也是社会成本和环境成本的转移。20 世纪 90 年代的中国，并没有如发达经济体的劳动保障传统和实际发挥作用的工会组织。加之相对普及的基本教育，形成了难得的去技能型人力资本（简单肢体技能型）价格低地。去在地化的跨国企业，为了寻找劳动力成本低地，可以将装配线搬到全球任何地方，也就没有兴趣对普通装配线工人的长远生计及可行能力承担保障责任。事实上，在诸多有关电子代工制度的技术文献中，组装线上的劳动力常常成为整个叙述中可以被忽视的因素。同样被遗忘的还有具有更深远影响的社会成本。这里将研究的焦点聚集于与国际分工体系有着紧密联系的消费型电子组装产业。

在消费型电子产业跨越大洋的漫长的生产线的各端，对参与其中的、在技术等级中处于不同地位的广义劳动者的技能要求呈现极化的趋势。如果说在其核心信息模块的设计、研发领域（通常位于美日欧），强调个体的创造力、想象力、是对人类思维自由极致的挑战，个体在此过程中不断历练、积累高信息密度的多样性存储和发展可行能力。而在产业链的末端，则要紧的是成本控制能力、快速应对订单需求和劳动力半强制动员能力，在最微观层面它要求个体——年轻身体某一部分的极致精巧和精确动作，所有神经元都要为这样的精确动作服务，任何其他的想象和能力都是多余的、应被扼杀的。这两种极端的人类智能倾向汇聚于同一条若隐若现的生产线两端，汇聚在同一只华丽的"苹果"内部。

基于技术垄断的分工，不断地再生产着自我维持的产业结构。各个层级的劳动者依附于此产业结构之上，而在最底层，是来自腹地农村的低技能青年们。在这个位置，动作与思维、体力与脑力、情感与生存的彻底分裂达到了极致，从而要以生命的终结的形式达到个体极端异化的终结。与发生在硅谷的故事截然相反，这里不需要任何特别的智识能力，需要的是准确、快速地对命令的执行，以及在日复一日操作中形成的肌肉记忆。青年工人们依附于日趋智能化的流水线，但却不会在这种依附关系中获得任何具有提升自身生存境遇的可行能力的增进，甚至意味着对个体及世代可行能力的剥夺。

从这个概念出发能观察到一种更深层次也更隐蔽的剥夺。在之前的研究中①，笔者指出以电子代工企业代表的低端组装制造业通过劳动过程管理、宿舍体制以及与城市其他功能区的半分割状态（代表了教育机会的可及性），在事实上构筑了一个对青年工人可行能力发展水平进行封堵的壁垒。在这个由与无形的全球分工体制，与有形的地理区位、周边设施共同型构的壁垒中，工人不仅在工作期间难以获得对于自身长久职业发展必需的更高层次的技能训练，即使在休息时间，也由于培训、教育设施、相关信息的低可获得性和低可信性，而难以完成劳动力向更高水平的进展。

根据由中国青少年基金会伴你飞翔项目组、中国滋根乡村教育与发展促进会和中国人民大学可持续发展高等研究院等机构共同推进的广东沿海地区制造业职工素养调研（以下简称"广东制造业职

---

① 见附录。

工素养调查")①，超过30%的一线普工反映，"从来没有做过技能培训"，这个比率在技工中也有近15%的比重。而现有技能培训不仅在很多企业并没有形成规律，且间隔时间较长。有超过25%的质量、技术部门员工表示，技能培训的间隔超过一年。调研发现，企业员工流动性频繁，在不区分工种的统计中，有36%的员工表示至少换过三份工作。

生产一线的职工对未来的看法方面，"迷茫"成为关键词。只有7%的员工明确表示会将家安在城市，一直在工厂做下去。14%的一线工人，对未来"迷茫，不知道以后怎样"。另有超过20%的员工计划将来回老家，而将近半数的员工，则对未来没有明确预期，"没想过，看家里情况"。

有相当部分的员工有通过自学提高技能水平的意愿。但其中大部分或者"根本不知道应该学些什么"，或者"由于时间或精力的原因没能实行"。有12%的员工曾经学过某项技能，但中途放弃。只有7%的员工一直在尝试学习某项新技能。这种现象的背后是什么呢？调查显示，工业园的工作制为两班倒。一般为白班早7点到晚7点，夜班晚7点到第二日早7点；白班和夜班交替各持续一个月。上夜班回来的工友的生活就是：早8点钟回到宿舍，睡到下午四五点，收拾一下，吃完饭，去工厂上班，如此往复。从此次调查中工友提供的数据看，在之前的一个月他们平均工作26天，一个月休息两天甚至一天都没有休息的不在少数。这样的时间安排能给工人学习新的技能留下多少时间呢？而加之他们所在的整个生活区域（工厂—宿舍—购物区）中，基本没有提供学习进修机会的设置，这样的接触性限制和信息的缺乏共同构筑了一个普通工友很难突破的空间。

---

① 参与调研的行业涉及深圳、东莞、中山等地玩具、电子、服装、五金等行业，包括普工、技术工、质检、工程师等生产类别，共回收有效问卷416份。

　　而从更长时间维度看，实际上体现了两个层面的可行能力的闭锁机制，即对青年工人个体在生涯内发展能力的闭锁，以及通过对其后代发展环境的制约，从而形成了劳动力代际向上流动可能性的闭锁。一方面，体力与脑力的极度分割，给青年在智识、生存技能乃至生活境遇可能性上造成"隐性剥夺"。另一方面，如前所述，受制于产业低增加值的微薄的薪水不足以支撑青年在城市的完整家庭生活循环，对于诸多低端产业打工者只能留滞家乡的后代，大量关于留守儿童心理和教育问题的报告更是凸显扭曲的技术—劳动制度对国民教育及发展能力的巨大隐忧。特别是，当将这样的劳工可行能力闭锁与 20 世纪六七十年代，东亚邻国日本在高速增长时期形成的面向职工可持续能力提升和技能积累的长期雇佣和培训制度相比较时，这样的隐忧则更为明显。①

　　低工资水平和不确定的就业前景，使得青年流水线工人在维持自身生计之外，很难支撑完整的城市家庭生活。在对青年工人的访谈中，随着肢体技能最佳年龄逐渐逝去和成家压力增大，女工们面临着继续留在城市还是回农村老家的两难选择。她们中的大部分将返回农村，在那里完婚，并在若干年后留下已经可以由父辈拉扯的孩子，再次返回工厂②。根据广东制造业职工素养调查，约半数的打工者之前有过不同程度的留守经历，而对于其中已有子女者，仅有约 22% 的人目前能和孩子生活在一起。这也就意味着，新一代打工群体仍旧重复着与父辈一样的、独自外出打工、将年幼的子女放在家中的经历。或者说，将自己童年的经历重复在自己的儿女身上。

---

　　①　近期学界才逐渐认识到日本长久以来的"物作"文化和"职人"精神，这是一种追求制造品质精益求精，在技术上不断磨砺的职业尊重，更在生产过程中体现为小组讨论、参与式技术改进等形式，表现为技术增进、企业进步与个体发展的统一过程。

　　②　此部分内容得益于长期在东莞一带参与劳工服务志愿工作人员的深度访谈，深挚感谢。访谈编号 20150206：与工友辅助机构长期工作人员秦某电话访谈。

既有研究指出，家长外出打工将给儿童从身体健康到性格发育，乃至智识发展带来一系列不利影响。如图5-3所示，根据吕利丹通过对第六次人口普查数据的分析，在适龄儿童中，只有20.3%的留守儿童（16岁）正在接受高中教育。在完成初中学历后，留守儿童在校比例出现了"断崖"式的下降，15岁至17岁留守儿童读高中比例（37.3%）比同年龄段非留守儿童低12%。有留守经历的农村青年，不仅更可能较早地外出打工，也因为受教育水平低等原因，面临更低的收入水平。[①]

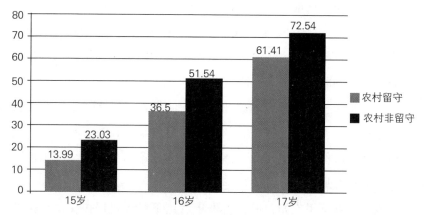

数据来源：吕利丹：《从"留守儿童"到"新生代农民工"——高中学龄农村留守儿童学业终止及影响研究》，《人口研究》2014年第1期。

图5-2　2010年全国适龄农村留守儿童读高中情况（比例:%）

换句话说，与父辈低端劳动力就业相关的中国留守儿童现象，出于父母的高流动性、辅导不足、亲情缺失、健康失调等原因，而使其在个人学业上面临更大困境，从而更早也更加必然地再次进入低端生产环节（或其他低技能型行业），从而形成了一种结构的自我维持。而这种低水平自我循环的结构，从劳动力素养层面形成了一种"低质劳动力"的固化，并固化了一国在全球技术—价值分工体

---

① 段成荣等：《我国农村留守儿童生存和发展基本状况——基于第六次人口普查数据的分析》，《人口学刊》2013年第3期。

系中的地位。在此，以技术信息的模块化垄断为内核的利润分享机制，通过对社会资源的全球配置，实现了对人类可行能力全球配置。或者说，通过将低技能劳动力在个体生涯层面和代际上升层面的动态发展能力的闭锁，而加强了对一国在生产能力和价值分享机制上的闭锁。当然，这种闭锁通过静态化的比较优势理论得到合理性支撑。

从资本主义体系全球分工角度观察留守儿童问题，可以发现单纯从教育和心理辅导方向探讨留守儿童问题的化解，只具有有限的、非结构性意义。当显示一国综合实力的装备制造业的核心技术模块不可避遁地依赖进口；当依靠贴牌生产进入全球产业分包体系的微电子企业在庞大跨国集团掌控定价权下，只能分取微薄的利润空间；当以巨大环境和人力代价，却只能获得微弱增加值，乃至缺乏足够的高质能量投入普惠型教育、社会保障和优质医疗等本土国民福利（即高质能量城镇化进程），则留守儿童、外包产业链工人综合境遇改善、有内涵的城镇化、国富抑或民富等新近被泛泛提及的话题，早已经跨越了一国的边界，而与一条穿越美国西海岸的高科技总部、日本东京湾沿岸的微电子聚集区，乃至广泛分布在中国东南沿海并逐渐向内陆深入的低技能劳动力总装工厂的漫长的生产线的运转有着紧密关联。

《中国制造2025》明确提出"创新驱动、质量为先、绿色发展、结构优化、人才为本"的基本方针。要做到真正"以人为本"的创新驱动战略，就需要立足我国劳动力构成现状，推进有利于提升劳动者整体职业技能素养和可行发展能力的发展战略，并在保持社会面基本稳定的前提下，考量不同生产技术设计在生产性和社会性上的后果，在不同技术选项中做出抉择。

当前，在我国国家战略层面上已经重新认识到优质制造业在国计民生中的关键性位置，提出了诸多提升制造业整体水平的方略。我们应当认识到，后发国家对于高密度生产技术型信息的逐渐掌握，及由此带来的高增加值配置路径的改变，本身就是对既有系统结构的挑战和突破，必然引致强大的系统性反制。国内领衔民族科技企业近两年的遭遇，发人深省，更应当深刻认识到提升制造业水平的长期性和艰巨性。此过程，不仅要突破发达资本主义国家的种种技术闭锁，提升我国制造业的核心技术能力，还应在改善我国劳动者劳动技能和素养水平上用力，从而提升广泛于劳动群体的多结构信息水平，增进系统有序程度①。

---

① 参见吕程平：《日本制造的背后：直接生产群体生态埃三级水平变化及制度设计》，《山东科技大学学报》（社会科学版）2017 年第 4 期。

附录

技术、异化与被掩盖的剥夺
——对青年产业工人的一个观察

　　这一基于天津×微电子工业区青年工友的调查报告将展示，对于处于全球价值分享体系和工厂的技术权力结构双重低端的青年农民工，在其生产过程中，被马克思诉说的"异化"普遍存在，分布个体与机器、个体与产品及个体与个体之间，在这一过程中发生着种种"身体的反抗"和"意识的反抗"；另外，与数控自动化过程及资本主义工作原则对熟练机械工的过往经验中形成的熟练技能的分解不同，从一开始以去技术的分解劳动进入电子组装业的年轻农民工将面临其今后生涯可行能力的剥夺。这种剥夺被掩盖的状态，揭示着中国青年农民工在工业革命发展史中的困境。在报告的末尾，讨论了以上两种过程联结着宏观制度与微观行为，是事实上的效率减损，制约着中国城市化、工业化的可持续进程。

引　言

　　美国历史博物馆工业自动化馆馆长戴维·F. 诺布尔把《技术与文明》中的一句话摆在《生产力：工业自动化的社会史》（*Forces of Production：A Social History of Industrial Automation*）的扉页：

　　"我们不过是使用新的工具和能源来推进资本家和军工企业早已开创的过程……不仅仅旧的技术形式约束了新技术经济的发展，而且新的创造与工具也每每用于维持、更新和稳定旧社会的秩序结构……旧的目的与新手段的结合，这是当前秩序中最突出的特征。"

在这本书中，诺布尔馆长解构着作为"资本主义合法性关键支柱"的技术决定论，它消融了人们改变现状的责任，令他们屈服于那些掌握技术者的规划。这种意识形态如此扁平化了生活，它一方面消耗着生命，注入种种强迫症与宿命论，另一方面，它又滋生出种种粗糙的关于错误前景的未来主义想象……它使美国人忽视和忘记了那些不变的事物，那些仍然塑造社会和技术的统治地位的基本关系。① Noble 指出计算机自动化的设计与传播并非像所宣扬的那样具有经济与技术上的优势，而是在第二次世界大战、朝鲜战争和冷战中日益壮大和结合的军事工业联合体（艾森豪威尔）与学界（如麻省理工）共同推动的，同时也是为了应对战后风起云涌的"工运"——它要把生产的控制权交给管理层和程序员而非熟练工人，从而否定了其他同样有潜力的技术。对于依靠社会权力（大学内自动化研究严重依赖着与国防部的合同）获得科研资源的技术天才们将"恩主"的权力与控制观转换成一种职业习惯：系统的成功要求对产业工人或士兵的行为加以控制。而作为购买者的工厂雇主自然是欢迎让他有权力强迫他的工人去做白痴也能做的工作，因为他一劳永逸地降低了劳动成本并免除了"劳工问题"。

金属切削行业与人类开始使用金属有同样的年龄，现代意义上的机床的发展则与工业革命相随②，大约在《英国工人阶级形成》的背景年代，工具制造工成为一种专门的职业。而《生产力》一书中讨论的就是从 20 世纪二三十年代开始的机床自动化中对熟练工的替代。比此书成书早十年，曾在铜匠行③里做过学徒的哈里·布

---

① ［美］戴维·F. 诺布尔（David F. Noble）:《生产力：工业自动化的社会史》，李风华译，中国人民大学出版社 2007 年版，序言第 4—5 页。

② 百度百科，见 *http://baike.baidu.com/view/1423349.htm?fr=ala0_1_1*。

③ 一门历史更悠久的手艺。

268

雷弗曼在《劳动与垄断资本》（*Labor and Monopoly Capital*）中同样表达了在"劳动过程重组中，被有系统地剥夺了一种手艺遗产的工人的义愤"。与诺布尔馆长的角度不同，技工布雷弗曼揭示了巴贝奇原理和泰勒工作法在资本主义劳动实践中的作用。前者将熟练劳动力的全方面技能分解为最简单的成分，从而降低劳动力价格。后者通过精确的计算和改进工作的每一个做法，把劳动（每一个步骤）的控制权转移到经理部门手里。这两者达到同样的结果：人要做的工作的执行和关于它的概念的分离——这也是本文要关注核心之一，从而"使劳动过程失去人性，这就把工人的劳动几乎降低到动物的劳动水平"。①

我相信，本文内含的关怀与前述两位作者是相通的。但与数控技术引领的机械自动化（其中的权力和控制）和资本主义劳动原则对有着悠久历史的（甚至是从手工业时代就传承的）全方面工艺——熟练工分解不同，微电子组装业，如本文要着重提到的表面安装技术（Surface Mounted Technology，SMT）从其工艺设计阶段就是脱离实际劳动场所（车间）和排斥劳动力的并重塑着车间的技术—权力结构。对于去技术的普通农民工，其劳动过程已经不能对产品产生实质性影响，而更多的是作为机械的延伸进入制造过程中，已经不能在完整的意义上称之为工人。这也就意味着，他们对生产过程没有任何的控制权。

同时，电子及半导体产业作为全球化进程中的领头行业，知识信息技能已经成为最为主要的生产要素，并迅速资本化。这也就意味着，以核心技能（半导体技术、商务能力和品牌运作能力）在全球范围内形成了差异化的利润分配格局。而这样的模式在微观行为的社会学样态上是怎样的？其对一国国内产业工人的智识—技能的

---

① ［美］哈里·布雷弗曼《劳动与垄断资本》，方生等译，商务印书馆1978年版，第85页。

发展有着怎样的影响？需要更深入探讨的是，如上影响对工业化及整个经济体的可持续性发展有着怎样的意义？

本调查以天津×微电子工业区（以下简称×工业区）的青年农民工为调查对象，调查时间为 2010 年 7 月至 8 月。天津市位于环渤海经济圈的中心，是中国北方最大的沿海开放城市，也是吸纳农民工最多的北方城市之一。保守估计，目前天津市农民工总数不少于150 万人，其中外来农民工占绝大多数，主要来源于周边地区的农村，包括河北、安徽、山西、河南等地①。据天津市总工会 2006 年的一份调查报告，30 岁以下的青年农民工占农民工总数的一半以上。农民工中大约 90% 只具备初中及初中以下学历。农民工中具有专业技能资格的约占 1%。②

天津市×工业区建立于 20 世纪 90 年代中期。截至 2009 年 9 月底，×工业区约有 100 家企业，大致分为三种类型：A. 大型跨国电子企业；B. 为 A 提供配套产品的外资外包企业；C. 为 A 提供配套产品的内资外包企业。

本调查按照代表性原则和随机抽样原则，从上述三种类型的企业中分别抽取一定比例的样本。此外，调查者采用结构式访谈和参与式观察法。调查者对在不同类型企业中工作的十余名青年打工者进行了深度访谈，并以暑期打工的名义在工友宿舍租住，以求对工友生活有全面的观察。

第一部分　全球化与技术：去技术工人的经济图景

一、全球化：概述

如图 1 所示，在全球范围内，跨国企业的利益分享格局在行业

---

① 陈燕：《天津市农民工的社会融入》，《实践》2009 年第 5 期。
② 天津总工会：《我市产业工人的报告》，2006 年 8 月。

间和产业链的不同层级呈阶梯化的分布。在这不断资本化的过程中，全球企业按照金融资本—跨国品牌营销—科技研发企业—生产开发—组装行业的序列分配利益。这样的网络与跨国公司的全球网络化分布交织。而处于利润分配最低端的是加工组装行业。

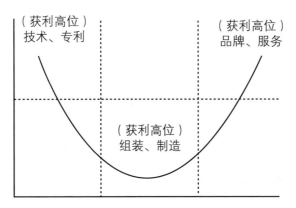

资料来源：http://a4.att.hudong.com/61/69/01300000165488121950694375315.jpg。

图1 产品价值链微笑曲线

全球跨国企业在两个维度上寻求全球差异化利润最大化，一是全球化资源投放能力；一是全球化资源吸取能力。在第一个维度上，它具有在全球范围内运作资源流，需求价值峰值的能力；在第二个维度上，它在全国范围内寻索包括劳动力、原料、半成品在内的具有价格差值的资源，并在全球市场出售其商品和服务。

《全球化：起源、发展和影响》一书中，作者借用唐宁（John Dunning）的话指出在全球化时代，为了降低交易成本、开发新技术和冲破进入其他国家的市场障碍，跨国公司之间在形成某种同盟的关系。"世界上大多数主要跨国公司已经和它们昔日的对手达成了实用的伙伴关系或者正主动探索结盟的潜在机会。在他们的交易中，公司之间常常分享彼此一定比例的商业资产，共同集资和促进科研能力，或在技术、金融方面相互支持，甚至共同生产将来要在市场上互相竞争的商品"。① 建立这样的同盟是为了应对新工业革命的不确定性和保持利润的长期稳定性。

由此可见，全球化的利润分配格局与全球资源运作在一定程度上要求资本的集中化运作。可以说，全球化的格局与产业的集中化趋势相一致。这样的一致性在全球化的重要推手之一的电子信息行业体现得尤为明显。在半导体行业，行业销售量及核心技能由英特尔、三星电子、东芝等大型公司控制。

在这样全球化价值集中的电子信息行业内部，几乎每个电子信息企业都采取全球运作的模式，即将生产链的不同环节分布于国际间具有比较优势的地区。如研发行业和产品品牌开发一般分布于总部所在母国，而组装等低端环节多安置在具有广泛劳动力比较优势的发展中国家。由于低端环节的低技能和高可替代性，底层环节市场具有了高度竞争性的特点。

同时，价值的分化与劳动力技术两极分化相互耦合：一端是具有高度专业与训练的技术性劳动力，一端则是进行低技术或去技术生产的劳动力。

以笔者调查的 S 工业园为例，这里落户着以三星为主的一批世界著名电子行业跨国公司和一大批中小型配套项目（外包企业）。在这些企业中，不论是以三星手机、三星相机为代表的跨国巨头的子公司，还是为三星电子产品代工电路板的小型公司，大部分属于电子组装行业，之所以将电子组装部门部署在沿海城市天津，是因为在其辐射范围内有大量低廉的、去技术的劳动力供给。而事实上，特定的工艺技术和劳动制度不仅需要去技术且廉价的劳动力，而且也在一定程度上"生产"着这样的劳动力。

---

① 杨伯溆：《全球化：起源、发展和影响》，人民出版社 2002 年版，第276 页。

二、SMT与技术—权力结构

表面组装技术（Surface Mount Technology，SMT）作为继手工插装、半自动化插装、全自动插装之后的第四代电子电路制造技术，是目前电子组装行业里最流行的一种技术和工艺，在电子组装领域已占有90%的份额，也是在S工业园区的电子组装企业中普遍采用的技术。SMT元器件体积小、重量轻、集成度高、功能多，可贴装于印刷电路板（PCB）两面，并使包括立体组装在内的高密度组装成为可能。SMT产品制造易于实现自动化、降低制造成本[①]。典型的表面贴装工艺分为三步：施加焊锡膏—贴装元器件—回流焊接。SMT生产线的主体部分贴片机是一种精密的工业机器人，是机—电—光以及计算机控制技术的综合体。这一系列元件识别、对中、检测和贴装的动作都是工控机根据相应指令获取相关的数据后指令控制系统自动完成。[②]

从20世纪80年代开始的计算机辅助工程（CAE），使得工程师可以通过画逻辑图、自动布局布线的方式完成设计，不仅使设计水平迅速上升到1万门左右，而且降低了对设计人员的技术要求，集成电路（IC）设计技术开始部分物化到设计工具中。随着电子设计自动化（EDA）工具的发展，设计进入抽象化阶段，使设计过程可以独立于生产工艺。[③]而随着CIMS（以数据库为中心，借助计算机网络把设计环境中的数据传送到各个自动化加工设备中，并能控制和监督这些自动化加工设备的计算机集成制造）等技术在SMT中的采用，设计制造、测试、生产过程管理、材料供应和产品营销管理等

[①] 李飞：《SMT产品制造网络若干关键技术研究》，《信息产业》2009年第6期。

[②] 张敬南：《贴片机研究与结构设计》，硕士学位论文，哈尔滨工程大学，2007年。

[③] 中国半导体行业协会：《发展和变化中的全球集成电路产业（上）》，《中国集成电路》2008年第2期。

全部活动将成为综合自动化系统。①

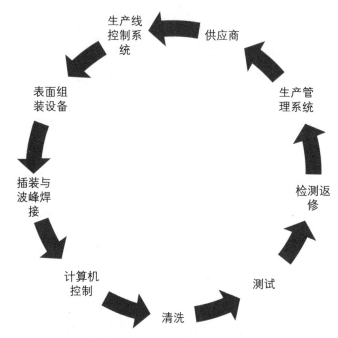

图 2　SMT 产品制造系统示意图（请注意，在图中是找不到普通工人的)

　　另一方面，在后金融危机时代，SMT 厂更加强调通过更加智能和自动化的作业降低人力成本②。日东科技发展有限公司营销执行总裁李阳贵表示③，随着智能化技能和机器人技能在生产中的采用，在 SMT 生产过程中用自动化机械替代人的趋势已经越来越明显，传统的人工加锡工序都逐渐通过自动化进行，这样可以大幅度地压缩成本。

---

　　①　鲜飞：《表面组装技术的发展趋势》，《电子工业专用设备》2009 年第 1 期。

　　②　梁红兵：《应对危机——SMT 设备材料厂商注重灵活》，《中国电子报》2009 年 4 月 14 日。

　　③　《SMT 设备：看重成本性能——主攻中国市场》，《现代表面贴装资讯》2010 年第 3 期。

这事实上形成并加剧着在 SMT 车间的"技术垄断",即对实际生产的影响权力向工程技术人员集中；一般来说工程技术人员控制着 SMT 生产线运行的基本参数和大型硬件设施的维护；基层管理人员如领班、组长具有全工序岗位操作技能；而因为大部分工艺知识内置于软件中，普通工人没有机会对生产有实质影响，其工作只是简单重复的和被分割的，诸如装卸板、检验、电焊修复等。

（一）技术—权力结构

SMT 生产车间技术的差别形成了职位、待遇乃至权力的差别。掌握着技术的是作为工厂的"中层以上"管理者，根据技术能力的不同等级，分为工程师、课长、班长、技术员等职级。车间内所有重大事项，包括流水线的控制、生产计划的安排、质量的保障等都由这个阶层掌握，不仅如此，他们对于普通工人有着相当的权威。一位在 SMT 车间的普工说：

"厂子里的这长、那长都能开除工人，你要是哪里没做好被他们撞到了，都可以开除你。从一线工人提拔上去的组长有时也拿开除吓唬人，但她只是说说，并不真有这权力，她还要和课长说。"

在一个工厂内，中高层具有相当的稳定性。而一线工人，则从他们被雇用的方式开始就是以一种几乎可以忽略而又高度可替代进入的。这种以技术为中心的权力结构的一个判断标准之一，就是是否有"五险一金"的社保。

以所调查的 S 工业园内主要生产手机摄像头线路板的 B 工厂（员工人数不到 200 的小型韩资企业）为例，线长是一道分界线。线长之上工程师（兼经理）、课长、领班、班长、技术员等属于工厂的正式员工，即工厂的"中层以上"，他们拿固定工资、享有"五险一金"，一般是通过网络招聘或正式招聘会进入工厂，并与公司签定合同。而线长及普工是与劳务公司签定合同，不享有社会保险。在一些外资大工厂也采用分级制度，如普工属于 8 级，而只有 6 级以上才有"五险一金"。①

表 1　SMT 车间的职位技术要求

职位	技术要求	工作要求	工资（参考值）/合同签订方式
SMT工程师		工程技术人员控制者 SMT 生产线运行的基本参数和大型硬件设施的维护。	工资浮动/与公司签
SMT生产课课长	本科学历，机械系/工业工程自动化科系毕业，具有 SMT 相关经验 5 年以上，具有人员管理经验。	负责产线生产效率，人员纪律管理；生产质量管理,SMT 相关改善方案推行与参与。设备主要工作内容:内部生产机种程序优化督导与管理；各线置件机异常原因分析、对策、预防再发之改善。	3000 元/与公司签
SMT技术员	高中以上学历，熟悉电脑操作及 OFFICE 软件；熟悉 SMT 工艺流程，能分析及改善炉后不良；熟悉 SAMSUNG 系列；并能对其进行编程维护、保养、调校及维修。	线体 Model 切换；产品不良处理与反馈,测试设备的维护、保养；完成 SMT 设备的月度、季度、年度保养；配合工程师完成设备优化,提高设备的利用率。	2500 元/与公司签
SMT班长职位	中专学历，5 年以上 SMT 带线经验，大专学历 2 年以上 SMT 带线经验；熟悉相关 WI 操作内容。	根据 SMT 生产计划，安排生产；根据绩效考核细则，公正准确地评核员工的绩效；全面掌握生产的每个环节；主动与主管沟通，确保生产计划的顺利完成；及时反馈当班督导当日的生产异常状况；控制当班出勤，纪律，安全，5S。	2500 元/与公司签

---

① 提供此例的是在一家雇用了 5000 名员工的美资企业工作的工友。

（续表）

职位	技术要求	工作要求	工资（参考值）/ 合同签订方式
SMT 生产线长	现场管理，熟悉环球/索尼/松下设备，熟悉 SMT 生产流程；相关设备作业（贴片机、印刷机），做事耐心，有良好的沟通协调能力；吃苦耐劳，团结向上。	SMT 生产任务安排，5S 管理；生产异常跟进及反馈；生产材料控制及材料盘点。能熟练处理生产异常，有人员分配能力，有应变能力，头脑灵活。	计时底薪920 元，有相应的职位补贴，根据产量有补贴。/与劳务派遣公司签
普工：切割、压贴、焊接、设定、组装、质检	性别：女；身高：155cm 以上；专业：不限；年龄：16～22 周岁；视力：双眼矫正 1.0 以上（5.0），无色盲；学历：初中以上学历，初中、高中、中专、技校均可（提供毕业证或在学证明）；其他：身体健康，能吃苦，有敬业精神，适应倒班工作。		计时工资制度。第一个月为试用期，基本工资920 元（天津市工资标准），加班费，特勤费按国家规定执行。凡每月上班满全月的，满勤奖 50 元。/与劳务派遣公司签

这样以技术为中心的技术—权力结构与资本主义劳动实践的结合将对工人的生存状态、心理状态、车间内关系等有着深刻的影响。

（二）去技术的劳工

科学管理的倡导者巴贝奇（Charles Babbage）认为，将工艺分解将降低各个部分的工价①。显然，电子组装生产线是巴贝奇原理的最好继承者。因为在这里的普通工人几乎不需要任何特殊的技能。表2显示被召入厂的孩子们之前完全不会与操作有关的技能的占到近一半。

表2 工人掌握的技能

（单位：%）

	频数	百分比	有效百分比	累计百分比
不会	21	47.7	48.9	48.9
接触过	18	40.9	41.9	90.8
学校学过	2	4.5	4.6	95.4
自学	2	4.5	4.6	100
合计	43	97.6	100	100

随着普工的操作技术基本降到了"只要有眼睛有手的笨蛋都能做"（工友语）的技术水平。投资方自然省去了培训新工的开支。针对技术培训，不同厂子及工种的情况是不尽相同的。进厂后没有接受任何培训的占25%，会简单说一些的占了56.8%，会进行一周以内培训的占11.4%，只有4.5%的新工接受了一周以上的培训。

"简单说了一下"的一般是规模不大的企业。一位在有600人的电子厂做电焊维修的工友描述了他进厂的培训情况：

"不需要什么技能，学两天就可以干。（修理室）干得时间长的，教你两句就行了，也就是'这是什么''怎么修'；其他自己看着办，不需要技术含量。"

在大规模的外资企业，会有较正规的入厂培训。在一家大型美资电子厂工作的一位女工说：

"正式进厂之前，会讲一下，公司做的什么产品，公司是哪一年

---

① ［英］查尔斯·巴贝奇：《论机械和制造业的经济》，新世界出版集团1998年版。

成立的；也有安全措施和做活的操作方法，在培训室培训了两天。之后，每个礼拜都要培训，有专门培训的人员，就在车间里，给你讲解，如果你理解了就填一个培训记录。每周培训的内容根据做的工作不同不一样。如果长期在一条流水线上做就不用培训，如果到一条新的线上就需要。工作是经常换的。"

另外一个女工认为，对于普工升迁到像组长那样的基层管理职务靠的是人际关系，而不是技术因素。

"不会要求什么技术，中专学的东西也用不着，主要靠人际关系，和上面关系处理得好，他会给你机会。这么多的人，要让一个主管认可你，才有提升机会。"

在这样的去技术状态下，普通一线工人对自己在生产中发挥作用的评价是很低的。在问到包括工程师、领班和普通工人在内的一些人如果长期不在对工厂生产的影响程度时，认为一个工程师的离开会有很大影响的人占到 59.1%，而与此相对应，认为一个普工的只有 6.8%。其他人离开的较大影响率分别为：线长 32.5%，领班 37.5%，技术员 58.5%。[①]

表 3 影响程度比较

（单位:%）

	工程师		一般工人	
	频数	百分比	频数	百分比
很大影响	26	65	3	7.5
一般影响	13	32.5	8	20
没影响	1	2.5	29	72.5
合计	40	100	40	100

---

① 另一个问题是，"您认为的对流水线生产最重要的人的顺序是（最重要的放在第 1 位）：A. 技术员 B. 一线工人 C. 操作员（OP）D. 领班 E. 董事长 F. 工程师"。有意思的是，相当一部分受访者将一线工人放在较高的序列位置。

（三）不能称之为"工人"的工人

"工人"通常是由"生产关系"角度定义的，如"工人，个人不占有生产资料、依靠工资收入为生的劳动者"。[①] 这里尝试从生产力角度来定义，"以自身的智力或体力改变物质或精神材料的结构、形态，参与到创造新的物质或精神产品过程中的个体"。在电子产业兴起之前，或者说在进行大规模的机械自动化之前，工人的生产关系定义和生产力定义是基本统一的。不占有生产资料的手工艺者，通过机械，改变原材料的物理形态。这时的工匠掌握着全工序的技艺（技艺可以理解为工人运用机械改变物质资料的结构或形式生产产品的知识）。随着机械自动化的发展和资本主义劳动原则的完善，技艺首先是被切割；之后是越发向上集中。引言所述的两本著作描述的过程都发生在从切割到集中的过程中。这个阶段的工人有着强烈的反抗意识，或者笼统地说，是阶级意识，这正是因为他们作为全工艺的技术工人同时**体验**着技艺被分割和自动化下的传统技艺被剥夺和生产控制权向上集中。[②]

而本文要着重讨论的青年农民工（也被称为第三代农民工），他们进入历史舞台的时候是第一块集成电路发明后的 50 年，是集成电路产业发展 30 余年的时间。引用诺贝尔委员会在 2007 年的诺贝尔奖授奖公告中的话："巨磁电阻效应的发现打开了一扇通向技术新世界的大门，在这里，将同时利用电子的电荷自旋特性。新兴的纳米技术是发现巨磁电阻的前提条件，而自旋电子学反过来成为促进纳米技术迅速发展的动力。这为研究领域树立了一个异常清晰的例子：基础研究和新技术是如何交互作用和互相支持的。"[③] 显然，**在技术**

---

① 参见《现代汉语词典》相关词条。

② 体验，汤普森认为这在阶级形成的过程中起了相当重要的作用。参见潘毅等：《农民工：未完成的无产阶级化》，《开放时代》2009 年第 6 期。

③ 刘亚俊：《微电子技术发展历程——从基础研究到产业化》，《物理与工程》2008 年第 6 期。

上，工业已经处于这新世界之中。

在这个时间，集成电路上能被集成的晶体管数目，按照摩尔定律所预测的，以每 18 个月翻一番的速度稳定增长。而电子产业生产线的自动化程度也正如上文所指出的，正日新月异地发展。而这个过程也正是技术日益向技术员集中，向管理层集中的过程，对于普工来讲，其技艺不断被分割和去除的过程也正是其工作境况日益异化的过程，是其失去劳动主动权的过程，是其日益成为机械功能的延伸而非机械的控制者的过程，是其被工具化而非利用工具的过程。

那么，又怎么能说我们真是处于一个新世界中呢？而在微电子企业从事机械般重复操作的青年劳动者，又真能在完整意义上称之为"工人"吗？

（四）高流动性的普工

处在技术—权力结构末端的普通工人处于高可替代性和高流动性的状态。特别是在一些小型 SMT 生产企业，工人很可能因为生产淡季到来而被辞退。一名在 B 厂工作的线长说：

我 6 月进厂时，厂里就没多少工人。只是 6 月份因为接了三星一份大单才招了一大批人。

据他估计，普工数量从 6 月份前的五六十人增到了 6 月份后的 120 余人。即使在大型电子公司，投资方还是有权以各种理由辞退工人。

在一份由全球最大规模电子制造企业之一的 C 公司在中国的独资子公司与劳务派遣公司签订的劳务合同中，有这样的规定：

派遣人员在协议期限内，发生以下情况时，甲方可以无条件将派遣人员退回给乙方，且乙方需承担因此而产生之所有后续法律责任，如甲方因此承担连带责任，甲方有权向乙方追偿：

1. 甲方认为派遣员工无法胜任工作，工作效率低下者。

2. 严重失职，营私舞弊，给甲方造成重大损害者。

3. 甲方认为违反甲方公司制度及相关规定者。

4. 派遣人员同时与其他用人单位建立劳动关系，对完成本单位的工作任务造成影响，或者经甲方提出，拒不改正者；

5. 乙方以欺诈、胁迫的手段或者乘人之危，使派遣人员在违背真实意思的情况下与之订立或者变更劳动合同的；

6. 派遣人员被依法追究刑事责任；

7. 甲方因实际工作需要，需减少派遣员工数量的。

从访调的数据看，32.6%的人只工作了不到一个月，25.6%的人工作了3—6个月；而只有9.3%的人在一家厂子工作了2年以上。

表4　在企业的工作时间

（单位:%）

	频数	百分比	有效百分比	累计百分比
不到一个月	14	31.8	32.5	32.5
1—3个月	7	15.9	16.3	48.8
3—6个月	11	25	25.6	74.4
6个月—1年	5	11.4	11.7	86.1
1—2年	2	4.5	4.6	90.7
2年以上	4	9.1	9.3	100
合计	43	97.7	100	100

三、全球化的工资制度与被追求的加班

在生产过程中进行简单重复且高度可替代性劳作的流水线工人，在整个全球利润的分享体系中以及在工厂内部技术—权力结构中都处于双重的低端位置。对于处于"技术被剥夺"状态中的青年农民

工，管理方甚至不需要再怎么玩弄"内部国家"与"内部市场"①的把戏，就能把"超额"轻易地变为工人所追求的。

且看以 iPad 为例的电子产业利润分配图②（见图3）：

苹果产品链示意图（以iPad为例）

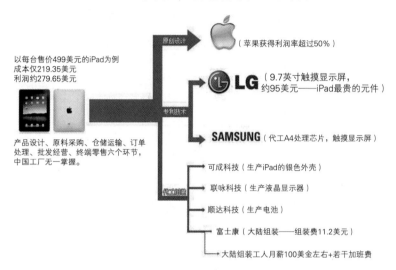

以每台售价499美元的iPad为例
成本仅219.35美元
利润约279.65美元

原创设计　（苹果获得利润率超过50%）

LG　（9.7英寸触摸显示屏，约95美元——iPad最贵的元件）

专利技术

SAMSUNG　（代工A4处理芯片，触摸显示屏）

产品设计、原料采购、仓储运输、订单处理、批发经营、终端零售六个环节，中国工厂无一掌握。

代工组装
可成科技（生产iPad的银色外壳）
联咏科技（生产液晶显示器）
顺达科技（生产电池）
富士康（大陆组装——组装费11.2美元）
大陆组装工人月薪100美金左右+若干加班费

图3　苹果产品链示意图

在调查的天津×工业区，一线工人的工资构成如下：

工资＝基本工资＋加班工资＋各种津贴

其中基本工资一般执行了 2010 年天津的最低工资标准 920 元，而加班工资的计算为：

加班费＝平日延时工资（为正常小时工资的 1.5 倍）＋休息日延时工资（为正常小时工资的 2 倍)③。以统计所反映的 6 月份情况来看，工人在每周平均工作 6.4 天，每天平均加班 2.5—3 小时，月平

_____

① 参见［美］迈克尔·布若威：《制造同意——垄断资本主义劳动过程的变迁》，李荣荣译，商务印书馆 2008 年版。

② 资料来自：www.wSg-databaSe.org/345m#fSag.Sfg。

③ 参见《中华人民共和国劳动法》《工资支付暂行条例》相关内容。

均工作 26 天的基础上，得到工资的均值约为 2000 元，而其中加班工资为 930 元，占到了总工资的 45% 以上。

表5 工资统计 （单位：元）

	样本量	最小值	最大值	均值	标准差
上月工资	33	1500	2920	1994.88	315.4350
基本工资	30	720	1400	916.67	111.0245
加班费	25	320	1500	930.40	320.6956
小时工资	33	4	11.5	5.61	1.4343
周工作	29	5.5	7	6.40	0.5729
月工作	28	21	30	26.11	2.4995

从工人的上月开支来看，在调查时我们将开支分为房租、伙食费和生活开支（包括生活用品、通信娱乐等）。工人 6 月份的开支合计 854.5 元。

也就是说，仅靠法定工作时限 8 小时内拿到的最低工资，显然是无法满足工人生存发展需要的。将法定工作的时限内的工资设定为当地最低工资标准的规定额，这样的制度看似是合法的，却造成了这样一种结果，即普通工人不得不通过加班赚取更多收入。

表6 开支统计 （单位：元）

	样本量	均值	标准差
房租	36	134.03	153.7383
伙食	35	255.14	146.7365
生活开支	30	465.33	260.7381
合计		854.50	

这就无怪乎当被问到"一天 12 小时高工资和一天 8 小时低工资，你会选择前者或后者？"时，接受采访的数十名不同厂子的工

友，答案是一致的，几乎所有人都会选择前者，12 小时！①

加班甚至成为被追求的。一名来自一家美资微电子企业的女工讲述的案例从另外的角度佐证了这一点，"白班和夜班的冲突，在周日倒班的时点上，因为白班的人在周日白天也上班得到了双倍加班费，约 120—130 元，而夜班的周日早上下班后，直接到周一早上上白班，不能得到周日的加班费，他们意见很大，以至于在上工中议论纷纷，影响工作速度"。也就是说，工人们并不是为了少了一个假期而不满，而是为了没能在假期中加班而不满！

一名在一家韩资企业的底层管理人员说，"时间长的话赚得更多。今天机器又坏了，被点名的留下，没点名的可以回去了，没点到名的反应是，**'让我加班吧**，我不想回去'。因为回去之后不知道干什么，生活无聊，业余生活很小很小，不知怎么打发，可以上网，但上网也觉得无聊，还不如去工厂。他们没有办法开发其他方面的东西。他们也不想参加培训。没有这种想法。"

第二部分　退化与异化：劳动过程的考察

一、人与生产过程及产品

技术在企业内部的向上集中趋势与普通一线操作工人的去技能化的一个后果就是 *Braverman* 所说的工作执行与概念的分离，劳动不仅是降低到动物的水平，劳动者在其劳动时间被购买、劳动过程被机械自身运作与资本主义劳动原则双重规制下，其实是化为机械一部分或者说是机械部分机能的延伸。

一个在 SMT 生产线上的线长谈起他刚开始做普工的经历：

---

① 这是在 S 工人聚居区做工友扶助工作的工作人员设计的一个问题。她介绍说，只有少数几个刚到天津，还未入职或是刚入职的选后者。原因是对工资的在乎程度不同。

……我一开始也是做投版，就是一直坐着，拿板—贴板—投板、拿板—贴板—投板、拿板—贴板—投板。一直不断重复，重复地工作，不断地重复。工作12个小时就重复12个小时。累得我很恼怒。就是一个机器，你不需要动，不需要思考，你只需要贴板投板。

在接受访谈的工友中，有83.7%的人经常或有时觉得自己在劳动过程中像台机械。这样的"机械感"是在长时间重复、去思考操作的过程中形成的。是怎样的重复呢？简单看产品数并不准确，因为其受到工种和产品本身差异的影响。比如电焊修理工可能一天最多修理500—600块有问题的手机电路板；而检验员则可能用显微镜检验数千个手机摄像头板。不过我们还是可以用每天经手的产品数（指单件产品）作为一个参考，如图4所示，27.3%的受访者报告说一天经手的产品达1万件以上；达到3000—6000件的受访者约为25%。

表7 机械感

	频数	百分比	有效百分比	累计百分比
经常	16	36.4	37.2	37.2
有时	20	45.5	46.5	83.7
从没	7	15.9	16.3	100
合计	43	97.7	100	

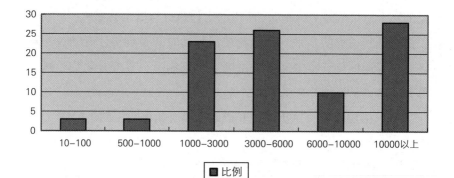

图4 一天中经手的产品数

需要指出的是，青年农民工"工厂—宿舍"两点一线的生活加剧了在工作过程中不自由的体验。特别是对于轮到上夜班的工友，他们的作息就是一天工作十二个小时，从早八点到晚八点，一天疲劳的工作后到宿舍就是睡觉，有时周末还要加班。这样其实属于自身生活缺失的状态①。许多工友言状的强烈的无聊感也就不难想象。正像卢晖临老师指出的，工友常常通过频繁地换工作、打网络游戏、逛街等方式消减不自由的体验。

与每天生产（确切地讲，用"生产"这个词是不恰当的）如此多的产品相对。很多在 SMT 车间做了几个月的工友竟不知自己每天都要经手的成千上万的电路板最终的产品是什么，不知道这是在为哪个牌子生产。一个工友说：

"也没人说过生产线最终做什么的。只有一个型号。"

只会被告知一个型号，因为只有这样的信息对于管理层来说才是于工人操作有用的信息。而工友们在私下也绝少谈论他们在一天中的大部分时间生产的产品，好像下班后的时间与在车间的时间完全是两个世界。工友们认为他们与产品之间的关系是怎样的呢？在接受访谈的工友中，40.5%的人回答"这是别人设计的，我只管装配，和我没什么关系"，另有 33.3%的人回答说"没感觉"。

表 8 产品关系

	频数	百分比（%）	有效百分比（%）	累计百分比（%）
只管装配	17	38.6	40.5	40.5
做得多赚得多	2	4.5	4.8	45.3
自豪	3	6.8	7.1	52.4
烦	6	13.6	14.3	66.7
没感觉	14	31.8	33.3	100
合计	42	95.3	100	100

---

① 潘毅等：《农民工：未完成的无产阶级化》，《开放时代》2009 年第 6 期。

"没关系""没感觉"是工友对产品的直接感觉。自主的生产活动沦为谋生的手段，而劳动的产品，作为一个异己的存在物①。不仅如此，长期、长时间重复单调的操作损害着这群平均年龄只有 20 岁的青年。54.8%的接受访谈者报告长期劳作对身体产生损害，这包括想问题变迟钝、记忆力下降、表达能力下降等。这也正如潘毅老师所说的"身体的反抗"。②

表9　身体变化

	频数	百分比（%）	有效百分比（%）	累计百分比（%）
迟钝	9	20.5	21.4	21.4
记忆衰退	12	27.3	28.6	50
说话不好	2	4.5	4.8	54.8
没变化	19	43.2	45.2	100
合计	42	95.5	100	100

布若威（Michael Burawoy）规范性地指出，劳动过程在实践方面是一套生产工具将原材料变成为制成品或半制成品的活动，包括劳动者、劳力的付出、将工作能力转化为实际工作、将劳动力转化为劳动。正是在这种实际的活动中人类展示了其创造潜能，而生产关系方面则表现为自由合作的生产者组成族群同体的潜质。显然，对于在诸如 SMT 生产线上的青年打工者来说，所谓创造潜能的劳动过程已是无从谈起，不如说，正是这样的生产过程减损着劳动者的创造潜能③。

---

① 《马克思恩格斯全集》第 42 卷，人民出版社 1979 年版，第 91 页。

② 潘毅：《中国女工：新兴打工者主体的形成》，任焰译，九州出版社 2011 年版。

③ ［美］迈克尔·布若威：《制造同意——垄断资本主义劳动过程的变迁》，李荣荣译，商务印书馆 2008 年版。

在车间的时间，劳动者的劳动活动不是其能自主控制和支配的。劳动对工人来说是外在的东西，也就是不属于他本质的东西①，而且，劳动更进一步地，成为与工人本质相对立的东西，成为与人的潜力和创造力的发挥相对立的东西。

二、人与机械

作为自动化机械的一个额外但尚②必需的延伸的线体工人，至少在纪律上③，是不允许反向于机械—人控制方向的活动。一个 SMT 线长报告说：

所有的机器，一般工人都不准动，只有线长能动。就算机械出了问题也不准动，你可以告诉线长机械有问题。机械也会自己报警，机械上边有电脑，有绿红黄灯：黄灯警告，红灯就停了。报警后由线长或技术员解决。一般工人不准动机械，该什么位置就在什么位置。就是在一条生产线上，不能动，一直坐一天。如领板贴板工序有一张桌子，就在那做。一直不断地操作，要贴正不能贴斜。中间点检，一直看，来个板就看看，没问题投进炉。有问题找线长。别的就不用管。

一个新进厂的实习生④ G 报告他的安装显示屏的工序：

机器不能停人也不能停，累得要死。机器的速度是人的极限速度，我很多时候是跟不上的，跟不上后边就有人喊，快干活快干活……我一急，活肯定就干不好。那个机器的周期就是 50 秒休息五六秒。

---

① 《马克思恩格斯全集》第 42 卷，人民出版社 1979 年版，第 93—94 页。
② 这里实在是保持了技术进步在一定时期最终取代低技术工人的担忧。
③ 有工友报告说，因为一些基层管理人员需要在一线工人中产生，有时会默许一些被认为有这种升迁可能的工人帮助线长操控机械，熟悉其运作。
④ 每到暑假，都会有大专院校、中专技校的学生进工厂打工。对于工厂似乎也乐于此，一方面是在生产旺季补充了劳动力；另一方面，又可以以短期为由削减其基本工资。

另外一个在手机外壳上打码的工友 Y 说：

是机器控制人，到了一个点就要放一个活，感觉就是处于无意识状态了。机器打码，过 5 秒就要放一个，过 5 秒就要放一个。要不就打空了。

对于 G 和 Y 这样从学校初进工厂的实习生来说，重复操作的感觉是难以忍受的。但对于已在工厂里工作了 4 年的 20 岁的女孩 J，更多的是一种麻木：

我们做的是诺基亚 166，手机外壳。一天做 5460 个。从早 7 点到晚 7 点做，能提前一个小时做完活。做熟练之后就没感觉了。总在做、总在做，觉得没意思。大部分时间，感觉时间过得很慢。线不开的时候在线上坐着，感觉时间过得很快 。有时候感觉有点累。

从统计的数据看，对工作感觉的回答为"一般"的占 50%，回答"累"或"很累"的为 26%。

(一) 意识的反抗

在接受访谈的工友中，有六成的人表示在长时间重复操作后，经常或有时希望机械坏掉。

表 10　坏机感

	频数	百分比（%）	有效百分比（%）	累计百分比（%）
经常	7	15.9	16.3	16.3
有时	19	43.2	44.2	60.5
从没	17	38.6	39.5	100
合计	43	97.7	100	100

这种希望当然是不大可能实现的，却可以看作一种存在于意识的反抗。一个工友说：

　　我当时就有弄坏机器的感觉，因为机器坏了的话我就有时间休息了。

　　这念头当然是朴素和自发的，是身体的本能。活用马克思的话：作为本应为劳动主体的人的实践活动的工具——机械，同人自身相离相违反而成为"人"的对立面，即控制、统治、残害人。[1]

　　这种意识的反抗有时会以另一种形式，消极地表现出来。在调研的预调查阶段，我曾设计了这样一个问题，大致是设置了一种理想型的20世纪五六十年代的背景，工人感到自己是工厂的主人，他们下班后会主动留下来维修、擦拭机械。对于"你的感觉更接近哪种？"[2] 这个问题，选择"不可思议，这个时代不可能的"是最多的。一位女工评价道，按现在来说，没人会保养机器。"现在谁管呢，都很利益化，工作也很好找，没有归属感，想干就干不想干就走，快下班的时候都不想干活。是在给别人干。"

　　另一个刚进厂的男孩提供了这个案例：

　　那天我们休息的时候，我操作的那个激光打码机要关闭电源，一开始我不知道怎么关。要找人来关，没人会关。也没人会主动关。有个转轴要打油，没人会去打油，连油都找不到。公家的东西没人会去关心。是自己的就很上心。没等它坏早就修好了。

　　在讨论人和机械的关系时有一种现象是很有"意思的"。尽管机械不会因为工人"想"它坏就坏掉，但却经常因为一些故障停下来[3]，有时还会持续很长时间。在被问到是否有"机械坏的时候，坐在机械旁不能动，很无聊，盼着机械能动起来"的情况及发生频

---

　　[1]　参见韩学本：《〈1844年经济学哲学手稿〉论析》，兰州大学出版社1988年版，第147页。

　　[2]　后来因为某种安全上的考虑，在正式问卷中这个问题被删掉了。

　　[3]　这种情况在中小型代工企业更容易出现。

率时，83.7%的接受访谈者回答"经常"或"有时"。

表 11　机械坏时盼机好

	频数	百分比（%）	有效百分比（%）	累计百分比（%）
经常	16	36.4	37.2	37.2
有时	20	45.5	46.5	83.7
从没	7	15.9	16.3	100
合计	43	97.8	100	100

一方面是希望机械坏掉好休息会儿，一方面在机械长时间坏的时候又希望它好起来。这两种看似矛盾的状态本质是一个问题，就是工人在工厂的时间不由他自己控制。一个线长解释说：

（她们）行动受到束缚，停下来之后也不能随便动，也要在那发呆。一个人坐着，你看我我看你，不能说话，睡又不能睡，因为怕领导过来，觉得还不如工作。

他在劳动中也不属于他自己而是属于别人。同样，工人的活动也不是他自己的活动，他的活动属于别人，这种活动是他自身的丧失。[1]

（二）技术改进的可能？另一个讨论

在设计问卷时，我想考察当线体工人发现一项技术改进可以提高生产效率时他的反应。原题如下：

当厂里一个一线工人发现一项改进可以让生产线更有效率，你认为他的想法最接近哪种：

---

[1]　《马克思恩格斯全集》第42卷，人民出版社1979年版，第93—94页。

1. 改不改进都没有关系，什么也不说；2. 如果有奖励就说；3. 会主动和厂里说，不管有没有奖励；4. 不问不说，问到会说；5. 这种情况不会出现。

这个问题本身引出了一些有趣的讨论，一名大型美资电子企业的女工告诉我这样一个事：

分厂那个女孩，她说安装个脚踏板可能效率高些，领班说那是你说改善就改善的？人家装这个花了多少钱的，你这得一步步往上申请。就是和领班说了也没用，他也管不了，这是属于工程师的事。

她总结道：

即使有这样的事，说了也无济于事，反映一点小毛病说明你也不是很好。人家都有自己的规范。我们主管说了要从心态上改变……

而更细致的也更有意思的一个介绍是和一个 SMT 线长讨论时知道的：

比如 VAGAD 版，刚开始的时候是直接粘到模板上，让模板走，但发现有很多不良，有很多就溅锡。检测出了以后，一个环节接一个环节地检查，查到贴板环节上，问负责贴板的工人手上是不是带锡了。她说不是，并且说，如果往上边贴一层保温胶带把它完全封闭的话，就基本上没问题。这时她才会说出来。但不会主动说，只是查到这一步，才说以前的做法会导致不良。

"说出来会不会有什么奖励措施呢？"我问。

"根本不知道会不会有什么奖励，也没人说过改进会有什么奖励。"

"是不是对于这样的机械，厂里根本没想到有工人提出技术意见的可能？"

线长想了想，认为很可能是这样。

连工作期间不准看手机、不准随便上厕所都会涉及的工作规范中竟没有规定如果工人发现技术改进的奖励措施，这看似吊诡的事情也很容易被解释。在这种机械被设计的时候就是向着智能控制和"尽可能减少人工的不精确"的方向①。而如上两个案例中出现的纰漏，可能正属于 KIC 副总裁曾睿洲所说的"要被进一步的自动化所取代的"②。

在第二个案例中工友说出来并非出于提高生产效率而是为了回避可能的责任。因为问题出在她这个环节，出了问题她就会有责任，会被批评或造成其他一些负面的影响。如果没有这负面的东西，也没有正面奖励则干脆就不说。即使这工友知道问题出在那里，"因为关我什么事啊，反正是厂子的东西。"

回到我上边说到的那个题，在接受访调的工友中，11.4%的人选择不说；15.9%的人选择有奖励会说；25%的人会主动说；18.2%的人"问到会说"；另外的 20.5%的回答却是耐人寻味的："根本不会出现这种情况"。

也就是说，只有四分之一的人会选择主动向管理者提供改进技术的建议。而近一半的人会采取消极的态度。如果说这部分回答是反映了生产关系的属性，则"认为根本没这种可能"的 20%从另一个侧面反映出，在诸如 SMT 这样的自动化生产过程中，普通工人不仅从一开始就没有了对生产过程的控制权，同时从生产技术的设计上讲，他们也不可能对生产技艺有任何实质性的影响。而且——也是更重要的，这样的状态，不论对管理者还是对劳动者都是被认知的、认同的。特别是对于后者，这样的"认同"对其在工厂中地位的认识、自我评价、权利—参与意识都会有影响。

---

① 王文波：《SMT 生产实践》，《电子工业技术》2005 年第 5 期。
② 梁红兵：《应对危机——SMT 设备材料厂商注重灵活》，《中国电子报》2009 年 4 月 14 日。

表 12　技术改进

	频数	百分比（%）	有效百分比（%）	累计百分比（%）
不说	5	11.4	12.5	12.5
有奖励说	7	15.9	17.5	30
会说	11	25	27.5	57.5
问到会说	8	18.2	20	77.5
根本不会出现这种情况	9	20.5	22.5	100
合计	40	91	100	100

三、人与人

从访调的统计数据看，51.2%的人经常（20.5%）或有时在车间工作中体验到强迫感；40.9%的人经常（31.8%）或有时体验到被监视感；40.5%的人经常（13.6%）或有时体验到无助感。

当被问到在生产中最难处理的关系时，42.8%的人回答是与直接领导的关系；28.6%的人回答是与公司领导的关系；15.9%的人的回答是与同工种内部工人的关系。

这里的压迫感，不仅是产量或工作任务额对工人的压力，而同时是人与人之间的基于职位的或分工的，想达到自身物质利益、精神上的满足及对身体舒适等欲望冲突和压制中的压力。这样的压制和冲突也不仅存在于工人与工厂管理的最上层（这甚至是相对感觉不强烈的），而更是存在于工人与基层管理者，与同属工人、只是分工不同的质检员间，以及同工种之间。

表 13　最难处理的关系

	频数	百分比（%）	有效百分比（%）	累计百分比（%）
不同工种	5	11.4	11.9	11.9

	频数	百分比（%）	有效百分比（%）	累计百分比（%）
同工种	7	15.9	16.7	28.6
直接领导	18	40.9	42.9	71.4
工厂领导	12	27.3	28.6	100
合计	42	95.5	100	100

一个在私营企业中做装配的实习生告诉我他新进厂这一个月的经历：

那个质检员权力可大了，她说你这活不行，这几个小时的工作都白干。同样的问题，别人也有，就没事。她不是出于质量的，而是让我知道这里我该听谁的。我应该对她怎样，否则我会怎样。其他人已经习惯了，也好应付了，而且跟领导关系已经建立起来了。平时纳点贡什么的，领导也不太整她们。我还是新手，还不懂规矩，就拿最严格的标准来对我。

……还要满足她一些奇怪虚荣心。今天描眉了，她会在你面前撒娇，"你今天描眉很漂亮啊"，你还要哄着她。一个老女人，老是在年轻人面前撒娇。说我好渴啊，意思要给她杯可乐。是在钓鱼，你自己要悟，她不会直接要你给什么，你要看着办。

另一个车间的工友是做打码，在这个车间里每人操作一台打码机，总产量由班长控制。

工人之间，看起来都是关系挺好的。但都是想自己少干点，相互推。因为总量是一定的，你少干了，别人就要多干的。机子老是坏，别人也不知道（你的）机器是好是坏，你说机器坏了修理，就要耽误时间了，而修机器比一直干活要轻松得多。

接着他讲起了发生在另一个小组的事：

有一个组，是四个人的活，后来走了两个人。只剩下一个 30 多岁的大姐和一个实习生。老大姐干起来比较累。领导也说了，让其他组的干完去帮一下大姐，因为其他组是看炉，只要做完十几分钟就没事了。有一个人本来应帮她一下，那个人就不干，还在私下说我就是不去怎么样。

在这样的生产实践中，工人细碎化成孤立的个体，各自以自身的短期利益为思考、行动的出发点。想自己少干些，想别的工友多干些。这种动物本能式的反应，正反映在一定生产关系中，人与人之间关系的对立，而这样的对立竟是发生在处于生产关系中同样地位劳动者间。如此，劳动过程的自由合作的潜质被否定和破坏。

第三部分　迷茫的未来与被掩盖的减损

一、迷茫的未来

（一）24 岁：一个循环

工业园里工人的生命循环：他们多是女生，初中毕业后，十六七岁从山东、河北或东北的老家来到天津，每天工作 12 个小时，在生产旺季每月工作 25 天以上。把生命里翡翠般的年华流逝在重复单调的生产线上。几年后，到了 24 岁左右——这个对农村女孩有着特殊意义的时点，她们要做怎样的选择呢？

当被问到之后几年的打算时，约 7.5% 的人选择过两年回家，但回家也不知道能干什么；30% 的人打算学个技能，回家干点什么；25% 的人选择在城里找个地方开个小店什么的；37.5% 的人表示"迷茫，不知道以后怎么样"或"没想过，看家里的安排吧"。**没有人**会选择"在这边找个朋友，一直在厂子做下去"。

也就是说，对于普通一线工人，一直在工厂做下去，即使加上找到异性伙伴这个条件，也不是一个生涯计划的选项。对于表示迷茫或没有明确打算的人，我们按照已经明确表示回家的34%与表示留城开店的23%的比例做个估算，则总体上有六成的人选择回乡，四成的人选择留在城市开小店。

为什么要回到农村而不留在城市？在问卷中列出了若干种可能的原因，按照工友选择的频数对其排序，请参阅表14：

表14　回到农村的原因

第一位原因	第二位原因	第三位原因	第四位原因
文化水平低，在城市工作没前途。 85.3%	城里没有亲朋好友，生活比较孤独。 52.7%	城市生活成本太高。 48.2	城市里买不起房。 48.2%

低技能加工产业体系大规模引入的本身并不能成比例地加速城市化进程，毋宁说，其只是加速了城乡之间劳动力的流动。因为它只需要大量廉价的、去技能的、灵巧和顺从的劳动力。而18—23岁的、来自农村的女孩正好符合这样的需求。大量的和去技能的，因而是廉价和高度可替代的。城市里价格高企的房子不是给她们建的，她们也不可能以微薄而缺乏社会保障的福利水平和随时可被替代的工作状态承担起城市高昂的家庭生活成本。到了24岁左右，当她们到了农村文化规定的要完婚的年龄和身体渐渐不再适应大机器所要求的灵巧时，她们不得不离开。

（二）迷茫感

一个在外资SMT厂做了几年，来自吉林农村的24岁男工友H对我讲：

现在有太多工友不知道自己以后要干什么了，他说干修车这个行业，但真正干下来的人没有多少。需要的东西太多了，需要经验、资金，资金太不好得到了，对家境不好的人，太难了。对有些人来说挺难的，对有些人来说是挺简单的吧？不知道……还有经验，你说你在工厂里干，怎么知道怎么卖水果。

他年底要回老家结婚了，讲起现在的压力：

结婚是很大一笔开支，特别是像我这样家庭不好的，压力挺大的，父母操劳一辈子，自己没什么成就，挺难受的。（外边有人在唱隐形的翅膀，声音不大。）有时候睡觉时想想，一宿睡不好，经常是两三点钟睡着，早上起来又要上班。

我家3个孩子。还有两个姐姐。压力是挺大的，还是靠男孩。像我这个年龄段的，都是在外边打工，一个月两千多，结婚后还是要出去打工。我是不想（打工）了，不适合在厂子里了，哪怕是少挣点钱，回家做点小生意什么的。岁数大了，感觉往厂子里一坐，就觉得不自在，旁边都是小孩啥的。

工友H打算用几年打工积蓄的七八万元在家乡县城开个服装店。

对于才从农村到城市的十六七岁的小姑娘，新奇、爱情和对未来的幻想是生活的主色调，这在一定程度上消解着无聊单调的工厂生活。一个女工对我说：

来的第一年感觉像出了笼子的小鸟，感觉可自在了。可之后却感觉越来越不对劲了。

是什么不对劲呢，她们也常常说不清楚。有的只是随年龄增长感到越来越强烈的迷茫。在接受访调的工友中，85.7%的人表示在打工生活中经常或有时感到迷茫，81.0%的人经常或是有时感到孤独，73.8%的人经常或有时感到无助。

表 15　迷茫感

	频数	百分比（%）	有效百分比（%）	累计百分比（%）
经常	11	25	26.2	26.2
有时	25	56.8	59.5	85.7
没有	6	13.6	14.3	100
合计	42	95.4	100	100

表 16　孤独感

	频数	百分比（%）	有效百分比（%）	累计百分比（%）
经常	10	22.7	23.8	23.8
有时	24	54.5	57.2	81
没有	8	18.2	19	100
合计	42	95.4	100	100

表 17　无助感

	频数	百分比（%）	有效百分比（%）	累计百分比（%）
经常	6	13.6	14.3	14.3
有时	25	56.8	59.5	73.8
没有	11	25.0	26.2	100
合计	42	95.4	100	100

　　在一篇关注农民工生计的文章中，作者这样评价道，"随着年龄的增大，农民工自身的压力也就越来越大，这压力来自多个方面，但最主要的是在低端行业的低工资状态，直接影响到家庭、个人发展等众多方面。而随着年龄增大，找工作越来越难，他们在进城与回乡之间犹豫、徘徊。"①

---

① 潘慧琳：《金融危机下的农民工路在何方?》，《决策探索》（上半月）2009 年第 2 期。

二、被掩盖的减损

1998 年诺贝尔奖获得者阿马蒂亚·森（Amartya Sen）在《以自由看待的发展》中认为扩展可行能力（capability），消除使人们几乎不能有所选择而且几乎没有机会来发挥其作为理性主体的作用的各种类型的不自由的过程构成了发展。所谓可行能力即为一个人所拥有的、享受自己有理由珍视的那种生活的实质自由。而贫困则被视为可行能力的被剥夺[①]。

下文将试图指出，去技术化的、长加班时间的劳动实践是对青年农民工们生涯可行能力或者说发展可能性的剥夺。这种剥夺往往是分散的和短时期内难以被意识到的。也正因为如此，对于这些才经世事的孩子，这往往是被接受和认可的。因此其是被掩盖的，而只有以整个群体为观察对象，在长时期——甚至是以代际为单位，才可能看清。

（一）学习和自我发展的机会

在上一个统计中，我们注意到有近三成的工人打算学个技能回家。这是一个意愿性表达，和真实的种种限制下能学到回家创业的技能之间的差距有多大呢？

工业园的工作制为两班倒，一般为白班早 7 点到晚 7 点；夜班晚 7 点到早 7 点；白班和夜班交替各持续一个月。上夜班回来的工友的生活就是：早 8 点钟回到宿舍，睡到下午四五点，收拾一下，吃完饭，去工厂上班……如此往复。从此次调查中工友提供的数据看，在之前的一个月他们平均工作 26 天。一个月休息两天甚至一天都没有休息的不在少数。这样的时间安排能给工人学习新的技能留

① ［印度］阿马蒂亚·森:《以自由看待的发展》，任赜等译，中国人民大学出版社 2002 年版，第 85 页。

下多少时间呢？而加之他们所在的整个生活区域（工厂—宿舍—购物区）中，基本没有提供学习、进修机会的设置，这样的接触性限制和信息的缺乏共同构筑了一个普通工友很难突破的空间。

当被问到"是否在业余时间自学或进修"时，只有14%的工友表示一直在学；7%的工友中途放弃；另外79%的工友根本没有自学，其中既有没时间学的原因，也有不知道学什么好的原因①。

表 18 自学或进修

	频数	百分比（%）	有效百分比（%）	累计百分比（%）
没有	17	38.6	39.5	39.5
放弃了	3	6.8	7	46.5
一直学	6	13.6	14	60.5
没时间	10	22.7	23.3	83.6
不知学什么	7	15.9	16.2	100
合计	43	97.6	100	100

青年农民工在把自己的金色年华献祭给了机器生产后，他们回乡后面临着怎样的命运呢？

（二）回乡之后

2008年下半年开始的金融危机导致大批农民工返乡，据中央财经领导小组办公室副主任、中央农村工作领导小组办公室主任陈锡文推算，约有2000万农民工失去了工作。这次大规模的返乡潮，却给研究农民工群体返乡前后的生活水平变化留下了一个绝好的机会。

据武汉大学社会保障中心的一项针对湖北省青年返乡农民工

———————

① 曾有研究认为，经过外出打工的锻炼后，现在几乎所有的返乡农民工都掌握了1—2项专业技能，如养殖、烹饪、制衣、电工、驾驶、电器维修、土木建筑等，有的还积累了丰富的财会知识和企业管理经验。这些数据的真实性存疑。

（19—35 岁）700 余份样本的调查显示，返乡后，青年农民工收入降低趋势明显，低收入组比重增加。[①] 如下表：

表 19　青年农民工返乡前后配对样本统计量表

	均值	样本量	标准差	平均标准误差
返乡前月收入	1639.15	690	797.82	20.35
返乡后月收入	988.88	690	739.159	28.16

应该注意的是，此调查的主持者指出收入变化中较大的标准差是返乡后收入的较大程度的分化造成的。即与约 70% 的返乡青年收入水平降低相对，有约 6% 的返乡者收入是上升的。

表 20　青年农民工返乡前后收入变化主观比较

收入变化的主观感受	频数	全样本百分比（%）	有效百分比（%）
增加	51	3.34	6.174
差不多	162	10.61	21.140
减少	544	35.64	71.186
合计	757	49.6	98.5
缺失	12	0.78	1.5
总计	1526	100	100

来源：印度中央银行（RBI）及其他。

对于回乡创业难的分析无外乎有以下几方面的原因：

1. 没有一技之长；2. 没资金，或融资难；3. 没有创业经验。

通过之前的讨论我们不难理解对于去技术化的、长时期在流水线工作的返乡农民工为何会陷入这样回乡创业难的状态。

卢晖临等老师揭示了农民工回乡创业的资源性限制，他认为，很多青年农民工面临的是体系性回乡就业困难，这是多种相互作用

---

① 石静、胡宏伟：《青年农民工返乡前后收入比较分析》，《昆明理工大学学报》（社会科学版）2009 年第 12 期。

的因素造成的，我国农业已处于边际递减的阶段，农业劳动力已经高度饱和，而这代青年农民工普遍缺乏基本的农业技能。另一方面，农村市场也处于低水平重复和低利润阶段，很多农民工想回乡开店创业的想法从实际的调研来看就是不可能的。这于是成为他们安慰自己的一种幻想。实际上，由于在重复、枯燥而要耗费青年农民工相当多时间的流水线工作本身不能提供任何农民工长期生存的技能，使得他们在离开工厂后往往陷入生存困境。[①]

(三) 可行能力的减损

很多人会问：如经理这样的高层管理者也要长时间地加班，经理长时间加班与工人 12 小时劳动存在着怎样的区别呢？借用森的可行能力的观点，我们可以认为，前者是经验和能力的积累，是可行能力的增强；而后者的年轻工人，他们多是可以叫作孩子的，其生存发展的可行能力在长期的流水线重复而去技术化的劳作中减损。这样的事实甚至不为他们自身所清晰认识和表述，只有把这样一个群体作为一个整体而非个体，考察这个整体的整个生涯而非某个阶段，甚至是考察这个整体代际的变化，才可能有更完整的认识。

正因为如此，对于日复一日的长时间加班的普通工人，是没有机会去思考这样的打工生活对其整个生涯的影响究竟是什么的。日常的、零散的、不稳定的迷茫感、无助感，在工厂内部要处理的种种关系的打磨中、在虚无的网络世界里、在虚华的闹市文化中（工人居住区文化的作用在文章最后有延伸阅读展示）、在热烈的恋爱中，消融着、被替代着和转化着。这就无怪乎，当表达了常常感到迷茫后，同样的受访者在被问到"对打工生活的感受时"，超过 65%的人表示这种生活至少是可以接受的。

---

① 潘毅等：《农民工：未完成的无产阶级化》，《开放时代》2009 年第 6 期。

表 21　打工感受

	频数	百分比（%）	有效百分比（%）	累计百分比（%）
很满意	1	2.3	2.4	2.4
比较满意	4	9.1	9.8	12.2
一般	22	50	53.7	65.9
比较不满意	14	31.8	34.1	100
合计	41	93.2	100	100

隐藏，不仅是说被某种实体的力量有意为之，而且更是指一种受损的状态不易在感性的、直接的和零散的日常感觉经历中被认识到和清晰完整地阐述出。打工生活，在长期的、对今后生涯的影响是工友可行能力的减损与经济能力在必然的返乡后的降低，而其在短期内却是可以接受的、新奇的、自由的甚至是被吸引的。这就是隐藏的含义。

《英国工人阶级的形成》中的核心思想是将工人阶级的形成看成一种群体的对集体记忆的映照和斗争的过程，这样形成的共同经历也成为进一步共同形成的基础。[①] 在汤普森看来，不是客观的利益一致性制造了阶级，而是对这种同一性的感觉和明确表达制造了阶级。[②] 而对于在电子组装企业从事低技术操作的打工者，他们没有经历自 19 世纪以来的大机器对传统工艺的分解、劳动控制权的集中和生活水平的下降，对他们来说，工作固然是重复、枯燥和无聊的，但它本来就是如此也似乎只能如此。在他们和他们父辈的经历中[③]，不存在一个可资借鉴的映像。不自由、压迫感、无聊感这样的日常感受随着每一天的经历产生又消失、如此往复直到有一天他们要离

---

① ［英］E. P. 汤普森：《英国工人阶级的形成》，钱乘旦等译，译林出版社 2006 年版，第 458 页。

② 潘毅等：《农民工：未完成的无产阶级化》，《开放时代》2009 年第 6 期。

③ 毋宁说，比起父辈，他们常认为其经历已然好了很多。

开工厂。而在此之前枯燥的、重复的工厂操作对其可行能力的影响、对其今后生涯的影响，是被隐藏的，是难以被明确言状的。

第四部分　未完成的智识化和效率的减损

如上对于生产过程的考察，展现了处于其中的青年农民工的种种情绪和心理变化：不自由感、对生产过程的厌倦、意识的反抗、压迫感、对自身作用的消极态度，以及他们对未来生涯的迷茫和无助感。

这样的心理状态常是模糊的、"说不清"的心情变化，甚或是一种无意识的状态。那么是什么阻碍了这些日常的、不稳定的心理状态发展为一种更明确的认知、进而产生普遍的积极向上地提升自己、争取更好的生存可能性的心态？这无疑是与上文提及的去技术的青年的生涯特点相关，又与他们所来自的文化背景、信心水平等有着密切的联系。

一、来自乡土中国的农民工

蕴于个体在其社会化过程中所内化的文化，在工人阶级形成过程中，具体地讲，对于工人作为一个集体感受其所处的境遇起了怎样的作用？"工业革命过程中变动着的生产关系和劳动条件并非施加在这种原料上，而是施加在生而自由的英国人身上。这些生而自由的英国人是由潘恩传下来或由卫斯理宗铸造成的。工厂工人或织袜工人也继承着班扬的传统，继承着人们记忆中的村庄的权利，继承着法律面前人人平等的观念，也继承着行业的传统。……工人阶级被别人形成，同时也在形成自己。"[1] 汤普森认为英国工人阶级的形成与在工业革命之前在英国手工业工人中蕴藏的工人文化相关，正

---

① ［英］E. P. 汤普森：《英国工人阶级的形成》，钱乘旦等译，译林出版社 2013 年版，第 356 页。

是这样的文化塑造着他们对自身的认识，这样的认识的记忆在急剧变化的工业化时代中体现为一种对自身所属群体的利益对抗性的判断。正是这样的文化才成就了有组织、有意识的群体，并成为新的历史行动的承担者。

历史的渊源和当下的政治社会结构没给青年农民工更多的继承或发展权利意识、公共事务参与精神的机会。在城乡二元结构中，身份的差距界限或隐或显。来自农村，在种种压力之下终要回到农村的农民工更习惯的身份认同是"打工者"（既非农民也非工人）。户籍制度上的限制和对自身身份的认识共同塑造了青年农民工对公共事务相当低的参与水平和参与意识。一项有近千个样本量的针对武汉地区青壮年农民工的调查数据（见图5）显示，农民工的权利意识和参与公共事务的水平都处于较低的水平。从调查来看，只有27.8%被访农民工参加过农村的选举，接近3/4（72.2%）的农民工从未参加过农村的选举；与之相比较，农民工参与城市社区选举的更少，只有10.6%的农民工参与过城市社区的选举。

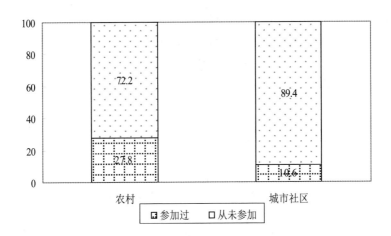

图5　农民工城乡参与选举状况对比①

---

①　吴理财：《农民工的行为倾向与思想道德：现状、问题及对策——武汉市农民工问卷调查报告》，《学习与实践》2007年第4期。

调查接着指出，当被问及"针对武汉市的发展，您给政府提过建议吗？"时，有60.4%的人表示从未提过，有9.0%的人表示偶尔提过，仅有1.4%的人表示经常提，同时还有29.2%的人表示想提但是没有机会。

事实上，来自相比于城市地区公共事务参与权利意识更为淡薄的乡土社会的子弟，甚至缺乏政治权利存在想象。公共事务能动的参与性的缺乏同样表现在涉及自身利益的情况。我设计了这样一种情形："政府要制定一项对农民工有重大影响的政策，要从厂子中选出一名工人代表来参加政策讨论，你觉得工人们最可能的反应是什么？"

回答的统计显示，认为和自己没关系的，占16.3%；认为工厂会指定人去的44.2%；认为别人没去，自己也不去的20.9%；会积极参与的占18.6%。这里其实是反映了几种不同的状况，"认为和自己没关系"是对公共事务（哪怕已经说明对自身有很大影响）的参与冷漠；"认为工厂会指定人去的"是一种被动和消极的心理，这种心理为数最多，表现了青年农民工在整个成长经历中缺乏公共事务参与、公共权利赋予的经验、教育和相应的社会化。他们更习惯于被指派、被要求，而非积极地争取，哪怕是可能与自身相关的公共事务。认为"别人没去，自己也不去"的也有不少，这实际是一种消极的从众心理，这种心理也许与在我国特定的政治结构和文化中代际相传的对政治参与的谨慎态度相关。如上情形在当下的政治社会及文教背景下是不难理解的。套用汤普森的话，新科技产业革命是施加在缺乏自由意识的中国青年农民工身上的。

表22 政策参与

	频数	百分比（%）	有效百分比（%）	累计百分比（%）
没关系	7	15.9	16.3	16.3
会指定人	19	43.2	44.2	60.5

	频数	百分比（%）	有效百分比（%）	累计百分比（%）
别人没去	9	20.5	20.9	81.4
积极参加	8	18.2	18.6	100
合计	43	97.8	100	100

二、去技术化与自我评价

在全球化展现得最为充分的电子信息产业，资本化的知识成为首要的生产要素，可以说，信息行业的迅速发展与半导体知识体系的革命性突飞猛进是密切相关的。对于电子行业的旗头企业，其核心竞争力来自研发部门的持续的创新力和营销部门对产品概念的经营和策划。这样的利润源的分布同时导致了行业内部及企业内部差异化的利益分配格局①。在工厂内部则形成了技术权力结构。对于知识缺乏的普通农民工，其劳动过程已经不能对产品有实质性影响，而更多的是作为机械的延伸进入制造过程中，已经不能在完整的意义上称之为工人。

以去技术的劳动力进入技术—资本全球生产体系并在其中处于最低端的青年劳动者，他们在心理和社会行为倾向上有哪些特点呢？

我们已经展示了，70%以上的受访工人表示自己在生产过程中是可被忽视和易被替代的。在他们认识到自己在生产中是可被忽略的时候，是怎样认识工厂的工程师呢？

让受访者"用一个词来描述厂里的工程师"，选择"科学的"为26.2%，"能控制机械"为52.4%。

---

① 姜恩：《电子产业全球生产网络研究》，厦门大学硕士学位论文，2007年。

表23 工程师印象

	频数	百分比（%）	有效百分比（%）	累计百分比（%）
不易接近	4	9.1	9.5	9.5
能控制机械	22	50	52.4	61.9
科学的	11	25	26.2	88.1
平易近人	5	11.4	11.9	100
合计	42	95.5	100	100

在生产过程中处于"可被忽视"的状态，是在与车间内其他职位人员的对比中产生的，并导致较低的自我评价和自信缺乏。缺乏自信在一些情况下，如争取可能改善自己地位的机会时，表现为一种胆怯和消极。

根据与一名工友的访谈中了解的实例，设计了这样的题目：厂里要从一线招个文员，比流水线轻松，还能学到知识。可没人去面试，你认为原因是什么？在受访者的回答中：觉得有那么多人，轮不到自己的占18.6%；感觉自己不太会电脑，不敢去的占32.6%；别人都没去，自己也不去的占2.3%；上面会安排的，去了也没用的占46.5%。

表24 文员消极

	频数	百分比（%）	有效百分比（%）	累计百分比（%）
轮不到	8	18.2	18.6	18.6
不会电脑	14	31.8	32.6	51.2
别人没去	1	2.3	2.3	53.5
上面安排	20	45.5	46.5	100
合计	43	97.8	100	100

其实，据几百人的车间中唯一去应聘并被录用为办公室文员的工友说，考查的是一些极简单和基本的办公软件操作。

这种不自信和消极的态度还反映在对学习技能、提升自己的态度上。另一道根据实例设计的题目：一名一线女工经常向技术员问机械如何维修，并自学技术。你觉得旁边工友最可能的反应是什么？回答学那些没什么用，过一天是一天的占 28.6%；表面不说什么，心里有些嫉妒的占 35.7%；觉得她很认真，向她学习占 35.7%。即64.3%的人对学习技能、寻求在车间中提升自己持一种消极的态度。

表25　对主动学习的态度

	频数	百分比（%）	有效百分比（%）	累计百分比（%）
没用	12	27.3	28.6	28.6
嫉妒	15	34.1	35.7	64.3
赞美	15	34.1	35.7	100
合计	42	95.5	100	100

按照汤普森的说法，是积极的政治参与意识、理性和主动的经验塑造了英国工人阶级自身，而这些来自18世纪英格兰的政治自由主义和行会传统。而我们在当代去技术化的青年农民工中看到的却是相反的状态——不自信与（对自身可能的利益的）消极。

还不仅止于此，与数控技术引领的机械自动化（其中的权力和控制）和资本主义劳动原则对有着悠久历史的（甚至是从手工业时代就传承的）全方面工艺—熟练工分解不同，微电子组装业，如本文着重提到的表面安装技术（Surface Mounted Technology，SMT）从其工艺设计阶段就是脱离实际劳动场所（车间）和排斥劳动力的，并重塑着车间的技术—权力结构。如果把从《英国工人阶级的形成》中描述的那个时代到技工布雷弗曼所体验的时代归于前一个时代，他们体验着对过往经验中形成的熟练技能的分解。而对从一开始以去技术的分解劳动进入电子组装业的年青农民工，他们则在技术上进入了新的时代。他们在这样的历史时点已经无从体验自身或父辈的全技能熟练工手艺被机械自动化不断蚕食和替代，以及在这个过程中工人对生产过程控制权的丧失、劳动过程异化的加剧和经济收入的降低。而这一切的经历的比较、前后强烈的反差正是促使工人们明确地意识到自身权益丧失的历史背景。

汤普森指出，英国工人阶级的形成不是一系列生产力进步的结果，也不是生产关系变革的结果，他们的团结和具有共同的意识来自一种共同的经历和体验。这种体验与18世纪以来英国工人阶级对自身的认知和权利意识相关。这样融入洛克式自由主义色彩的认知和意识形成了一个被称为"文化"透镜的自我态度，这是在工业化深化中对这种文化透镜的破坏让工人阶级自身体验着深刻的剥夺感。

青年农民工从一开始就没有这个经验和文化的透镜。

三、"公共时空"的基础性缺乏

这里用了"时空"而非"空间"，旨在说明农民工几乎没有时间、空间（包括机会、可能性）和组织来建构共同活动，而"时空"在共同意识的形成中起到基础性的作用。

（一）集体宿舍的个人"闭锁"

在访调过程中，我在工人的集体宿舍住了一段时间。男工和女工的住宿待遇不尽相同，女工一般可以住在由企业提供的集体公寓，每间宿舍住8—12人；而相当一部分男工，则要自己在工业园附近的居民小区租房。一间三室一厅的居民房可以住下20—30人。

虽然住得如此拥挤而且几乎没有私人空间，但同一个宿舍的工友往往不认识，或没有更深的交往。很多女工表示她们很少见到宿舍的室友：

我上夜班，其他的人上白班。我去上班的时候，她们还没下班。都叫不上名字来。

而在跟我一个床位的男工宿舍里，在长达12小时的劳作后一天中唯一可以说说话的时间是在睡觉前，谈论的话题主要是：家乡的情况、手机上的奇闻怪事等。而这聊天圈的范围只局限于单元房的一个房间相邻的床铺间，与其他房间的工友基本没有互动。

在对工友最感兴趣的话题中，前四位的分布如表 26 所示。所谓流行服饰、电子娱乐甚至爱情的追求所起的作用如同大麻之类的麻醉，工友可以从非人的枯燥操作中暂时逃脱，打工生活有了这些麻醉剂的注入也就显得不那么不可忍受。另一方面，把很有限的能支配的时间用在这样的娱乐上也就更没可能去思考其所处境遇的真实，同时，与集体性的文娱活动不同，工余活动和经历也同样地沉于一种以自我为中心（与虚拟世界交互）的状态。

表 26　感兴趣的话题

第一位	第二位	第三位	第四位
工资待遇 61.5%	感情/交友 53.8%	流行服饰 48.7%	手机/电子娱乐 43.6%

（二）集体组织的缺位

诸如工会、行会、俱乐部这样的职工组织，提供了公共话题讨论、公共意识形成的空间；而对于寄居城市的青年打工者，这样的基础性组织几乎无从谈起。即使是名存于工厂设置中的工会，在工友看来与摆设无异。

一个大型美资企业的女工讲起她唯一一次看到的工会的行动是这样的：

工会，宿舍楼一层有个屋子挂个牌子。有一回，人事部的工会，搞了个把垃圾带走的公益活动，就是应付差事，找几个工人，一人拿一个袋子，在宿舍楼下捡垃圾，捡了几分钟。拍几张照片，还要签名写我们集体把垃圾带走。我们在楼上看着，这是干什么啊！

她没和屋子里那几个人接触过，但认为其作用是：

谁找他们去呢，没接触过。里边有几个人，摆设、吃闲饭的，在那天天玩电脑。如果真要办事的话，要花钱，要自己掏钱，办不成事还是要花钱。工会要必须送礼才能办事，他不会直接过来管。你看工会还会劝你不要闹事。还不如直接打 110 过来。我周围的人也没接触过。

可爱的女工从来没和工会的人打过交道，但认为如果需要他们办事就要送礼给钱才行，这是多大的讽刺呢?!

对于公共性组织参与的另一个作用是对个体公共参与和表达能力的锻炼，而这样的机会，即使是存在的，也往往轮不到普通工人。

一个在大型外资企业办公室做文员的女工讲起品餐委员会的故事：

因为工厂有好几个餐厅，是由不同的供货商提供；要选出品餐委员会的代表，就是评议哪个好吃。在办公室就安排了，由主管指派几个人去。普通工人根本不知道。

我问道："可基层的职工是最多去食堂的?"

"她们（普工）没时间去，吃完饭要赶紧干活。"她说。

长加班时间和工人组织的弱化的结果，是把工人的共同时空缩到很小，而公共空间的讨论是认识、思考和表述共同利益、培养工人参与能力和意识的先决条件。实际上，工人们处于一种原子化分散状态。只有混沌中的烦恼和无奈。

这样的极微观的心理感受无疑与快速工业化时代的发展、与全球化的制度设计相关，它的存在实际上昭示着生产中全要素生产率的低下以及知识进程的历史性缺乏，而后两者在先进国家的经验中是城市化与工业化的最终动力（在 SOLOW 模型中）。

结语 技术与制度的双重异化：一个政治社会学的探讨

从起源上说，技术和制度作为人类社会的两个发明分别是为了处理其与社会外部自然的关系和社会内部的协作（进而是权力的配置）关系而产生的，而以本论文讨论的情形为背景，当技术和制度成为人的本质力量发展的对立物而存在时，即成为自身的异化物。

在本文的引言部分，我们已经对技术的超然论观点进行了挑战，毋宁说，在技术的每一个侧面上都反映着、适应着制度的需求。而制度首先是一种权力的配置格局和对这种权力配置格局的维持。这种权力格局的维持，在经历了通过暴力和财富的维持后，在当代，更青睐于对技术发展垄断和掌控。我们已经看到，不管是在全球范围内，还是在企业内部，技术—权力—利益分享模式都在以同样的逻辑运行。垄断即意味着非均衡，智识—技能的分割即意味着人群的分割。处于智识—技能等级末端的青年们同时也体验着生命的耗损和困顿。

但，如果我们不只是停留于这个层面而再向前走一步，我们会发现，在人类的创造物技术—制度成为人类对立物的同过程，是人类在不断的自身的技术化和制度化中丧失。一般来讲，这个过程的一面是去魅的历史；另一面则是对自身创造物的崇拜。

对于普通流水线工人来讲，在工厂劳作的过程是对其可行能力减损的过程，我们可以将每一种可行能力作为一种自由实现的可能。

在劳动过程中发展自身技能的可行能力是对应着自身智能的发展和未来生活更充裕的物质基础。

在劳动过程中成功完成任务、对工作过程的创新的设想和实现的能力，是个体对自身的信心、成就感和内心的满足的源泉。

而劳动过程中对于自身相关公共事务和议题的参与，不仅提供了改变所处于其中的不公正条件和地位能力，也是实现一个群体更自由的发展与社会更公正结构的保障。

以上种种，都使主体能在更自由的状态中发挥自身的潜力，并推动社会效率的实现。

对于农民工问题的探讨，实际上为探讨者提供了一种尺度，来检衡诸多处于增长态的社会进程，如所说的科技的进步、物流通信的更加快捷、经济的增长、越来越有效率的商业模式等。它的刻度不是电子元件的数量级、不是 km/h，甚至不是 GDP。当我们拥有一款新式手机（或类似的新物），但其生产过程却是如此枯燥、重复、令人不快和减损劳动者能力的，我们是否能简单认同进步的话语？

而对于任何新的创造物：制度、技术、生活方式、物品等，如果脱离其产生和运作过程中对我们所共同生存的星球、对我们同处其中的社会体系，以及对相关的、具体的个体经验和体会的影响，我们是否能做出其"可持续性"的判断？

延伸阅读

9

工友文化生活掠影

网络、电子娱乐品、购物在消解这些还是孩子的青年工人在工厂体验的单调、无聊和厌倦感中的作用是个很值得讨论的话题，但这里我不能跑题太远，只能展现一些掠影。

题目 1 最感兴趣的 4 个话题。回答统计：工资待遇、感情或异性交友、电子娱乐品、流行服装。

题目 2 假设这个月多发了 1000 块工资，你的工友最可能把钱花在下面哪种方式：

回答统计：逛街，好好吃一顿（第一）；寄回家（第二）；换个新手机（第三）。

工友住宿区的周边

请注意这张图片最前景及中间的右部为购物街；中景那个深色的四方体建筑为一个工厂；远景的白色建筑为工人宿舍。

下图：工友区附近购物街的一家店铺；一家网吧的主界面。

参考文献

［美］戴维·F.诺布尔:《生产力:工业自动化的社会史》,李风华译,中国人民大学出版社 2007 年版。

［美］哈里·布雷弗曼:《劳动与垄断资本》,方生等译,商务印书馆 1978 年版。

冯艳丽:《略论全球价值链外包体系与中国产业升级的动态关系》,《经济问题》2009 年第 7 期。

杨伯溆:《全球化:起源、发展和影响》,人民出版社 2002 年版。

姜恩:《电子产业全球生产网络研究》,厦门大学硕士学位论文,2007 年。

张敬南:《贴片机研究与结构设计》,硕士学位论文,哈尔滨工程大学,2007 年。

中国半导体行业协会:《发展和变化中的全球集成电路产业(上)》,《中国集成电路》2008 年第 2 期。

鲜飞:《表面组装技术的发展趋势》,《电子工业专用设备》2009 年第 1 期。

潘毅等:《农民工:未完成的无产阶级化》,《开放时代》2009 年第 6 期。

《马克思恩格斯全集》第 42 卷,人民出版社 1979 年版。

E. P. 汤普森:《英国工人阶级的形成》,钱乘旦等译,译林出版社 2013 年版。

吴理财:《农民工的行为倾向与思想道德:现状、问题及对策——武汉市农民工问卷调查报告》,《学习与实践》,2007 年第 4 期。

后记　为什么会有这本书

大约 20 年前，12 月 25 日那天，南国长沙飘起了雪，在岳麓之麓，我竟然被这雪覆绿林山谷的美感动得不能自已。那天，我在混乱地记载着大学青葱岁月的本子上，记下这样一行字："雪、登山，宇宙之第五维，精神使人心震撼的自然美，宇宙不仅是物质的（标点是后加的）。"

在这个本子上记载的，不仅仅是登山看雪，还有一个在当时萦绕纠缠难以摆脱的主题：人生命的意义到底是什么？至今仍记得很清楚，在 20 岁的时候，在湖南大学的校园里，无论食堂或路上，无论图书馆或教室，这样的问题却时时盘桓和发问。直到一个冬夜回宿舍的路上，抬头望着明朗星空，忽然有所觉悟：一个不再掩盖生命广博与智慧的世界，不再尔虞我诈、和谐的世界。追求这样的世界，当成为生命的意义。

之后，这个想法时而清晰、时而模糊，有时甚或被遗忘，但却潜移默化影响了我 20 年间诸多人生选择。朝向一个"更好世界"的努力，当然要先从了解当下开始。于是当时逐渐知道农村是中国的根本，并开始有意识地自学各门类社会科学，于是一个外语学院的学生的毕业论文，关注的是"日本农业的近代化"。毕业后，放弃了父母费劲给我找的知名报社工作，先是在北京郊区农村做中学教师，之后参加了一项民间机构发起的支农志愿者计划。不同于那时候已开始实行的"大学生村官"等体制内背景的倡导，这种民间发起的乡村建设志愿者活动面临着身份和出路上巨大的不确定性。记得一位大学同学也是我的老乡奚落我："你给农村做志愿者，以后谁管你呢?"

总之,先是在所谓"百年乡建"发源地、近代著名"社会实验室"河北定州市翟城村,主要工作是社区调查、支教和参与当地农民合作组织推动。之后因与当地政府"新农村"合作项目又去了苏东坡先生被贬谪的海南儋州,湛蓝的天色、透彻的阳光、宁寂的胶林确实是别样的经历。再之后,去了福建厦门。

2007 年的整个春天,是在厦门这个花园城市里,与居住在拥挤喧杂的工人住宿区的工友们一起度过的。在泛公益旗号下的工友教育机构,与那些来自农村的二十岁左右的产业工人、底层销售员的交流和授课中,我体会到的是他们对改变自己命运的渴望、生活重压下的顽强和无奈以及青春在冰冷流水线上的无情消逝。离开的那天晚上,年轻的工友们把我送上火车。下面的一段文字,是当时写给工作伙伴报告的前言。

"13 日夜,乘上北去的火车,渐渐远离了这座南方城市,而手机上同学们的短信却一次次把我拉回到三个月的记忆中。

洪顺武:程平老师你好,我是顺武,你的突然离开导致很多同学欲哭无泪,路上小心。2007.6.13,22:32

非常感谢您这几个月来对同学们的照顾和帮助,我们大家都非常敬佩你。你知道吗?晚上连木兰都很沉默,我问她为什么,她说她最喜欢的老师也走了。2007.6.13,23:32

邱萍 程平老师:你的离别让大家很难过,你的教导及培训我们会铭记在心,我时常会想起你的教导,希望到达目的地与我们联系,祝您一路顺风。2007.6.13,22:32:17

李新娇 程平老师:您好,到北京了吗?坐火车很累吧!谢谢您!让我学到那么多。真希望您能早点回到我们教室来。谢谢您!2007.6.15,11:35

……

曾经在正规中学教过书,也曾在三四所农村小学做过志愿支教,

320

但却从来没有这样的经历。这些学生，他们来自四川、江西、福建的乡村，青山绿水的滋养没让他们身上沾染城市孩子常有的浮躁和虚荣；早早就远离家乡谋生让他们懂得了生活的艰辛、懂得了珍惜。"（引用毕）

这段短暂的在工友教育机构的经历，于我的影响，甚至超乎自己的认知。我的硕士论文和博士论文都是从不同层面讨论技术与劳动问题——虽然在选题时并没有**意识到**这和之前的经历会有什么瓜葛。

请原谅我把一个本应格式化的后记写得这么"啰唆"，但我想终究还是在回答"为什么会有这本书？"。我愿把这本书看作对自己大学时代人生定义的某种回应，或对岳麓山的一景一物的感谢与汇报。

致　谢

这本书的写作历程，首先应该感谢博士阶段导师温铁军先生，以及博士后合作导师、清华大学社会学系教授沈原先生，如果不是两位大师级学者的宽容、鼓励和批评，就不可能有这份研究的出现。如果不是切身参与温铁军先生发起的、已持续20年的"新乡村建设"，也不可能产生这项研究。这本书的部分内容，曾作为博士后出站报告汇报，沈原教授提出了恳切、详细的修改意见。刘世定教授、应星教授、周飞舟教授、王天夫教授、张小军教授从不同角度对报告提出了改进意见。感谢日本爱知大学加加美光行先生及参加讨论课程同学针对本书部分内容讨论。加加美先生以他的言行让我感受到独立的学者风范。笔者曾就本书所涉及的部分内容，向日本爱知大学中国研究科高桥五郎教授汇报，并得到富有启示意义的指导。感谢硕士阶段导师吴理财教授，本书中部分内容正是得益于他所坚持的读书讨论。中国人民大学农业与农村发展学院高级工程师谷莘老师，曾阅读了本书部分内容早期形态，并给出了恳切的建议，深深感谢。感谢中国人民大学农业与农村发展学院周立教授和董筱丹教授对本书评价和鼓励！感谢以上诸位先生的教诲！

感谢北京科技大学文法学院将本书出版纳入学科建设项目，并予以支持。特别感谢魏增产书记、彭庆红院长、冯英教授、王霁霞教授、杨志云教授对本书出版的支持。

北京梁漱溟乡村建设中心，在本书的案例整理、素材收集过程中提供了大量帮助和支持，感谢白亚丽、汪维行、闫利霞等。如果全国有更多这样真诚致力于农村发展的行动机构存在，也许很多学界的倡导就会具有更坚实的实践基础。

感谢我的父母，我自己的选择实在让他们承受了太多！感谢我的家人，如果没有他们的支持、关心与繁重家务的分担，我是不可能完成这部书的。

2020年暑期，在河南省漯河市刘孟村一家临街的飞防服务店铺，完成了这本书的相当部分内容。感谢漯河迦南美地合作社白飞和殷小帅提供的便利。

感谢东方出版社李烨老师辛勤专业的工作！

最后，我愿以我个人的名义，将这本书献给当代乡村建设的先驱刘相波先生——另一位曾在岳麓山下仰望星空的人。

图书在版编目（CIP）数据

生态文明的社会发展理论：广义信息、高质能量与人的发展／吕程平 著. —
北京：东方出版社，2021.8
ISBN 978-7-5207-0023-8

Ⅰ.①生…　Ⅱ.①吕…　Ⅲ.①生态环境建设—研究—中国　Ⅳ.①X321.2

中国版本图书馆 CIP 数据核字（2021）第 067121 号

生态文明的社会发展理论：广义信息、高质能量与人的发展
(SHENGTAI WENMING DE SHEHUI FAZHAN LILUN: GUANGYI XINXI、GAOZHI NENGLIANG YU REN DE FAZHAN)

作　　者：吕程平
责任编辑：李　烨　李子昂
出　　版：东方出版社
发　　行：人民东方出版传媒有限公司
地　　址：北京市西城区北三环中路 6 号
邮　　编：100120
印　　刷：北京市大兴县新魏印刷厂
版　　次：2021 年 8 月第 1 版
印　　次：2021 年 8 月第 1 次印刷
开　　本：660 毫米×960 毫米　1/16
印　　张：20.75
字　　数：210 千字
书　　号：ISBN 978-7-5207-0023-8
定　　价：68.00 元
发行电话：(010) 85924663　85924644　85924641